材的题目做了更新,使其与课程设置更加契合。

在此基础上,为了更好满足新形势下教学需求,此次修订对教材的新形态建设提出了更高的要求,出版社教学服务平台"中农 De 学堂"将为食品科学与工程类专业系列教材的新形态建设提供全方位服务和支持。此次修订按照教育部新近印发的《普通高等学校教材管理办法》的有关要求,对教材的政治方向和价值导向以及教材内容的科学性、先进性和适用性等提出了明确且具针对性的编写修订要求,以进一步提高教材质量。同时为贯彻《高等学校课程思政建设指导纲要》文件精神,落实立德树人根本任务,明确提出每一种教材在坚持食品科学学科专业背景的基础上结合本教材内容特点努力强化思政教育功能,将思政教育理念、思政教育元素有机融入教材,在课程思政教育润物细无声的较高层次要求中努力做出各自的探索,为全面高水平课程思政建设积累经验。

教材之于教学,既是教学的基本材料,为教学服务,同时教材对教学又具有巨大的推动作用,发挥着其他材料和方式难以替代的作用。教改成果的物化、教学经验的集成体现、先进教学理念的传播等都是教材得天独厚的优势。教材建设既成就了教材,也推动着教育教学改革和发展。教材建设使命光荣,任重道远。让我们一起努力吧!

罗云波

2021 年 1 月

U0219208

前　言

　　"国以民为本,民以食为天,食以安为先",这足以说明食品安全关乎国民健康,关乎健康中国的发展。党的十九大报告强调要"实施食品安全战略,让人民吃得放心",这里用词虽精炼,但内涵极丰富,尤其是"吃得放心"包含了风险分析、法律执行、全民参与、社会共治等多方面内容。为了适应新时代食品安全发展的要求,更好地满足食品科学领域高等教育教学的需求,我们编写了这本教材——《食品安全风险评估与管理》。党的二十大报告指出,国家安全是民族复兴的根基,社会稳定是国家强盛的前提;要"以新安全格局保障新发展格局"。食品安全直接关系民生福祉、产业发展、公共安全和社会稳定。"食品安全风险评估与管理"是一门分析食品可能存在的危害并采取有效控制危害管理措施的科学,它不仅被公认为是建立有效食品安全控制措施的首选方法,更是对人民"吃得放心"的有效保障。

　　本教材着重阐述食品安全风险分析体系的基本理论和国内外研究进展,详细介绍了风险评估、风险管理和风险交流的基本内容,通过案例阐释食品安全风险评估与管理在食品安全领域中的应用,帮助学生实现从理论到实践和从实践到理论的认知形成和认知发展,助力学生人生观、世界观、价值观和方法论的建立。为了更好地保证教学效果,提升学生的学习兴趣,拓展教学内容,丰富教学形式,我们努力推进传统出版与新型出版相融合,发挥信息技术对教学的积极作用,本教材采用了二维码技术并在系统梳理相关内容的基础上将其展现在出版社专用教学服务平台(中农 De 学堂)上,既方便学生学习,也方便教师获取相关资源,更好地开展教学活动。此外,为了提高立德树人成效,本教材融入了家国情怀、文化素养、法治意识、道德修养等课程思政方面的内容,以引导学生坚持正确的政治方向和价值取向,坚决拥护中国共产党领导和中国特色社会主义制度,牢固树立"四个意识",坚定"四个自信",做到"两个维护",自觉践行社会主义核心价值观,努力成为合格的社会主义建设者和接班人。

　　本教材编写工作得到了许多院校的大力支持,十余位本课程任课教师参与了编写工作。本教材共 6 章内容,第 1 章食品安全风险分析概述由黄昆仑、李晓红、赵维薇、石慧编写,第 2 章食品安全风险评估概况由程楠、陈晋明、李晓红编写,第 3 章食品安全风险评估由黄昆仑、商颖、王矗、周茜、张小村、卢丞文、程楠编写,第 4 章风险管理由吴广枫、朱龙佼编写,第 5 章风险交流由朱龙佼、吴广枫编写,第 6 章案例由石慧、赵维薇编写。

　　本教材案例丰富生动、理论与实践相结合,注重对学生发现问题、分析问题和解决问题综合能力的培养。本教材既可作为食品科学与工程类相关专业本科生教材,也可供食品科学与工程类学科研究生教学使用,还可作为食品管理及食品安全相关科研人员的参考书。

　　本教材得到中国农业大学研究生教材建设项目资助(JC201907)。

　　为贯彻落实党的二十大精神,本次重印结合实际教学,融入了相关内容,便于读者学习掌握,提高教学效果。

　　由于本教材涉及内容广,学科发展快,加之编者能力有限,教材中难免存在疏漏和不当之处,敬请各位同行和广大读者不吝赐教,以助本书修订时改正。

编　者

2023 年 7 月

目　　录

第 1 章

食品安全风险分析概述

本章学习目的与要求

1. 了解食品安全的发展历史与趋势；了解国内外食品安全监管体系特点。

2. 了解食品安全风险监测的定义和目的；了解风险评估、风险管理、风险交流三者在风险分析中的作用及其之间的关系；了解风险分析对食品安全管理的意义。

3. 掌握食品的范畴、食品安全的基本概念和食品安全危害因子的种类及其主要来源；掌握食品法律法规体系和标准体系的分类与层次；掌握国际和国内主要的食品安全法规与标准。

4. 掌握食品安全风险分析的基本框架；掌握风险、危害、风险评估、风险管理、风险交流的定义。

食品安全是人类始终的追求,当今世界对食品不但要求数量安全,更多关注的是质量安全以及对生态环境和资源的安全。关注食品的质量安全,需要了解食品中的危害因子,这可分为生物性危害因子、化学性危害因子和物理性危害因子三大类。目前全球食品安全问题主要在致病微生物污染、食品添加剂滥用、食品源头污染等方面。各国为了保障食品安全,建立了食品安全监管体系,包括法律法规和食品安全标准两个方面。食品安全风险分析是控制食源性危害、制定有效食品安全管理措施的一种科学方法,目前在国际上普遍应用。风险分析框架由风险评估、风险管理和风险交流三部分组成。政府正确应用食品安全风险分析,可以促进消费者健康,促进食品的国际贸易,同时增强国家的食品安全监管能力。本章首先介绍食品安全的基本概念、食品安全的发展,然后介绍世界上代表性的食品安全监管体系,最后对食品安全风险分析框架进行叙述。

1.1 食品安全的基本概念

"民以食为天,食以安为先。"习近平总书记强调:食品安全工作要"以人民为中心""坚持人民利益至上",食品安全影响着每个人的日常生活和健康,可见食品安全的重要性之大。食品是每个人的能量来源,由于食品的入口特性,安全性成为其必备的条件。因此,保障食品的安全卫生是食品及其相关行业的首要任务。随着科技水平的不断提高,中国的食品产业得到了蓬勃发展,食品安全水平有了质的提高,标准化工厂的建立和规范化操作流程的实施使许多食品的安全性得到了一定的保障。

但是,资本的逐利性使部分食品从业人员铤而走险,不惜抛弃食品的安全性来达到获利的目的。食品行业在高速发展的同时,我国发生了诸如苏丹红、孔雀石绿、瘦肉精、三聚氰胺、地沟油等食品安全突发事件,也存在过量使用农药化肥、滥用食品添加剂、非法添加非食用物质、假冒伪劣、烟熏烘烤产生有害物质等一系列威胁人类健康的安全问题,引起了全社会的强烈关注,也提醒着我们要坚持贯彻总体国家安全观,确保食品安全和社会稳定。与此同时,食品安全是一个世界难题,不仅发展中国家受此搅扰,发达国家也难以避免。如1996年欧洲暴发的"疯牛病"、2001年英国等国家暴发的"口蹄疫"、2006年震惊全美的"带菌菠菜"事件、2008年爱尔兰的"二噁英猪肉"冲击波、2015年美国的"问题冰淇淋"事件等。尤其是随着互联网的发展,出现了诸多线上销售模式,又发生了如某外卖平台的食品安全事件和某网销产品的食品安全事件等。这一系列严重的食品安全事件显示出食品质量安全问题的全球性、严重性和多样性。因此,研究影响食品安全的因素和风险控制措施,保证食品安全,成为当今世界各国关注的焦点之一。

1.1.1 食品的范畴

1994年,国家质量技术监督局发布的《中华人民共和国国家标准 食品工业基本术语》中对食品的定义为:"可供人类饮用或食用的物质,包括加工食品、未加工食品和半成品,不包括烟草制品或仅作为药品使用的物质。"

在《中华人民共和国食品安全法》(2018年修订本)第一百五十条中,食品的定义是指各种供人食用或者饮用的成品和原料以及按照传统既是食品又是中药材的物品,但是不包括以治疗为目的的物品。

食品,如没有特殊说明,一般指各种供人食用或者饮用的成品、半成品和原料,不包括烟草制品和以治疗为目的的物品。广义角度的食品还涉及生产食品的原料,食品原料在种植、养殖过程中接触的物质和环境,食品添加物,直接或间接接触食品的包装材料、设施。由此可见,食品不仅种类繁多,而且涉及的物质、行业也众多。人类社会发展的多个方面通过人类食物链对食品安全性的影响,进一步显露出来。而人类对全球生态环境变化及其与自身生存关系认识的深化,激发了人们的生态环境意识。

食品安全性的问题发展到今天,已远远超越了传统的食品卫生或食品污染的范畴,而成为人类赖以生存和健康发展的整个食物链的保护与管理问题。

1.1.2　食品安全的定义

食品安全定义的研究历程。1974 年,联合国粮食及农业组织(FAO)在罗马召开的世界粮食大会上最早对食品安全的概念进行了界定,主要强调的是食品数量供给的安全(food security)。1996 年世界卫生组织(WHO)将其定义为"任何人在任何时候均能实质且有效地获得充分、安全且营养之粮食,以迎合其饮食及粮食偏好的活力健康生活",在 2007 年罗马有机农业和粮食安全国际会议将食品安全的含义拓展至"充足的粮食供应、获得、其稳定性及利用"。从随后相关组织对相关概念的界定来看,国际上对食品安全问题的研究慢慢将侧重点放在食品质量安全上面。目前,国际社会已经对食品安全概念基本形成共识,食品安全可以表述为:食品(食物)的种植、养殖、加工、包装、贮藏、运输、销售、消费等活动符合国家强制标准和要求,不存在可能损害或威胁人体健康的有毒有害物质而导致消费者病亡或者危及消费者及其后代的健康。这表明,食品安全包括宏观性的食品安全和微观性的食品安全。宏观性的食品安全又称为食品量的安全,是以食品的供给保障安全为内涵的食品安全(food security),即要有充足的食品供应,保证居民食品消费需求的能力,强调人类的基本生存权利;微观性的食品安全又称为食品质的安全,是以保障人体健康为内涵的食品安全(food safety),即食品中不应含有可能损害或威胁人体健康的有毒有害物质或因素,从而导致消费者急性或慢性毒害或感染疾病,或产生危及消费者及其后代健康的隐患,强调食品本身对消费者的安全性。目前,全球大多数国家食物的供应量基本能够满足人类的需要,因此食品安全主要指的是食品质的安全。

按照我国新《食品安全法》对食品安全的定义是:食品无毒、无害,符合应当有的营养要求,对人体健康不造成任何急性、亚急性或者慢性危害。由以上定义我们可以看出,食品安全具有以下几个特点:首先,针对安全性而言,无毒无害是安全食品的必备条件。"无毒无害"指的是在正常的食用条件下,正常人摄入可食状态的该食品不会对身体造成任何的伤害。但是无毒无害不是绝对意义上的,允许少量含有,但不能超过国家规定的限量标准。其次,安全的食品应当有一定的营养要求,营养要求不仅包括人体代谢所需要的蛋白质、脂肪、碳水化合物、维生素、矿物质等营养素的含量,还应包括食品的消化吸收率和对人体维持正常生理功能应发挥的作用。最后,是对影响人体健康而言,安全的食品不应对人体造成任何伤害,包括急性、亚急性或者慢性危害。因此,美国学者 Jones 曾建议将食品安全性分为绝对安全性和相对安全性。绝对安全性是指确保不可能因食用某种食品而危及健康或造成损害的一种承诺,也就是食品应绝对无风险。相对安全性是指一种食物或成分在合理食用方式或摄入正常量的情况下,不会导致健康损害的实际确定性。

食品的安全性与其食用剂量相关。如成人硒的摄入量为 $50\sim200\ \mu g/d$ 时有利于健康;低于 50 $\mu g/d$ 时会发生心肌炎、克山病等疾病,并诱发免疫功能低下和老年性白内障等疾病;摄入量为 200～1 000 $\mu g/d$ 时,则出现中毒症状,急性中毒表现为厌食、运动障碍、气短、呼吸衰竭,慢性中毒表现为视力减退、肝坏死和肾充血等;摄入量超过 1 000 $\mu g/d$ 则可导致死亡。食盐是我们日常的调味料,如果摄入量少可能会导致缺钠,引起神经衰弱,全身乏力(钠离子是神经系统中传递信息的必备物质,肌肉收缩和心脏跳动都与钠离子有关);影响体内水平衡;引发癌症等。如果摄入量过多则可能会导致高血压、心肌梗死和呼吸道疾病等,严重时可导致脱水休克。另外,有些有害成分是食物本身所固有的,如有毒蘑菇中的各种毒素、扁豆(四季豆)中的皂素、植物血凝素,如果在食用时不加以注意,就会造成食物中毒。但更多的有害成分是食品在生产、加工、储存、运输、销售、烹调等环节中被一些有毒、有害因素污染所造成的。因此,需要判断食品中哪些物质或成分属于"有毒、有害物质",以及在什么条件下会对人体健康产生危害或损害。

一种食品是否安全,取决于其制作、食用方式是否合理,食用数量是否适当,还取决于食用者自身的一些内在条件。以上也说明一个问题,那就是对食品消费者和食品生产管理者来讲,前者要求对他们提供没有风险的食品,而将频繁发生的安全性事件归因于技术和管理的不当,后者则是从食品的构成和食品科技的现实出发,认为安全食品并非是完全没有风险的食品,而是在提供最丰富营养和最佳品质的同时,力求把可能存在的任何风险降至最低限度。

从现有文献来看,食品安全定义的研究主要是从消费者、涉食企业政府及其他主体的角度,从消费者生理、心理及所处社会经济与文化的发展阶段等角度分析。食品安全问题缘由的研究根据其概念的内涵和外延也分成两个层面:一方面是根据食品安全问题的类别而进行的偏微观的研究,如农药残留、添加剂、生长促进剂、水上污染、病毒/菌和寄生虫以及掺假与假冒等;另一方面则相对宏观,主要是对共性的系统性、经济性的食品安全根源进行分析,如 Madichie 等分析了权利不对称对欧洲马肉风波中的影响,Zhang 等基于 1 553 例媒体报道分析了掺假假冒行为的经济缘由。相应地安全治理对策的理论依据也大多依据安全问题破解的对策而来,如中国、美国政府通过立法要求涉食企业在其生产、流通环节达到特定的标准、法律和法规,并鼓励相关技术尤其是追溯系统的应用。

总体而言,食品安全分为 3 个层次。

(1)食品数量安全　一个国家或地区能够生产民族基本生存所需的膳食需要。要求人们既能买得到又能买得起生存生活所需要的基本食品。

(2)食品质量安全　指提供的食品在营养、卫生方面满足和保障人群的健康需要,食品质量安全涉及食物的污染、是否有毒,添加剂是否违规超标、标签是否规范等问题,需要在食品受到污染之前采取措施,预防食品的污染和遭遇主要危害因素侵袭。

(3)食品可持续安全　从发展角度要求食品的获取需要注重生态环境的良好保护和资源利用的可持续。

1.1.3　食品安全危害因子的分类

食品本身不应含有有毒有害物质。但是,食品在种植或饲养、生长、收割或宰杀、加工、贮存、运输、销售到食用前的各个环节中,由于环境或人为的作用,可能受到有毒有害物质的侵袭而造成污染,使食品的营养价值和卫生质量降低。

根据食品中危害因子的性质,可将食品安全危害因子分为生物性危害因子、化学性危害因子和物理性危害因子 3 大类。

1. 生物性污染

指生物(尤其微生物)自身及代谢过程、代谢产物(如毒素)对食品原料、加工过程和产品的污染。生物性危害物又可包括食源性致病菌、食源性病毒、食物过敏原、抗营养因子和食源寄生虫等。这些可能来源于原料,也可能来自食品的加工过程。出现在食品中的细菌除包括可引起食物中毒、人畜共患传染病等的致病菌(蜡样芽孢杆菌、产气荚膜梭菌、肉毒梭菌、空肠弯曲杆菌、志贺菌、大肠埃希菌、沙门菌属、金黄色葡萄球菌、链球菌属、弧菌属、单核细胞增生李斯特菌)外,还包括能引起食品腐败变质的非致病菌。病毒主要包括肝炎病毒、口蹄疫病毒、朊病毒等;寄生虫主要通过病人、病畜的粪便污染环境后间接污染食品,也有的直接污染食品。虫害主要通过原料贮藏、加工过程以及成品贮藏等环节污染食品,主要的虫害包括老鼠、苍蝇、蚊子、蟑螂、跳蚤等。

(1)细菌(图 1-1,彩图又见二维码 1-1)　在各种食物中毒中,以细菌性食物中毒最多。细菌对食品安全性的影响主要表现在一方面引起食品的腐败变质,另一方面引起食源性疾病或食物中毒。食物中毒的类型分 3 种:①细菌本身生长繁殖造成的,如沙门菌、志贺菌等,称为感染型食物中毒;②细菌生长繁殖过程中产生的毒素造成的,如肉毒梭菌产生肉毒素、金黄色葡萄球菌产生肠毒素等,称为毒素型食物中毒;③细菌本身既能感染又能产生毒素,如副溶血性弧菌,本身既能引起肠道疾病,又能产生耐热性溶血毒素,属于混合型食物中毒。

二维码 1-1　食源性细菌

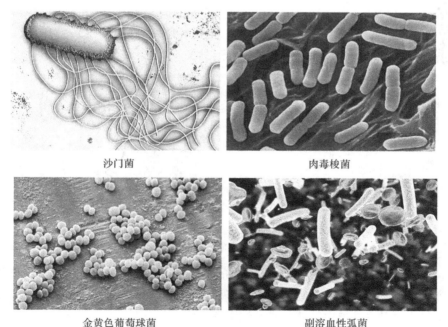

沙门菌　　　　　　　　　　　肉毒梭菌

金黄色葡萄球菌　　　　　　　副溶血性弧菌

图 1-1　食源性细菌

(2)病毒　病毒广泛存在于生物体中,迄今为止已发现 600～700 种,其中能感染人的就有 300 种以上。根据寄生对象可分为侵染细菌的噬细菌病毒、侵染植物的噬植物病毒、侵染动物的噬动物病毒。与食品关系密切的主要是噬细菌病毒，即噬菌体。

二维码 1-2　食源性病毒

病毒不仅存在于自然环境（如土壤、水、空气）中，甚至存在于一些物品和金属仪器上，其存在时间的长短与病毒种类和数量有关。病毒既可以通过食物、衣物、粪便污染，也可以通过空气、接触等污染。

常见污染食品的病毒有肝炎病毒、诺沃克病毒、禽流感病毒和疯牛病病毒等，见图 1-2，彩图又见二维码 1-2。

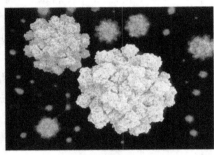
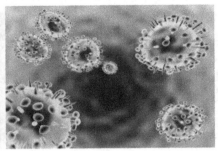

诺沃克病毒　　　　　　　　　禽流感病毒

图 1-2　食源性病毒

（3）寄生虫　食源性寄生虫病是指进食生鲜的或未经彻底加热的含有寄生虫虫卵或幼虫

二维码 1-3　食源性寄生虫

的食品而感染的一类疾病的总称。目前，对人类危害严重的食源性寄生虫有华支睾吸虫（肝吸虫）、卫氏并殖吸虫（肺吸虫）、姜片虫、广州管圆线虫等，见图 1-3，彩图又见二维码 1-3。

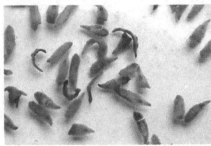

华支睾吸虫　　　　　　　　　广州管圆线虫

图 1-3　食源性寄生虫

（4）鼠类及昆虫　鼠是许多疾病的传播媒介，身上带有细菌、寄生虫和蜱、螨、蚤等病原体，在活动中造成对食品的污染。苍蝇可传播所有病原体如病毒、细菌、霉菌、寄生虫。灭鼠、灭蝇是餐饮业和食品业卫生管理中的一项常规性重要工作。

2.化学性污染

分为 3 类：天然存在的化学物质，有意添加的化学物质以及无意或偶尔进入食品的化学物质。天然存在的化学物质如天然毒素、植物蛋白酶抑制剂、植物凝集素、棉酚等；有意添加的化学物质主要是食品添加剂;无意或偶尔进入的化学物质主要是农兽渔药、重金属、润滑剂、消毒剂、清洁剂、化学试剂等。

(1)天然存在的化学危害　生物毒素被世界卫生组织和联合国粮农组织认定为自然界中最危险的食品污染物。食品中的生物毒素主要包括真菌毒素、细菌毒素、植物性毒素和动物性毒素等 4 大类。这些毒素可能是食物在生长过程中产生的,或者由外界毒素在其生物体内蓄积,最后通过食物对人体产生威胁。真菌毒素具有极强的毒性,可导致人体急性中毒,并具有致癌、致畸和致突变作用。目前已发现的真菌毒素有近 400 种,主要的产毒菌属有曲霉菌属(*Aspergillus*)、镰刀菌属(*Fusarium*)、青霉菌属(*Penicillium*)和链格孢菌属(*Alternaria*)等;常见的细菌外毒素有金黄色葡萄球菌肠毒素、肉毒杆菌肉毒素和霍乱弧菌肠毒素等;未煮熟的四季豆等含有皂苷和血球凝集素等抗营养因子;毒蘑菇本身含有毒素;动物类的毒素有鱼类毒素和贝类毒素。食品贮藏过程中产生的过氧化物、醛、酮等化合物也给食品带来了很大的安全隐患。

过敏原是食物中含有的能够引起机体免疫系统异常反应的物质,食物过敏原一般为相对分子质量在 10 000～70 000 的蛋白质或糖蛋白,如牛奶中的酪蛋白、鸡蛋中的卵类黏蛋白、鱼虾中的原肌球蛋白等。食用后会产生胃肠道、皮肤和呼吸道等不同形式的临床症状,严重时会危及生命,但由于个体差异性,每个人对过敏原的反应不同,造成的后果也不同。

(2)有意添加的化学物质　为了改善食品的色香味和延长保存时间,食品添加剂的使用越来越广泛。在食品添加剂的使用过程中,企业应严格遵守《食品添加剂使用标准》中的规定,超限量使用或者非法使用未经批准或被禁用的添加剂及以非食用化学物质代替食品添加剂会对人体产生严重的危害。如食品中过量的色素会影响到神经系统与消化系统;食品添加适量防腐剂可以有效杀死微生物,保证食品的安全,但过量使用会影响人体的消化系统。

非法添加物的滥用往往造成较严重的食品公共安全事件,如我国的"苏丹红""吊白块"和"三聚氰胺"事件。"苏丹红""吊白块"和"三聚氰胺"本不属于食品添加剂,但商家受利益驱动向食品中非法添加对人体有害的化学物质,造成了较为严重的后果。

(3)农兽渔药残留　为了获得更高的产量,在动植物生长过程中会人为施用农兽渔药,以调节生长、预防病虫害或治疗疾病。农兽渔药种类多、使用广,违规或过量使用时有发生,因此不可避免地存在药物残留现象。残留药物通过食物链进入人体,甚至在体内累积,对人体健康构成威胁。

农残根据其化学成分可分为有机磷类、有机氯类、氨基甲酸酯类、拟除虫菊酯类、苯氧乙酸类和有机锡类;渔兽药根据其用途可分为抗生素类,如 β-内酰胺类、大环内酯类、四环素类、氨基糖苷类和酰胺醇类等;激素类药物,包括性激素类、β-激动剂类;磺胺类、呋喃类和抗寄生虫类。

(4)环境污染物

①重金属污染:食品中含有 80 余种金属元素和非金属元素,依据需要可划分为必需元素、非必需元素和有毒元素,其中,重金属元素既不是人体所必需,又会对人体有一定的毒性。《食品安全国家标准　食品中污染物限量》(GB 2762—2017)中规定的限量元素有铅、镉、汞、砷、锡、镍和铬等 7 种,其中最常见的有铅、镉、汞和砷 4 种。重金属元素可通过农药、食品添加剂、工业"三废"排放、机械、管道、包装容器或动植物富集作用直接或间接污染食品,再进入人体,对人体功能或脏器造成损害。

目前我国水污染状况较为严重,被污染的水体中含有有机污染物和重金属。铅、砷、汞会在农、畜、水产品中富集,且若将未经处理的污水用于农田灌溉,会造成土壤和蔬菜中的重金属超标。汽车尾气中含有铅等有害元素,排放到空气中被绿色植物吸收,人食用后残留在体内,不断蓄积,达到一定量后重金属能够抑制体内酶活性,破坏正常的生化反应,产生遗传毒性和生殖毒性等。

②其他环境污染物:生产环境污染也会直接影响到植物,污染物残留在植物性食物内。例如,大气中的浮颗粒物覆盖在植物叶面上,影响植物呼吸作用和光合作用、影响植物生长和品质,同时叶片可直接吸收粉尘中的有害物,造成蔬菜污染。植物生长调节剂(PGRs)的滥用也越来越成为世界关注的焦点。持久性有机污染物多溴联苯醚(PBDEs)是一种溴代阻燃剂,因其大量生产和广泛使用,已对环境、食品和人体健康产生巨大的影响和危害。

(5)洗涤清洁用品 洗涤清洁用品等主要用于餐饮器具和设备的清洁和消毒,其残留在食品中会引起人体皮肤、口腔不适,干扰人体正常代谢,有些甚至含有致癌物质,能够增加癌症发病率。因此,餐饮审核要点中要求卫生间不得设置在食品处理区,储藏间内的洗涤用品应与食品原料分开,避免交叉污染。

(6)加工过程中产生的有害物质 N-亚硝基化合物的污染:食品防腐剂和护色剂中含有硝酸盐和亚硝酸盐;腌菜制作过程中会产生亚硝酸盐类等有害物质。氯丙醇:氯丙醇具有致癌性、生殖毒性、遗传毒性、神经毒性等,为提高氨基酸得率通常需要加入过量盐酸,若食品原料中留存油脂,则易产生氯丙醇类化合物,因此可通过原料控制(如低脂或脱脂)和生产过程控制降低或避免氯丙醇的产生。其他化合物的污染:食品在加工、烹饪过程中,因高温而产生的多环芳烃类、杂环胺、丙烯酰胺等虽然量不大,但都是毒性较强的化学物质;烟熏食品已经证实含有苯并芘等物质,此类物质在人体内蓄积,有诱发胃癌、肠癌的危险。

(7)食品容器、包装材料 食品加工中使用的管道如塑料管、橡胶管、铝制容器及各种包装材料,也有可能使有毒物质如单体苯乙烯、金属元素等由管道、包装材料迁移到食品中;当采用陶瓷器皿盛放酸性食品时,其表面釉料中含有的铅、镉等有毒有害元素可以溶解出来而迁移到食品中;用经过荧光增白剂处理的纸作包装材料,残留的胺类化合物可能污染食品;如果用不锈钢器皿存放酸性食品的时间较长,其中的镍、铬等元素溶出,也可以污染食品。非食品级包装材料中可能含有铅、双酚A、聚碳酸酯等化学物质,这种包装应用在食品中会使有毒有害物质迁移到食物中,对人体健康造成危害。

3.物理性污染

指食用后可能导致物理性伤害的异物。食品中的异物,可以定义为任何消费者认为不属于食物本身的物质。而有些异物与食品原料本身有关,如肉制品中的骨头渣,它是食物的一部分。所以,异物一般被分为自身异物和外来异物,自身异物是指与原材料和包装材料有关的异物;外来异物是指与食物无关而来自外界并与食物合为一体的物质。外来异物包括:①原材料中的异物:植物残渣、沙石、包装碎料等;②由于不当的加工过程引入的异物,一是人员带入,如头发、牙签、指甲、首饰、创可贴等;二是环境带入,如玻璃、昆虫、塑料、木屑、刀片、订书钉等;③机器带入,如金属屑、零部件、金属涂层等;④包装材料中的异物等。目前,食品加工工艺中常见的异物剔除装置包括密度探测仪、金属检测仪、X线探测仪、磁栅、滤网、筛网及过滤器等。⑤天然放射性物质。在自然界中分布很广,存在于矿石、土壤、天然水、大气和动植物组织中,可以通过食物链进入食品中。一般认为,除非食品中的天然放射性物质的核素含量很高,基本不会影响食品安全。自19世纪末(1895年)伦琴发现X射线后,Mink(1896年)就提出了

X 射线的杀菌作用,但直到第二次世界大战后,辐射保藏食品的研究和应用才有了实质性的开始。20 世纪 90 年代中期,WHO 根据辐照食品安全性的研究结果得出结论:只要在规定的剂量和条件下辐照食品,辐照不会导致食品成分的毒性变化,不会增加微生物学的危害,不会导致营养供给的损失。但核试验、核爆炸、核泄漏及超量辐射等可能使食品受到放射性核素的污染。

1.2　食品安全的发展趋势

1.2.1　食品安全的发展历史

中国古代食品安全治理理念发端于春秋战国时期,《周易·噬嗑卦》记载,"噬腊肉遇毒,小吝,无咎";《礼记·王制第五》记载对周代食品生产与交易的规定,"五谷不时,果实未熟,不鬻于市";《论语·乡党第十》记载孔子的饮食观"食不厌精,脍不厌细"、十三"不食"及"食不语"等观念。先秦时期,饮食加工技术与交通不发达,民众可食用的食品大多是初级农产品,诸子的食品安全治理理念主要关注农产品的成熟度及与社会礼仪文化的结合上,并为人民群众的生产生活及饮食安全提供指导,以仁义与道德为出发点,主张民众通过对自我加强约束来实现"全民参与"的食品安全治理秩序与模式。

汉朝(公元前 206—公元 220 年)初期推行恪守黄老之道的休养生息政策"鼓励生产、轻徭薄赋",使得农业生产水平空前提高。《史记·平准书》和《汉书·食货志》均记载,"太仓之粟,陈陈相因,充溢露积于外,至腐败不可食",即西汉京师长安(今陕西西安)太仓的粮食年年堆积而导致外露变质而不可食用。由此说明,国家储粮要管理有度,要使储存的粮食能够及时出仓供给社会,不可因粮食年年积压导致粮食功能受损而腐败变质,进一步说明两汉时期政府对粮食的管理已有安全意识。汉朝对"有毒脯肉"的处理值得关注,《二年律令》记载,"诸食脯肉,脯肉毒杀、伤、病人者,亟尽孰燔其余……当燔弗燔,及吏主者,皆坐脯肉赃,与盗同法"。由此表明,汉朝政府已经开始采用刑法手段对食品安全问题进行治理,销毁问题食品,严厉处罚涉案人员,并对主管官吏进行问责处理。

唐朝在食品安全问题的法治治理上更加全面,例如唐朝先后制定的《律疏》和《唐律》(合称《唐律疏议》,是中国现存的第一部内容完整的法典)涉及食品安全的记载有五款,分别为第 59 条、103 条、107 条、108 条和 263 条,分别涉及宫廷御膳、百官外膳和民间有毒脯肉。其中关于有毒脯肉的记载,"脯肉有毒,曾经病人,有余者速焚之,违者杖九十;若故与人食并出卖,令人病者,徒一年;以故致死者,绞;"即食物有毒、已经让人受害,剩余的必须立刻焚烧,违者杖打九十大板;如果故意送人食用甚至出售,致人生病者,判处一年徒刑;致人死亡者,处以绞刑。中世纪罗马与意大利等国设置专管食品卫生的"市吏"。19 世纪法国人路易斯·巴斯德(1822—1895 年)第一个意识到并证明食品中微生物的存在,并提出巴氏消毒理论。由此,人们发明了可以长期保存食品的新方法,如蒸汽杀菌、高压杀菌、冷藏等。

随着相关学科的发展,人们认识到除了食品添加剂外,化肥、农药、兽药以及环境污染物等物质可以通过食物链在动植物食品中富集,食用这类食品后也可能对健康造成不利影响。

1.2.2　食品安全的现状

(1)微生物污染　由食品污染引起的疾病是当今世界上最广泛的卫生问题之一。如2006年,世界著名巧克力食品企业——英国吉百利公司因管道泄漏导致清洁设备的污水污染了巧克力,使42人因食用被沙门菌污染的巧克力而发生食物中毒,公司紧急在欧盟和全球范围内召回上百万块巧克力。2010年3月,美国食品药品监督管理局发布紧急召回令,要求将大批怀疑被沙门菌污染的沙拉酱、土豆片蘸酱、多味汤等食品立即下架,这次召回可能涉及数千种食品,成为美国历史上规模最大的食品召回事件之一;2015年4月美国疾病控制与预防中心宣布,美国两个州至少8人因食用了美国蓝铃公司产品,感染李斯特菌而患病就医,并导致3人死亡。日本在2016年有6 000多人先后发生了肠出血性大肠埃希菌O157:H7食物中毒,11人死亡;上万人受葡萄球菌肠毒素导致的雪印牛奶中毒事件的影响。

(2)食品添加剂过量使用　食品添加剂是指为改善食品品质,以及为防腐和加工工艺的需要而加入食品中的人工合成或天然物质。然而,随着社会经济的飞速发展,滥用食品添加剂的现象普遍存在。某些不法商家为了节约成本,提高经济效益,往往会过量使用食品添加剂,将过期、劣质甚至是回收的原材料进行处理,并加到食品当中。食品添加剂的使用在一定阈值内不会对人体造成伤害,但若过量使用,会给消费者的身体带来巨大的潜在危害。据报道,目前我国每年返回餐桌的地沟油有200~300 t,其中主要危害物——黄曲霉素的毒性是砒霜的100倍。

(3)非法食品添加物的滥用　为了提高食品货架期,改善食品外观,部分不法商家会在食品中加入非法添加物。我们熟知的黄色素奶油,苏丹红红心鸭蛋,瘦肉精猪肉,染色馒头等,此类食物不仅会影响人体健康,甚至会增加癌症患病概率。食品添加剂与非法添加物最主要的特征区别是:前者已经过大量研究证实,在法律允许的一定范围内,不会对人体产生危害,而后者不属于食品添加剂,本不应出现在食品当中,如果添加到食品当中,往往会对人产生或多或少的伤害。2008年9月的"三聚氰胺"事件极大地影响了消费者对国产奶制品的信任,对奶制品行业的发展造成了很大的不利。2011年,沈阳市公安局在一毒豆芽加工窝点查获使用有害非食品添加剂制成的豆芽2 t。同年央视报道的"双汇瘦肉精"事件和"染色馒头"事件使消费者对我国食品安全的担忧加剧。

(4)食物源头污染　近年来,食品源头的污染问题也较为突出。随着人们生活水平的不断提高,农商为了提高产品美观度,追求经济效益,延长农产品保存时间,往往会滥用化肥农药,长此以往,会使土壤性质恶化,肥力下降,从源头上对农作物造成污染,有毒有害物质含量超标,农作物营养成分下降。若使用过量兽药、催生剂,易使水产或家畜家禽等产品中激素或有害物质含量超标。食品安全问题对我国食品出口贸易也产生了严重影响。我国畜禽肉,特别是冻鸡,长期因兽药残留问题而出口受阻;茶叶由于农药残留问题而出口多国受阻;由于防治蜂螨病使用抗生素或农作物广泛使用农药,导致蜜源兽药、农药残留较高,使出口蜂蜜因兽药、农药残留超标而受阻。

(5)环境污染问题严重　环境污染也是导致食品安全问题重要因素之一,环境中的有毒有害物质通过食物链进入人体,从而产生不良影响。此外,工业生产中产生的"三废"也会直接污染大气、水源、农田,进而给农作物品质带来影响。

(6)食品安全监管体系不完善　食品安全问题频发,而食品安全涉及的环节较多,具有多样性和复杂性,虽然我国已着力改善现有的检测体系,但由于食品安全监管主体单一、信息不畅、职责混淆等诸多问题,食品安全监管效率受到严重制约,这也阻碍了我国食品安全法治建设的规范化进程。因此,我国食品安全监测监管体系目前尚不完善,与其他发达国家相比,仍有许多不足之处,这也是食品安全问题出现的原因之一。

1.2.3　食品安全的未来挑战

目前,我国食品安全态势稳中向好,但食品安全的三大顽疾——微生物污染、超范围超限量使用食品添加剂、农兽药残留超标依旧存在。面对食品安全问题的挑战,迫切的任务是要用国际一流的模式完善我国的食品安全体系,用现代的理论和技术装备我国的食品安全科技与管理队伍。

(1)健全与国际标准接轨的食品安全监管体系　美国 2011 年颁布实施的《FDA 食品安全现代化法》及 FSMA 配套法规和指南,提高了对食品安全的监管要求,其中提出了"食品防护计划"和"食品安全计划"。食品工业的食品安全管理体系中也引入了食品防护与食品欺诈预防计划的概念,以及与之相关的脆弱性评估。这表明无论从法律法规层面,还是食品工业界的体系管理层面,都在强调"预防"和"风险管理"。

国际食品法典委员会(CAC)制定了一系列各成员都认可的食品卫生应用导则。我国于 1985 年加入 CAC,并于 1995 年正式成立了中国食品法典协调小组,每年派越来越多的专家出席 CAC 各专业委员会的会议,及时掌握 CAC 的动态,并与我国相关标准法规紧密结合。

(2)建立国家食品安全控制与监测网络,加强部门监管的协同协作　维护食品安全从来都不是一个部门能做到的事情,因此各部门之间如何建立良好合作就是食品安全面临的另外一个主要挑战。各部门良好合作的一个关键是共享信息,利于系统地监测并收集食品加工、销售、消费全过程包括食源性疾病的各类信息,以便对人群健康与疾病的现状和发展趋势进行科学的评估和预测;早期鉴定病原物质,鉴别高危食品、高危人群;评估食品安全项目的有效性,为卫生政策的规范和出台提供信息。

(3)加强食品安全控制技术的投入和研究　如面对新出现的食源性疾病时,我国应具备快速准确鉴定食源性危害因子的技术和能力。加强与发达国家的合作研究,包括检测方法的改进、微生物抗性研究、病原菌的控制预防技术等;改进食品的现代加工与保藏技术;研究开发食品安全检测技术与相关设备;建立食品安全监测与评价体系;构建共享食品安全监控网络系统,包括环境和食源性疾病与危害监测、风险性分析与评估等。

(4)科技创新带给食品安全管理的新挑战,需逐一破解　中国食品科学技术学会理事长孟素荷指出,近三年来,基于食物可持续供应及中国食品工业的健康导向,中国食品科技界与产业界的创新异常活跃。如近年来科技界和工业界关注的未来食品及"人造肉",植物基人造肉外企产品已进入中国市场;国内民企正进入商业化模式中。而细胞培育"人造肉",中国食品科技界正加速追赶。再如自热食品、功能食品等,产品创新必然带来对现有管理与标准的突破。如何营造出既鼓励创新亦对市场负责,确保消费者安全的管理模式,这是我们必须共同面对的重要挑战——对管理部门能否"有作为,敢担责"的挑战;对企业产品创新中坚守安全、健康为第一防线的挑战;对科技界用科技力量支撑产品创新与确保食品安全与健康能力和水平的挑战。

(5)加强对食品加工企业员工以及消费者的食品安全相关知识的培训和教育　"众人拾柴火焰高",应让更多的消费者、生产者参与到食品安全中,让更多的人了解食品安全问题,让每个人都成为食品安全的监督者与践行者,慢慢杜绝食品安全问题。保障食品安全是多方面共同的责任,食品生产、流通的每一个环节都有它的特殊性,必须实行"从农场到餐桌"的全程综合管理,如实行良好农业规范和良好生产规范等。政府相关的管理部门、食品企业从业人员都应定期接受食品生产、安全方面的知识培训,特别是要参与危害分析与关键控制点(HACCP)等食品安全质量控制系统的实施活动;消费者则应不定期地接受食品的安全购买、安全烹饪、安全食用等知识的培训;新闻媒体也应提供足够的空间大力宣传食品安全知识、促进绿色消费。

(6)创新食品检测技术 时代不断进步,也要不断推进食品检测技术的发展,争取找到更快、更方便、更经济的食品检测方法,所以要不断对食品检测技术进行探索与开拓创新。当然不断与国际食品安全检测部门交流经验也是必要的,在交流过程中,取长补短,总结经验,选择适合自己国家的发展方向,不断实现食品检测技术的进步,将我国的食品检测技术推向国际化。

1.3 食品安全监管体系

根据 WHO 和 FAO 的定义,食品安全监管是指"由国家或地方政府机构实施的强制性管理活动,旨在为消费者提供保护,确保在生产、处理、储存、加工直到销售的过程中食品安全、完整并适于人类食用,同时按照法律规定诚实而准确地贴上标签"。按此定义,食品安全监管即指国家有关部门对食品是否安全进行的监督与管理,目的是使市场上的一切食品都处于安全状态。"国以民为本,民以食为天,食以安为先",食品安全是人民群众基本的生存保障。全面提升食品安全监管治理水平,强化食品安全监管体系,守护舌尖上的安全,是增进民生福祉、提高人民生活品质的有力措施。

1.3.1 食品法律法规体系

1.3.1.1 法律

1.欧盟食品安全法律体系

欧洲各国的食品安全法律体系是在欧盟食品安全的法律框架下由各成员国针对实际情况而制定。欧洲食品安全法律有着系统的"伞状"体系框架,覆盖范围大,不只涉及食品安全,还涵盖与食品安全有关的所有领域,如环境和动物福利等。欧盟的食品法律标准在国际要求之上,行政管理和技术要求相融合,利用科学风险分析对从农田到餐桌的每一个生产环节全程监控;每一项法律法规都有着极强的时效性,保障了食品法律体系的连贯和高效。

《建立欧共体之条约》是欧盟制定所有关于食品安全法律法规的基础,《食品安全白皮书》提出对欧盟从原料到成品的食品安全保障措施进行改革,而出台的《基本食品法》是目前欧盟所有法律中最重要、最全面的,历经了《食品安全绿皮书》《食品安全白皮书》等过程。

欧盟有关食品安全的法律体系大体可总结为 3 个方面:立法基础、基本法律法规和具体法规。具体如图 1-4 所示。

总体来说,欧洲国家食品安全法律法规体系完善、框架明细,覆盖全面,有着较强的协调性、系统性、操作性和时效性。此外,它们在执行过程中往往采用比国际要求更高的规则,对于其他国家有着很大的借鉴价值。

2.美国食品安全法律体系

美国宪法规定了国家食品安全系统由政府的立法、执法和司法 3 个部门负责。美国在食品安全管理方面,建立了一套健全、配套、广泛和可操作性强的法律法规。美国食品安全法律

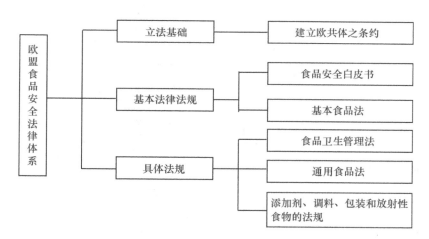

图 1-4　欧盟食品安全法律体系

从 1906 年和 1907 年的《食品和药品法》和《肉类检验法》开始,到现在为止法律中不仅有《联邦食品、药品和化妆品法》《公共卫生服务法》《食品质量保障法》《食品安全现代化法》《联邦杀虫剂、杀菌剂和灭鼠剂法》等综合性法律,还有非常具体的配套规定,如《食品添加剂修正案》《罐装牛奶法》《蛋产品检验法》《食品现行良好操作规范和危害分析及基于风险的预防性控制》和《婴儿食品配方法》等。

美国目前有关食品安全法令均以《联邦食品、药品和化妆品法》(FFDCA)为核心。按照此法律,食品工业的责任是生产安全、卫生的食品;政府通过市场监督而不是强制性的售前检验来管理食品行业,并赋予各个食品管理部门相应的管理权限。美国 FDA 和 USDA(United States Department of Agriculture,美国农业部)依据有关法规,在科学性与实用性的基础上,负责制定《食品法典》,以指导食品管理机构监控食品服务机构的食品安全状况以及零售业(例如餐馆和百货商店)和疗养院等机构,预防食源性疾病。地方、州和联邦的食品法规以《食品法典》为基础制定相关食品安全政策,以保持国家食品法规和政策的一致性。

美国食品安全法规被公认为是较完备的法规体系,法规的制定以危险性分析和科学性为基础,并拥有预防性措施。目前,美国的食品安全监管法律体系见图 1-5。

3.日本食品安全法律体系

日本虽是一个小国,但第二次世界大战后随着经济的快速发展,跻身于发达国家的行列。日本食品安全监督管理机构主要包括食品安全委员会、厚生劳动省、农林水产省、消费者厅。日本在制订有关食品安全的法律法规方面颇有建树,最早关于食品方面法律的制订出现在 20 世纪 50 年代,该法就是《食品卫生法》,它与之后制订的《食品安全基本法》共同构成了日本食品安全领域的基本法律体系。日本监管部门较为注重建立危机管理体制,并进行危机预防。日本政府针对不同种类的食品出台了一些相对应的法规条例,比如限定农药使用类别和使用剂量的《农药管理法》、保护植被免受污染的《植物防疫法》、规范动物饲料中抗生素以及其他兽药使用行为的《饲料添加剂安全管理法》,以及如何对采用转基因技术制成的产品进行标注的《转基因食品标识法》和规定畜产品在宰杀过程中注意事项的《屠宰场法》等。目前,日本已经形成多方面相互合作的强大的食品安全法律体系,并随着社会的发展不断进行修订与完善。

当前日本在确保食品安全方面形成的法律体系见图 1-6。

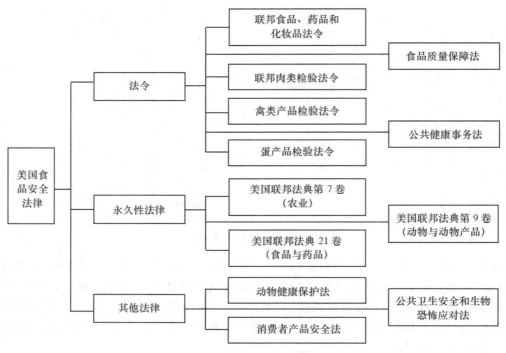

图 1-5　美国食品安全法律框架图

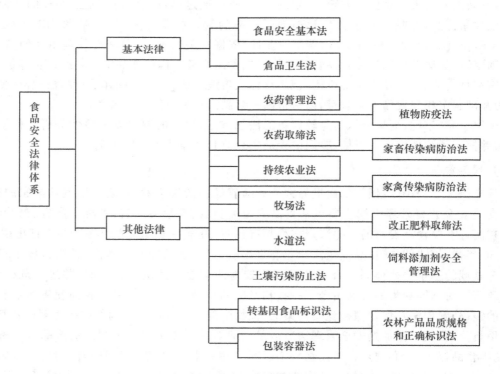

图 1-6　日本食品安全法律框架图

4. 中国食品安全法律体系

我国和食品相关的法律法规分为 4 个层次:法律、行政法规、部门规章和规范性文件。

2015 年 4 月 24 日新修订的《中华人民共和国食品安全法》于第十二届全国人大常委会第十四次会议审议通过,于 2015 年 10 月 1 日起正式施行。新版食品安全法共十章 154 条,经全国人大常委会第九次会议、第十二次会议两次审议,三易其稿,被称为"史上最严"的食品安全法。与 2009 年的《食品安全法》相比,新修订的食品安全法共 154 条,比原法增加了 50 条,新《食品安全法》经过众多专家学者的考察和论证,总结国内经验,借鉴美国、日本、欧盟等国家和地区先进的立法和管理理念,增设了食品安全基本原则,巩固深化了食品安全监管职责,改革创新了食品安全监督管理制度,强化了食品安全源头治理,严格划分了食品生产经营者主体责任、地方政府属地管理责任以及部门监管职责,完善了社会共治,体现了"宽严相济"的法治理念,集中反映了人民群众的愿望和诉求,充分体现了党中央国务院关于食品安全工作的一系列决策部署。

现已颁布实施的与食品相关的法律还有《中华人民共和国农产品质量安全法》《食品添加剂生产监督管理规定》《中华人民共和国动物防疫法》《中华人民共和国进出口商品检验法》《中华人民共和国进出境动植物检疫法》《中华人民共和国畜牧法》《中华人民共和国渔业法》等。党的二十大报告提出,全面依法治国是国家治理的一场深刻革命,关系党执政兴国,关系人民幸福安康,关系党和国家长治久安。必须更好发挥法治固根本、稳预期、利长远的保障作用,在法治轨道上全面建设社会主义现代化国家。目前我国食品安全法律体系如图 1-7 所示。

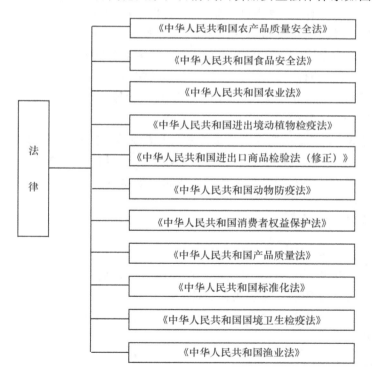

法律

- 《中华人民共和国农产品质量安全法》
- 《中华人民共和国食品安全法》
- 《中华人民共和国农业法》
- 《中华人民共和国进出境动植物检疫法》
- 《中华人民共和国进出口商品检验法（修正）》
- 《中华人民共和国动物防疫法》
- 《中华人民共和国消费者权益保护法》
- 《中华人民共和国产品质量法》
- 《中华人民共和国标准化法》
- 《中华人民共和国国境卫生检疫法》
- 《中华人民共和国渔业法》

图 1-7　我国主要的食品安全法律

1.3.1.2　行政法规

行政法规分为国务院制定的行政法规和地方性行政法规两类。它的法律效力仅次于法律。食品行业管理行政法规是指国务院的部委依法制定的规范性文件,行政法规的名称为条例、规定和办法。对某一方面的行政工作做出比较全面、系统的规定,称为"条例",如《农药管理条例》《兽药管理条例》《饲料和饲料添加剂管理条例》《农业转基因生物安全管理条例》等;对某一方面的行政工作做出部分的规定,称为"规定",如《国务院关于加强食品等产品安全监督管理的特别规定》等;对某一项行政工作做出比较具体的规定,称为"办法",如《无公害农产品管理办法》《绿色食品标识管理办法》《农产品地理标识管理办法》《农产品产地安全管理办法》《农产品包装和标识管理办法》《农产品质量安全监测管理办法》《农产品质量安全监测机构考核办法》《食用农产品市场销售质量安全监督管理办法》等。地方性食品行政法规是指省、自治区、直辖市人民代表大会及其常务委员会依法制定的规范性文件,这种法规只在本辖区内有效,且不得与宪法、法律和行政法规等相抵触,并报全国人民代表大会常务委员会备案后才可生效。如《河北省农产品市场准入办法》等。

1.3.1.3　部门规章

部门规章包括国务院各行政部门制定的部门规章和地方人民政府制定的规章。如《有机食品认证管理办法》《新食品原料安全性审查管理办法》《食品生产经营日常监督检查管理办法》等。

1.3.1.4　其他规范性文件

规范性文件不属于法律、行政法规和部门规章,也不属于标准等技术规范,这类规范性文件如国务院或个别行政部门所发布的各种通知、地方政府相关行政部门制定的食品卫生许可证发放管理办法以及食品生产者采购食品及其原料的索证管理办法。这类规范性文件也是不可缺少的,同样是食品法律体系的重要组成部分。如《国务院关于进一步加强食品安全工作的决定》《食品生产企业危害分析与关键控制点(HACCP)管理体系认证管理规定》《农业部关于加强农产品质量安全全程监管的意见》等。

经过长期的建设,中国食品质量安全法律法规日趋完善,初步形成了以《中华人民共和国食品安全法》为核心和基础,以涉及农业行业安全监管及大量技术标准的法规为主体,以各省及地方政府的规章制度为补充的食品质量安全法律法规体系。

1.3.2　食品安全标准体系

1.3.2.1　标准的定义

标准是指通过标准化活动,按照规定的程序经协商一致制定,为各种活动或其结果提供规则、指南或特性,供共同使用和重复使用的文件。

食品质量安全标准是指关于食品质量安全的强制性技术规范,必须依照有关法律、行政法规的规定制定和发布。

1.3.2.2　标准的分类

标准可按照级别、性质和对象 3 种方式进行分类。

(1)按标准级别划分　从全球化角度来看,标准按照严格程度可以划分为国际标准、区域标准、国家标准、行业标准、地方标准和企业标准 6 个级别,见表 1-1。

表 1-1　标准按标准级别划分

标准	发布部门	标准代号
国际标准	国家标准化组织或国际标准组织通过并公开发布的标准	国际食品法典委员会(CAC) 国际谷物科学和技术协会(IDF)
区域标准	由区域标准化组织或区域标准组织通过并公开发布的标准	欧洲电工标准化委员会(CEN-ELEC)、欧洲电信标准学会(ETSI)
国家标准	由国家标准机构通过并公开发布的标准	GB GB/T
行业标准	由行业机构通过并公开发布的标准	农业—NY 轻工—Q 粮食—LS 卫生—WS
地方标准	在国家的某个地区通过并公开的标准	DB DB/T
企业标准	由企业通过供该企业使用的标准	Q

（2）按标准性质划分　见表 1-2。

表 1-2　标准按标准性质划分

标准	定义	标准代号	备注
强制性标准	强制性标准是指政府部门制定并强制执行的标准	国家强制性标准的代号是"GB"	为保障人身健康和生命财产安全、国家安全、生态环境安全以及满足社会经济管理基本要求,需要统一的技术和管理要求的,应当制定强制性国家标准
推荐性标准	推荐性标准是指由标准化机构发布的由生产、使用等方面自愿采用的标准	国家推荐性标准的代号是"GB/T",字母"T"表示"推荐"	推荐性标准自愿采用

（3）按标准对象划分　按标准对象,标准可划分为技术标准、管理标准、工作标准 3 大类,分别对应标准化活动中的事物、事情、人员,见表 1-3。

表 1-3　标准按标准对象划分

标准	发布部门	涵盖内容
技术标准	技术标准是指对标准化领域中需要协调统一的技术事项所制定的标准	基础技术标准、产品标准、工艺标准、检测试验方法标准,以及安全、卫生、环保标准
管理标准	管理标准是指对标准化领域中需要协调统一的管理事项所制定的标准	管理基础标准、技术管理标准、经济管理标准、行政管理标准和生产经营管理标准
工作标准	工作标准是指对标准化领域中需要协调统一的工作事项所制定的标准	部门工作标准和岗位(个人)工作标准

（4）按标准形式划分　见表1-4。

表1-4　标准按标准形式划分

标准	发布部门	表现形式
标准文件	标准文件的作用主要是提出要求或做出规定，作为某一领域的共同准则	标准、技术规范、规程，以及技术报告、指南
标准样品	标准样品是指具有某些性能特征，经过技术鉴定，并附有说明有关性能数据证书的一批样品	标准样品的作用主要是提供实物，作为质量检验、鉴定的对比依据，测量设备检定、校准的依据以及作为判断测试数据准确性和精确度的依据

1.3.2.3　标准的特性

（1）科学性　标准的基础和依据是科学技术和实践经验。制定一项标准，必须将一定时期内科学研究的成就、技术进步的新成果同实践中积累的先进经验相结合，在综合分析、试验验证的基础上形成标准的内容。

（2）时效性　标准都有一定的时效性。根据我国的有关规定，一般产品标准的有效期为3～5年，少数也有10年左右的，而基础标准的有效期要长些，一般为10～20年。

（3）规范性　标准是一种规范，是行为的准则和依据，标准通过法规或合同的引用便具有了强制性和约束性，是有关各方必须严格遵守的行为准则。

1.3.2.4　标准的功能

（1）获得最佳秩序，规范生产技术行为。

（2）实现规模大生产。

（3）保证产品质量安全。

（4）促进技术创新。

（5）确保产品的兼容性。

（6）减少市场中的信息不对称，为消费者提供必要的信息。

（7）降低生产对环境的污染。

1.3.2.5　标准的系统

目前国际食品标准分属两大系统：FAO/WHO 的食品法典委员会（CAC）标准和国际标准化组织（ISO）系统的食品标准。

1. 食品法典委员会

食品法典委员会（CAC）成立于1963年，隶属于联合国粮农组织（FAO）和世界卫生组织（WHO），是政府间有关食品管理法规、标准的协调机构，现有包括中国在内的173个成员国。

（1）国际食品法典委员会机构组成　目前，CAC 有6个地区性协调分法典委员会、9个一般专题委员会、13个商品委员会及3个政府间特别工作组。在各委员会之下又设专业分委员会，目前，CAC 共下设21个分委员会。我国为国际食品添加剂法典委员会（Codex Committee on Food Additives，CCFA）和农药残留专业委员会（Codex Committee on Pesticide Residues，CCPR）的主持国。

（2）食品法典（Codex Alimentarius）标准体系简介　《食品法典》是 CAC 为解决国际食品

贸易争端和保护消费者健康而制定的一套食品安全和质量的国际标准、食品加工规范和准则。目前，CAC 已被世界贸易组织（WTO）确认为 3 个农产品及食品国际标准化机构之一，食品法典标准被认可为国际农产品及食品贸易仲裁的唯一依据，在裁决国际贸易争端中发挥着重要作用。

《食品法典》汇集了 CAC 已经批准的国际食品标准。标准分为通用标准和专用标准两大类。通用标准包括通用的技术标准、法规和良好规范等，由一般专题委员会负责制定；专用标准是针对某一特定或某一类别食品的标准，由各商品委员会负责制定。

目前《食品法典》共有 237 个商品的食品标准、41 个卫生法规和技术规程、185 个农药评估标准、3 274 个农药残余限量标准、25 个污染物限量标准、1 005 个食品添加剂评估标准以及 54 个兽药评估标准。

2. 国际标准化组织

国际标准化组织（International Organization for Standardization，ISO），是一个全球性的非政府组织，是世界上最大的国际标准化专门机构。它的工作领域涉及除了电工、电子标准以外的所有学科，其活动主要是制定国际标准，直辖世界范围内的标准化工作，组织各成员国和各技术委员会进行情报交流，以及与其他国际组织合作，共同研究有关标准化问题。

ISO 系统的食品标准主要由国际标准化组织中农产品、食品技术委员会（TC34）及其下设的 14 个分技术委员会（SC）和 4 个相关的技术委员会（TC），及若干 ISO 指南组成的其他与食品实验室工作有关的标准分委员会组成。其中，与食品相关的绝大部分标准是由 ISO/TC34 制定的。

ISO 农产品、食品 TC34 标准是 TBT（Technical Barriers to Trade，贸易技术壁垒）协议所指定的国际标准，而且 ISO/TC34 的分技术委员会与食品法典委员会（CAC）分支机构在以下领域存在密切合作：分析方法和取样方法；果汁、加工水果和蔬菜；谷物、豆类；植物蛋白；乳和乳制品；肉和肉制品；食品卫生（特别是微生物学）；动植物油脂等。

目前除上述两大国际食品标准系统外，一些国际组织、专业组织和跨国公司制定的标准在国际经济活动中客观上起着国际标准的作用。例如，美国提出的食品危害分析和关键控制点（HACCP）标准已经发展成为国际食品行业普遍采用的食品安全管理标准，作为食品企业质量安全体系认证的依据。

我国的标准体系分为 4 个层次，国家标准体系、行业标准体系、地方标准体系和企业标准体系，如图 1-8 所示。

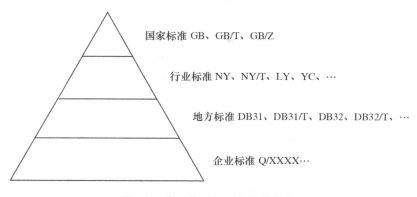

图 1-8　我国的四级标准化管理体系

1.4　食品安全风险监测

食品安全风险监测是国际普遍采取的食品安全管理基本措施。食品安全风险监测所得到的信息是进一步开展食品安全风险评估、风险管理和风险交流工作的基础。不同国家风险监测组织是否科学，投入是否合理，作用发挥是否充分，造成了各国食品安全监管水平的差距。

1.4.1　食品安全风险监测概述

根据我国国家食品药品监督管理总局 2013 年发布的《食品安全风险监测管理规范（试行）》，食品安全风险监测是指通过系统地、持续地对食品污染、食品中有害因素以及影响食品安全的其他因素进行样品采集、检验、结果分析，及早发现食品安全问题，为食品安全风险研判和处置提供依据的活动。国家开展食品安全风险监测的目的在于帮助食品安全监管部门掌握国家和地区食品安全状况和食品污染水平、分布及其变化趋势；为开展食品安全风险评估，制定和修订食品安全标准以及其他食品安全相关政策的制定提供科学依据，为风险预警和风险交流工作提供科学信息。

从全球来看，越来越多的国家重视食品安全风险监测工作，尤其发达国家开展的时间较早，积累了先进的经验，如欧盟、美国等形成了各自的监测网络以及相对应的检测项目。同时世界卫生组织、联合国粮农组织等国际组织也对食品安全风险监测工作做出科学的指导。1976 年世界卫生组织、联合国粮农组织和联合国环境规划署共同设立的全球环境监测系统/食品项目（Global Environmental Monitoring Service/FOOD，GEMS/FOOD）目前参与该项目的国家和组织达 70 多个，我国于 20 世纪 80 年代初加入该项目。此项目旨在掌握各成员国食品污染状况，了解食品污染物的摄入量，保护人体健康，促进全球食品贸易的健康发展。GEMS/FOOD 项目采用两种形式进行污染物的监测工作：一种为食品污染物的长期滚动监测项目；另外一种为总膳食调查方式，该方式能够得到膳食水平中污染物的污染状况，更精准地进行污染物的暴露评估工作。

每个国家在确定具体的食品安全监测内容时，会具体考虑当地环境污染情况、食品加工方式以及饮食习惯。世界卫生组织（World Health Organization，WHO）推荐优先监测的内容选择应重点考虑以下因素：污染物构成的潜在性健康风险；含有污染物的食品引起人群食物中毒和食源性疾病的发生率；肉用动物中某些疾病的流行；在充足数量的样品中，用可靠的方式测量污染物水平的可行性；食品在全部饮食中的重要性，对主要的食品应加以特别注意；有关食品的经济重要性及进、出口国家对污染物检测的法规；污染物在环境中的持续性、普遍性以及存在的量；通过工业产生和来自居住区的空气、河水、近海水域等的污染物数量；在农业、园艺、林业中应用的农药及其他化学制品的性质及用量，动物饲养所用药物；在食品生产、包装、运输、销售、贮存及制备中的卫生状况。

1.4.2　我国食品安全风险监测现状

食品安全风险监测在我国现行的《食品安全法》中得到了充分的体现。2018 年 12 月修正的《食品安全法》第二章第十四条规定"国家建立食品安全风险监测制度，对食源性疾病、食品污染以及食品中的有害因素进行监测。国务院卫生行政部门会同国务院食品安全监督管理等部门,制订、实施国家食品安全风险监测计划。国务院食品安全监督管理部门和其他有关部门获知有关食品安全风险信息后,应当立即核实并向国务院卫生行政部门通报。省、自治区、直辖市人民政府卫生行政部门会同同级食品安全监督管理等部门,根据国家食品安全风险监测计划,结合本行政区域的具体情况,制定、调整本行政区域的食品安全风险监测方案,报国务院卫生行政部门备案并实施。"第十七条规定"国家建立食品安全风险评估制度,运用科学方法,根据食品安全风险监测信息、科学数据以及有关信息,对食品、食品添加剂、食品相关产品中生物性、化学性和物理性危害因素进行风险评估。"以法律条款的方式规定了我国食品安全风险监测的方式、范围以及与食品安全风险评估的关系。

我国自 20 世纪 50 年代起,就以原卫生防疫站为基础,开始了食品卫生检验与食物中毒的流行病学调查工作。卫计委于 2000 年开始建立全国食品污染物监测网和食源性疾病监测网络并逐年扩大。为加强食品安全监管,自 2010 年起至 2013 年,原卫生部会同有关部门每年制定国家食品安全风险监测计划并组织实施,初步形成了以国家食品安全风险评估中心和各级疾病预防控制机构为主体的风险监测网络。自 2013 年起,国家食品药品监管总局组织开展了本系统食品安全风险监测工作,制定《食品安全风险监测管理规范(试行)》。

食品药品监管总局根据职责规定,结合食品安全监管工作的需要,组织制订食品药品监管总局食品安全风险监测计划。省级食品药品监管部门和承担食品药品监管总局食品安全风险监测工作任务的食品检验机构提出制定食品安全风险监测计划的建议。食品安全风险监测计划应符合食品种类风险等级分类分级管理原则,科学合理地确定监测产品品种、监测项目、监测区域、监测频次和样品数量等,并遵循高风险食品监测优先选择原则。以下情况应作为优先考虑的因素:①健康危害较大、风险程度较高以及污染水平、问题检出率呈上升趋势的;②易对婴幼儿等特殊人群造成健康影响的;③流通范围广、消费量大的;④在国内发生过食品安全事故或社会关注度较高的;⑤已列入《食品中可能违法添加的非食用物质和易滥用的食品添加剂品种名单》的;⑥已在国外发生的食品安全问题并有证据表明可能在国内存在的。

2018 年国务院机构改革后,不再保留国家食品药品监督管理总局,由国家市场监督管理总局负责食品安全监督管理,组织开展食品安全监督抽检、风险监测、核查处置和风险预警、风险交流工作。

1.5　食品安全风险分析框架

为了很好地控制食源性危害对人类健康的影响,目前国际上普遍采用食品安全风险分析的方法。风险分析是分析食品可能存在的危害,并采取控制危害的有效管理措施的一种基于科学的、系统化、规范化方法。风险分析能控制食品安全危害,促进公众的健康,还能促进国际食品贸易,使食品安全各利益相关方获益。

1.5.1　风险分析概述

目前,风险分析被公认为是建立有效的食品安全控制措施的首选方法。风险分析在金融、保险、建筑工程、环境科学、航天技术、电气工程和电子工程、信息科学、企业管理、自然灾害防控等诸多领域都有广泛的应用。认识风险是学习风险分析的第一步。

1.5.1.1 风险的概念

从古至今,人类活动充满着各种风险。比如环境相关的风险:地震、洪水、台风、泥石流;人为破坏或恐怖活动的风险:偷盗、纵火、蓄意破坏、恐怖袭击。随着社会的发展和科技的进步,人类面临的风险从内容到形式都在发生变化。比如:威胁人类健康的主要因素从传染病,逐渐变为癌症、代谢性疾病等。现代社会人类还会面临环境污染风险以及网络安全风险和核辐射、电磁辐射等技术风险。人类很早就能认识风险,并采取防范风险的举措。在我国,早在五帝时期,就有"大禹治水"以减轻和预防洪水灾害。在国外,公元前 3000 年的 Mesoporamia 人就采用保险方式来防止借贷风险。

无论是中文的"风险"还是英文的"risk",都属于舶来词。而关于"风险"一词的起源,有学者认为源自西班牙语和葡萄牙语,也有学者认为源自古希腊语和拉丁语。但其最初都有在危险的水域中航行的意思,若有"风"则易生"险"。目前我国现代汉语词典中对风险的定义是:可能发生的危险。《辞海》中对风险的定义:人们在生产建设和日常生活中遭遇能导致人身伤亡、财产受损及其他经济损失的自然灾害、意外事故和其他不测事件的可能性。实际上,风险概念的形成经历了一个漫长的过程。20 世纪 80 年代早期成立的风险分析学会(Society for Risk Analysis,SRA),第一项工作就是成立一个委员会定义风险一词。但委员会花了整整四年时间也未能形成一个让大家都认可的风险定义,于是决定放弃,认为最好的方法也许就是不要对风险下定义。并建议:让每一个作者按照自己的方式去定义风险,唯一需要的就是解释清楚自己的定义方式。

卡普兰(Kaplan)和卡里克(Garirick)认为进行风险分析,目的是回答下列 3 个主要问题:①会发生什么问题?②发生问题的可能性有多大?③后果是什么?这对于风险定义的提出有重要的指导作用。此后,国际上不同的组织在风险分析的研究和实践中凝练出了不同的风险定义,以下将对几个代表性国际组织中的定义进行介绍。

澳大利亚/新西兰风险管理标准(AS/NZS 4360:1995)是由澳大利亚标准委员会和新西兰标准委员会成立的联合技术委员会于 1995 年制定和出版的世界第一个"国家"风险管理标准,该标准于 1999 年及 2004 年重新修订。该标准使用范围广泛,为世界上各行业各部门的风险管理提供了一个共同框架。AS/NZS 4360:2004 中对风险的定义为:对目标产生影响的某种事件发生的机会。注:风险通常是根据事件或环境及其可能产生的后果来确定的;它可以用后果和可能性来衡量;风险可以有积极或者消极的影响。

欧洲议会和理事会 2002 年 1 月 28 日通过了欧盟条例(EC)No. 178/2002,制定了食品法的基本原则和要求,成立了欧洲食品安全局,制定了有关食品安全方面的程序。其中规定:风险是指对人类健康产生反面影响的可能性,并且严重时可能构成危害。

美国反虚假财务报告委员会下属的发起人委员会(Committee of Sponsoring Organizations of the Treadway Commission,COSO),于 2004 年 9 月正式颁布了《企业风险管理整合框架》(COSO-ERM),标志着 COSO 委员会最新的内部控制研究成果面世,此后的广泛应用让其当之无愧地成为内部控制领域最为权威的文献之一。其中对风险的定义为:一个事项将会发生并给目标实现带来负面影响的可能性。2017 年更新版《企业风险管理——与战略和绩效的整合》。是风险管理理念上的飞跃。风险被重新定义为:事项发生并影响战略和商业目标实现的可能性。新的定义不再认为不确定性带来的都是负面影响,而是正、负面两种可能性并存。

国际标准化组织(International Organization for Standardization,ISO)在 2009 年发布的

ISO 31000：2009《风险管理——原则与指南》，其中首次发布对"风险"的定义——"不确定性对目标的影响"，此定义的确定也经历了多国代表多次激烈的讨论，最终在 2007 年采纳了我国代表提出的定义。2018 年 ISO 31000：2018《风险管理指南》发布，其中风险的定义不变，注释有了变化：①影响是与预期的偏差。它可以是积极的、消极的或两者兼而有之，并且可以锁定、创造机遇或导致威胁。②目标可以有不同方面和类别，并且可以在不同的层面应用。③风险通常以风险源、潜在事件、后果及其可能性表示。

同时要注意的是，ISO 组织不同标准中对于风险的定义也不是统一的。

二维码 1-4 国际标准化组织采纳我国代表对风险的定义

2009 年 9 月，我国发布的 GB/T 23694—2013《风险管理术语》与 ISO Guide 73：2009 内容一致，采用"不确定性对目标的影响"来定义风险。

美国国家航空航天局（NASA）具有当今世界最先进的航天技术，与此同时为了应对航天工程中潜在的巨大风险，NASA 对风险管理理论与方法的研究也从未停止。从 20 世纪 60 年代的定性风险评估，到后来的定量概率风险评估，2004 年就开始采用《NASA 确保安全和任务成功的概率风险评估程序》，2007 年发布了《NASA 系统工程手册》，2011 年 11 月正式发布《NASA 风险管理手册》，系统阐述了风险管理策略。其中对风险的定义为：对实现明确建立的和已陈述的性能要求潜在的表现不佳的表示，这些可能要在未来才能被发现。

国际食品法典委员会（Codex Alimentarius Commission，CAC）程序手册（第二十六版，2018 年）中对风险的定义是：食品中某种（某些）危害产生不良健康影响的概率与不良影响严重程度的函数。

本书中讨论的食品安全风险，采用 GB/T 23811—2009《食品安全风险分析工作原则》中的定义：食品中危害产生某种不良健康影响的可能性和该影响的严重性。

二维码 1-5 "风险"在不同组织中的定义对比表

1.5.1.2 食品安全风险分析的发展历史

人类社会在认识到风险后，就在进行风险的分析与管理，以控制和降低风险。学术界一般认为风险管理始于美国。1931 年，美国管理协会保险部开始倡导风险管理，并研究风险管理及保险问题。20 世纪 50 年代早期和中期，美国企业中高层决策者认识到风险管理的重要性。1962 年，AMA 出版了第一本关于风险管理的专著《风险管理之崛起》，推动了风险管理的发展。1980 年，美国风险分析协会（the Society for Risk Analysis，SRA）成立，成为不同国家、不同学术团体交流风险相关信息的焦点论坛。1986 年，欧洲 11 个国家共同成立了欧洲风险研究会；同年 10 月，在新加坡召开风险管理国际学术讨论会，表明风险管理已经传播到全世界。1995 年，澳大利亚标准委员会和新西兰标准委员会制定、出版了澳大利亚/新西兰风险管理标准（AS/NZS 4360），在被企业引用后也成为全球第一个企业风险管理标准。随后，风险管理被应用在越来越多的行业。

在食品安全风险分析的发展中联合国粮农组织（FAO）和世界卫生组织（WHO）起了主导作用。

FAO/WHO 食品添加剂联合专家委员会和 FAO/WHO 农药残留专家委员会自 1956 和 1961 年开始为个别成员国提供食品风险分析的科学建议，1963 年成立的国际食品法典委员会

(CAC)为其相关的委员会也提供建议,但没有形成结构化的风险分析模式。

20世纪50年代初,食品的安全性评价主要以急性和慢性毒性试验为基础,提出人的每日允许摄入量(Acceptable Daily Intake,ADI),以此制定卫生标准。1960年,美国国会通过Delaney修正案,提出了致癌物零阈值的概念,该修正案指出任何对动物有致癌作用的化学物质不得加入食品。

直到20世纪70年代后期,科学家发现,如二噁英等致癌物难以在食品中避免或者无法实现零阈值,或无有效合理的替代物,零阈值演变成可接受风险的概念,以此对外源性化学物质进行风险评估。

美国国家研究委员会于1983年提出风险评估和风险管理的初步框架,这是最早把食源性疾病、风险评估和风险管理连接在一起的出版物。

1986—1994年期间乌拉圭回合多边贸易谈判,讨论了食品等产品贸易问题,与食品行业密切相关的正式协定有两个,即《实施卫生与动植物检疫措施协定》(Agreement on the Application of Sanitary and Phytosanitary Measures,SPS)和《贸易技术壁垒协定》(Agreement on Technical Barriers to Trade,TBT)。其中SPS协定要求各国政府必须在建立风险评估的基础上采取一定的卫生措施,从而避免潜在的贸易保护措施。

1991年,FAO与WHO食品标准、食品中化学物质与食品贸易联合会议建议国际食品法典委员会把风险评估原则应用到决策过程中。CAC因此在1991年及1993年举行的第19届及第20届大会上通过了FAO与WHO联合会议的建议,即食品安全决议与标准的制定将以风险评估为基础。

应CAC的要求,FAO与WHO召集了多次专家咨询会,为法典委员会及成员国在食品标准问题中应用风险分析的实践方法提供建议。其中包括1995年举行的风险评估专家会议,1997年的风险管理专家会议以及1998年的风险交流专家会议。最初的专家咨询会的内容主要集中在风险分析的总体范例上,出台了一系列风险评估、风险管理及风险交流的定义及基本原则,其后的专家咨询会的内容则针对一些风险分析范例中的具体方面。

2003年,CAC采纳了由一般原则委员会(Codex Committee on General Principles,CCGP)制定的在食品法典框架内应用风险分析的工作原则,同时要求相关的法典委员会在其具体领域制定风险分析特定原则及指南。在CAC的程序手册中,有专门的章节介绍风险分析相关内容,并能对修订的内容在新版本中进行及时更新。

FAO和WHO于2006年出版了《食品安全风险分析 国家食品安全管理机构应用指南》,全面介绍了由风险管理、风险评估和风险交流3个部分组成的食品安全风险分析框架,以指导各国中央政府层面的食品安全官员在本国食品安全体系内应用风险分析。

风险分析在20世纪80年代左右传入中国,但是应用于食品领域相对较晚。在相当长的时期内主要是卫计委下属个别单位自发地在一些食品安全事故处理中开展一些风险评估工作,而缺乏全国性的制度、体系、专业队伍和计划,技术水平也十分有限。自从2009年实施《食品安全法》以来,这方面的形势发生了很大变化。鉴于《食品安全法》中规定"国家要建立食品安全风险评估制度"等条款,大大推动了我国风险评估工作的开展。2009年底卫计委牵头成立了国家食品安全风险评估专家委员会及其秘书处,制定了年度工作计划和一系列工作制度。可以说食品安全领域的风险评估工作已纳入法制的轨道。此后发布了GB/T23811—2009《食品安全风险分析工作原则》,2010年颁布《食品安全风险评估管理规定(试行)》,同年国家食品安全风险评估专家委员会发布《食品安全风险评估工作指南》。2015 年修订的《食品安全法》更加强调了风险分析框架,在具体条款的修改中全面体现了风险监测、风险评估、风险管理和风险交流,基本上与国际接轨。

1.5.2　食品安全风险分析框架的基本内容

1.5.2.1　食品安全风险分析

食品安全是一项基本的公共卫生问题。食品生产、国际贸易、食品加工新技术的应用、公众对健康的期望增加以及其他因素的变化,形成了要求日益严格的实施食品安全体系的环境。食品安全风险分析是从 20 世纪 80 年代以来发展起来的为食品安全决策提供参考的系统化、规范化方法,是进行以科学为基础的分析、合理有效地解决食品安全问题的强有力手段。

1997 年,食品法典委员会正式决定采用与食品安全相关的风险分析术语,并写入程序手册中,在 1999、2003、2004 和 2014 年对术语的定义进行了修正。我国现行的 GB/T 23811—2009《食品安全风险分析工作原则》是参考《食品法典委员会程序手册》(第十七版,2008)制定的,本书中相关术语的定义参照 GB/T 23811—2009。

危害(Hazard)　食品中所含有的对健康有潜在不良影响的生物、化学或物理因素或食品存在的状态。

风险(Risk)　食品中危害产生某种不良健康影响的可能性和该影响的严重性。

风险分析(Risk Analysis)　由风险评估、风险管理和风险交流 3 部分组成的过程。

风险评估(Risk Assessment)　以科学为依据,由危害识别、危害特征描述、暴露评估以及风险特征描述 4 个步骤组成的过程。

危害识别(Hazard Identification)　对某种食品中可能产生不良健康影响的生物、化学和物理因素的确定。

危害特性描述(Hazard Characterization)　对食品中生物、化学和物理因素所产生的不良健康影响进行定性和(或)定量分析。

暴露评估(Exposure Assessment)　对食用食品时可能摄入生物、化学和物理因素和其他来源的暴露所做的定性和(或)定量评估。

风险特征描述(Risk Characterization)　根据危害识别、危害特征描述和暴露评估结果,对产生不良健康影响的可能性与特定人群中已发生或可能发生不良健康影响的严重性进行定性和(或)定量估计及估计不确定性的描述。

风险管理(Risk Management)　与各利益相关方磋商后,权衡各种政策方案,考虑风险评估结果和其他保护消费者健康、促进公平贸易有关的因素,并在必要时选择适当预防和控制方案的过程。

风险交流(Risk Communication)　在风险分析全过程中,风险评估者、风险管理者、消费者产业界、学术界和其他利益相关方对风险、风险相关因素和风险感知的信息和看法,包括对风险评估结果解释和风险管理决策依据进行的互动式沟通。

风险分析是一个结构化的决策过程,由风险管理、风险评估和风险交流 3 个相对独立又密切相关的部分组成。具体来说,先对食品安全的风险进行评估,对已发生或可能发生的食品中生物性、化学性和物理性物质对健康不良影响的严重性作定性和(或)定量评价;进而以此为依据在维护消费者健康的首要前提下,采取相应的风险管理措施去控制或降低风险;在此过程中,各利益相关方要就风险相关的信息进行互动交流,以达到最好的风险管理效果。在典型的食品安全风险分析过程中,管理者和评估者需要持续地在以风险交流为特征的环境中进行互动交流(图1-9),当三者能够成功整合时,才能实现最有效的风险分析。

图1-9 食品安全风险分析框架
(石阶平,2010)

风险分析的一般原则:

(1)风险分析应包括风险评估、风险管理、风险交流,以上3个部分密切相关、不可分割。

(2)风险分析应完整、全面、准确;公开、透明并予以记录;根据最新科学数据适时评价和审查。

(3)在整个风险分析过程中应确保所有利益相关方的有效交流和协商。

(4)风险评估和风险管理应在职能上分离,从而确保风险评估的完整性,避免风险评估者和风险管理者职能的混淆,减少任何利益冲突。然而,风险分析是一个持续改进的过程,在实际应用过程中,风险管理者和风险评估者之间的相互联系是不可缺少的。

(5)当有证据显示食品中存在对人体健康的风险,但科学研究数据不充分或不全面时,不应着手制定限量标准,应考虑制定指导性技术文件。

(6)审慎是风险分析固有的原则。在对食品引起的人体健康危害进行风险评估和风险管理时,常常存在很多不确定因素,在风险分析中应明确考虑现有科学资料所存在的不确定性和差异性。如果有足够的科学证据允许制定标准或指导性技术文件,那么风险评估使用的假设和所挑选的风险管理备选方案应反映不确定性程度和危害的特性。

1.5.2.2 食品安全风险评估

风险评估是风险分析框架中的科学核心,是风险管理和风险信息交流的基础。风险评估是指各种危害(化学的、生物的、物理的)对人体产生的已知的或潜在的不良健康作用的可能性的科学评估,是由科学家独立完成的纯科学技术过程,不受其他因素的影响。风险评估一般由循序渐进的4个部分组成,即危害识别、危害特征描述、暴露评估和风险特征描述。我国2010年发布的《食品安全风险评估管理规定》对食品安全风险评估工作进行了规范。

危害识别 要根据流行病学、动物试验、体外试验、结构-活性关系等科学数据和文献信息确定人体暴露于某种危害后是否会对健康造成不良影响、造成不良影响的可能性,以及可能处于风险之中的人群和范围。危害识别不是对暴露人群的危险性进行定量的外推,而是对暴露人群发生不良作用的可能性进行定性评价。

危害特征描述 是对与危害相关的不良健康作用进行定性或定量描述。可以利用动物试验、临床研究以及流行病学研究确定危害与各种不良健康作用之间的剂量-反应关系、作用机制等。如果可能,对于毒性作用有阈值的危害应建立人体安全摄入量水平。危害特征描述是定量风险评估的开始,其核心是"剂量-反应关系"的评估。对于大多数化学物质而言,在"剂量-反应关系"研究中可以获得一个阈值,即未观察到有害作用剂量(No Observed Adverse Effect Level,NOAEL),进而计算出安全水平,即每日允许摄入量(ADI)。在致病微生物的危险性评价(MRA)中,近年来也开展了剂量-反应研究,即找出预计能引起50%消费者发生食源性疾病的致病微生物的摄入量。

暴露评估　是描述危害进入人体的途径,估算不同人群摄入危害的水平。根据危害在膳食中的水平和人群膳食消费量,初步估算危害的膳食总摄入量,同时考虑其他非膳食进入人体的途径,估算人体总摄入量并与安全摄入量进行比较。

风险特征描述　是在危害识别、危害特征描述和暴露评估的基础上,综合分析危害对人群健康产生不良作用的风险及其程度,同时应当描述和解释风险评估过程中的不确定性。风险特征描述有定性和(半)定量两种,定性描述通常将风险表示为高、中、低等不同程度;(半)定量描述以数值形式表示风险和不确定性的大小。风险特征描述提供了食品安全风险评估工作的核心结果。假如暴露量超过了安全摄入量,则应采取相关措施,将已有限量标准降下来;假如暴露量低于安全摄入量,即可放心消费。无显著风险水平则是指人体即使终生暴露在此条件下,该危害物质都不会对人体产生伤害。

风险评估的结果最终以风险评估报告的形式呈现,我国《食品安全风险评估工作指南》规定,风险评估报告草案经国家食品安全风险评估专家委员会审议通过后方可报送风险管理者。

《食品安全风险评估管理规定(试行)》规定的第五条"食品安全风险评估以食品安全风险监测和监督管理信息、科学数据以及其他有关信息为基础,遵循科学、透明和个案处理的原则进行。"和第六条"国家食品安全风险评估专家委员会依据本规定及国家食品安全风险评估专家委员会章程独立进行风险评估,保证风险评估结果的科学、客观和公正。任何部门不得干预国家食品安全风险评估专家委员会和食品安全风险评估技术机构承担的风险评估相关工作。"共同组成了食品安全风险评估的基本原则,分别是科学性原则、透明性原则、个案化原则和独立性原则。

GB/T 23811—2009《食品安全风险分析工作原则》中关于风险评估的原则有更加详细的描述:

(1)风险评估政策的制定应是风险管理的一项具体内容。风险评估之前,风险管理者应与风险评估者和所有其他利益相关方协商确定风险评估政策,确保风险评估的系统性、全面性、公平性和透明性。

(2)风险管理者对风险评估者的授权应尽可能明确。必要时,风险管理者应要求风险评估者对不同风险管理备选方案可能导致的风险变化进行评估并加以分析说明。

(3)风险评估应包括 4 个步骤,即危害识别、危害特征描述、暴露评估以及风险特征描述。

(4)应明确风险评估的范围和目的,并与风险评估政策相符。风险评估结果的形式及可能的替代结果也应予以明确。

(5)负责风险评估的专家的挑选应根据其专业知识、经验和独立性以透明的方式进行。挑选这些专家的程序应予以记录,包括公开声明任何可能的利益冲突。公开声明还应确定和详细说明专家的专业、知识、经验和独立性。

(6)风险评估应以所有现有科学数据为基础。应尽最大可能利用所获得的定量信息,同时也可利用定性信息。进行风险评估还应获取和整合来自各地的相关数据,尤其包括流行病学监测数据、分析和暴露数据、媒体报道、投诉、国外预警等。风险特征描述应易懂、实用。

(7)风险评估应考虑整个食品链中所使用的生产、贮存和处理工艺(包括传统工艺),以及分析、取样和检验方法,也应考虑特定的不良健康影响的普遍性。

(8)在风险评估的每个步骤中应考虑对风险评估产生影响的制约因素、不确定性和假设,并以透明的方式加以记录。风险评估中对不确定性和可变性的表达可以是定性或定量的,但应尽可能科学量化。

(9)根据切合实际的暴露情形,风险评估应考虑风险评估政策确定的不同情形;应考虑易感和高风险人群,也应考虑相关的急性、慢性(包括长期)危害以及累计(或合计)的不良健康影响。

（10）风险评估报告应指出所有制约因素、不确定性和假设及其对风险评估的影响，还应记录少数人的不同意见。消除不确定性对风险管理决策影响的责任在于风险管理者，而不在于风险评估者。

（11）如果风险评估结果中能对风险做出数量估计，应以通俗易懂、实用的方式提交风险管理者和其他风险评估者及利益相关方，以便他们能对这些评估进行审查。

（12）在 CAC 程序手册中还有更为具体的食品添加剂、食品污染物、食品中兽药残留、农药残留、食品卫生法典委员会应用的风险分析原则，以及营养与特殊膳食用食品委员会应用的营养风险分析原则。

1.5.2.3　食品安全风险管理

当识别了某一食品安全问题后，风险管理者需要启动一种适合的，能够贯穿整个过程的风险管理措施，尽可能有效地控制食品风险，从而保障公众健康。政府食品安全官员（风险管理者）在收到专家（风险评估者）的风险评估报告后，会根据当地的政治、经济、文化、饮食习惯等因素，与各利益方充分交流，权衡政策方案，通过国家法律、法规、标准、技术以及宣传、教育等措施，实现风险管理的目的。FAO/WHO 2006 年发布的《食品安全风险分析　国家食品安全管理机构应用指南》中，风险管理的一般框架（RMF）包括 4 个主要环节，初步风险管理活动（Preliminary Risk Management Activites）、风险管理方法的确定与选择（Identification and Selection of Risk Management Options）、管理措施的实施（Implementation of Risk Management Decision）、监控与评估（Monitoring and Review），每一个环节中又包含具体的行动。这与我国GB/T 23811—2009 中关于风险管理的内容基本相同。风险管理的一般框架如图 1-10 所示。

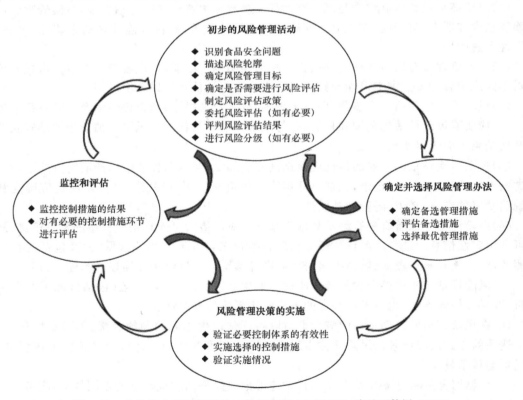

图 1-10　食品安全风险管理的一般框架（FAO/WHO，陈君石等译，2008）

食品安全风险管理的原则如下：

(1)保护消费者的健康是风险管理的首要目标,同时也要确保公平的食品贸易。

(2)遵循结构化方法,食品安全风险管理包括初步风险管理活动、风险管理方法的确定与选择、管理措施的实施、监控与评估。

决策应以风险评估为基础,初步风险管理活动和风险评估的结果应与现有风险管理方案的评价相结合,以就风险管理做出决策。风险管理方案的评价应当着眼于风险分析的范围和目的,以及这些方案对消费者健康的保护程度。不采取任何行动的方案也应纳入考虑。

(3)风险管理应考虑整个食物链中所使用的相关生产、储存和处理做法,包括传统做法,分析、采样和检验方法以及特定不良健康影响的发生情况。还应考虑到风险管理方案的经济影响及可行性。

(4)风险管理过程应当透明、一致并完整记录。风险管理应当识别所有风险管理过程要素的系统程序和文件,包括决策的制定。对于所有利益相关方而言都应当遵循透明性原则。

(5)应当保持与所有利益相关者进行充分的信息交流,保持与所有利益相关者的相互交流是风险管理整体过程中不可缺少的一项重要工作。

(6)风险管理和风险评估的职能应当相互分离,确保风险评估过程的科学独立性,这是确保风险评估过程科学完整所必需的,并且这也有利于减少风险评估和风险管理之间的利益冲突。虽然在职能上应相互分离,但风险管理者和风险评估者应当相互合作。

(7)应考虑风险评估结果的不确定性。在任何可能的情况下,风险评估都应包含关于风险不确定性的定量分析,而且定量分析必须采用风险管理者容易理解的形式。这样,风险管理决策制定才能将所有不确定性范围的信息考虑在内。

(8)持续循环性。风险管理应当是一个持续的过程,并在对风险管理决定的监控与评估中考虑新收集的所有数据。

由此可见,不同的国家在进行食品安全风险管理时都是从人体健康和食品安全的角度出发,根据风险评估的结果,再结合本国饮食结构、政治、经济、社会的实际情况,制定出符合本国国情,具有可行性的不同管理措施和政策。这样才能提高食品安全风险管理的有效性,确保食品安全目标的实现。

1.5.2.4　食品安全风险交流

风险交流是指在风险分析全过程中,风险评估者、风险管理者、消费者、产业界、学术界和其他利益相关方对风险、风险相关因素和风险感知的信息和看法,包括对风险评估结果解释和风险管理决策依据进行的互动式沟通。

风险交流是风险分析中能发挥重要作用,但是却常常没有引起足够重视的部分。风险分析所涉及的各利益相关方之间充分交流科学数据、观点和看法,通常能提高最终的风险管理决策水平,在风险管理过程中,多个利益相关方之间的交流能使风险得到更好的理解,从而在风险管理措施上达成一致。如果遇到食品安全突发事件,也需要科技专家和风险管理者之间进行有效的交流,然后通过这两者与其他相关团体和普通公众之间的交流,以及时帮

二维码 1-6　特定食品安全风险分析中潜在的利益相关方示例

助人们理解风险,做出知情选择。从本质上讲,风险交流是一个双向的过程,包括获取信息和对外发布信息两个方面。

最理想的状态是让风险交流融入风险分析的每一个环节中,但在实际操作中有一些必须进行风险交流的关键环节,或者说风险交流必须要涉及的关键内容。包括:①初步风险管理阶段:识别食品安全问题、建立风险轮廓、建立风险管理目标、建立风险评估政策、委托风险评估任务、(风险评估后进行)评判风险评估结果、(风险评估后进行)风险分级并确定优先次序;②实施风险评估;③确定并选择风险管理措施;④实施(风险管理措施);⑤监控和评估。

风险交流的原则:

(1)风险交流应促进对风险分析所审议的特定问题的认识和理解;促进制定风险管理备选方案/建议的透明度和一致性;为理解提出的风险管理决策奠定合理的基础;提高风险分析的总体效益和效率;加强参与者之间的合作关系;促进公众对食品风险分析过程的认识,提高公众对食品供应安全性的信任和信心;促进所有利益相关方的适当参与;促进利益相关方对食品风险信息的交换。

(2)风险分析应包括风险评估者(专家组织和咨询机构)和风险管理者之间的明确、相互联系和记录的交流,以及在这一过程中所有利益相关方之间的相互交流。

(3)风险交流不只是信息的传递,其主要作用应是确保将有效风险管理需要的所有信息和意见纳入整个决策过程。

(4)风险交流应明确说明风险评估政策、风险评估及其不确定性,还应明确解释标准或指导性技术文件的必要性、制定程序及对不确定性的处理。风险交流应说明所有制约因素、不确定性和假设及其对风险分析的影响,以及风险评估过程中少数人的意见。

1.5.3　食品安全风险分析框架的应用

1.5.3.1　风险分析的实施

从风险管理 4 个环节的详细内容我们可以知道,风险分析过程通常始于风险管理的一个步骤,即界定问题、确定风险分析的目标和风险评估需要解决的问题,是否需要进行风险评估以及何时进行。在风险评估阶段应以科学为基础"量化"和"描述"被分析的风险的特性。风险管理与风险评估在一个包括广泛交流与对话的开放透明的环境中进行,各相关利益团体适时参与其中。当开始执行降低风险的措施,以及政府、企业及其他利益相关方对其实施效果进行持续监控时,风险分析的整个过程随之完成。但并不意味着风险分析的停止,风险分析是一个持续的、不断重复的过程。

结合实施风险分析的过程,以及开展风险评估、风险管理和风险交流的原则,我们把风险分析的特征总结如下:

(1)整体特征是风险管理者、评估者以及其他参与者之间不断重复的互动。

(2)风险分析是一门系统科学,需要广阔的视角(如食品生产到消费的全过程)、广泛的数据收集(进行充分风险交流的要求)以及综合分析的方法。

(3)要成功运用风险分析框架,达到食品安全目标,需要实施风险分析的国家拥有基本的食品安全体系。所需的要素包括:可执行的食品法律、政策、法规和标准、有效的食品安全与公众卫生机构以及两者之间的协调机制、可操作性的食品检测机构和实验室、资料信息、教育、交流与培训、基础设施和设备、人力等。

（4）根据食品法典框架内应用风险分析的原则，可知风险分析还具有以下特征：①建立在科学依据上；②风险分析的应用具有一致性，如对于不同国家出现的不同危害类型都适用；③实施过程具有公开性、透明性，还有翔实的文件记录；④有明确处理不确定性和变异性的办法。

风险分析中的 3 个环节风险评估、风险管理和风险交流并不是简单的加和，而是紧密联系、密切配合的整体。正确的应用风险分析框架要深入理解并处理好风险评估、风险管理和风险交流三者之间的关系。

（1）风险评估是风险分析核心的科学部分，风险评估的结果是风险管理的依据。但要注意的是，是否进行风险评估、风险评估的范围等是初步风险管理活动要回答的问题。

（2）为确保风险评估过程的科学性和客观性，风险管理和风险评估的职能相互分离，风险评估保持其独立性。但是风险评估的启动和风险评估结果的输出都和风险管理密不可分。

（3）科学技术是风险评估的基础，而风险评估的结果最终用于风险管理政策的制定，因此风险评估成为连接科学研究与政策制定的纽带。

（4）良好的风险交流贯穿于风险管理的整个过程，不仅涉及风险管理者与风险评估者之间，还包括风险分析小组成员与外部利益相关方之间的信息共享。风险交流也是连接风险管理和风险评估，并且让两个环节都取得理想效果的有力工具。

1.5.3.2　国际与国家层面上的风险分析

食品安全风险分析可以由国家、地方及国际食品安全机构开展，不同层面的风险分析过程有明显的区别。

从世界范围内看，1962 年，联合国的两个组织——联合国粮食和农业组织（FAO）和联合国世界卫生组织（WHO）共同创建了国际食品法典委员会（CAC），成为唯一的政府间有关食品管理法规、标准问题的协调机构。CAC 制定的标准致力于保护各国消费者的健康安全，维护国际间公平的食品贸易，为各国食品标准的制订提供重要的科学参考依据。FAO/WHO 共同成立了 3 个关于食品安全风险评估的专家组织：食品添加剂联合专家委员会（JECFA）、农药残留联席会议（JMPR）、微生物风险评估联席专家会议（JEMRA），是国际层面上常设的食品安全风险评估组织。发布、推荐食品安全标准、操作规范等政策性文件的国际食品法典委员会及其专业委员会扮演了风险管理者的角色。国际层面食品安全风险分析的机构见表 1-5。有时，其他的风险评估工作由特别工作组专家咨询会议和同时承担本国评估工作的成员国政府承担。

各食品法典委员会组织和指导决策制定过程、权衡风险评估结果及其他合理因素（如风险管理措施的可行性和 CAC 成员国的利益），制定风险管理工具，如各类指南、生产规范以及针对特定食品危害的法典标准。这些专业委员会起草的标准草案和相关文本提交给 CAC 大会讨论，通过后即在食品法典网站公布。法典标准与相关文本实质上是自愿执行的，除非 CAC 成员在法律上采纳了这些标准和文本，否则它们对各成员没有直接的强制性作用。法典委员会不具体执行降低风险的措施，实施、执行和监测是法典委员会成员、政府和相关机构的职责。

表 1-5　国际层面食品安全风险分析机构

机构属性	名　称
风险评估机构	FAO/WHO 食品添加剂联合专家委员会 (Joint Expert Committee on Food Additives，JECFA) FAO/WHO 农药残留联席会议 (Joint Meeting on Pesticide Residues，JMPR) FAO/WHO 微生物风险评估联席专家会议 (Joint Meeting on Microbiological Risk Assessment，JEMRA)
风险管理机构	食品添加剂法典委员会 (Codex Committee on Food Additives) 食品污染物法典委员会 (Codex Committee on Contaminants in Foods) 食品中兽药残留法典委员会 (Codex Committee on Residues of Veterinary Drugs in Foods) 农药残留法典委员会 (Codex Committee on Pesticide Residues) 营养与特殊膳食用食品委员会 (Committee on Nutrition and Foods for Special Dietary Uses) 食品卫生法典委员会 (Codex Committee on Food Hygiene)

　　国家层面,各国的食品安全机构通常负责实施本国的风险分析工作。有的国家政府有自己的机构和基础条件来开展风险评估、选择风险管理措施、实施决策以及监控和审查决策的影响等,而有的国家可用来实施风险分析的资源非常有限,就可以将国际上发布的风险分析各部分资料直接应用于本国。表 1-6 列举了世界部分国家/地区的风险评估机构。

表 1-6　世界部分国家/地区风险评估机构(罗云波,2015)

国家/地区	机构	设立年份
美国	美国食品药品监督管理局(FDA)、美国环境保护署(Environmental Protection Agency，EPA)、美国疾病控制与预防中心(CDC)等	—
加拿大	加拿大食品监督署(Centers for Disease Control and Prevention，CFIA)	1997
法国	法国食品安全署(Agence Francaise de Securite Sanitaire des Aliments，AFSSA)	1999
英国	英国食品标准局(Food Standards Aaency，FSA)	2000
欧盟	欧洲食品安全局(European Food Safety Authrity，EFSA)	2002
德国	德国联邦风险评估研究所(Bundesinstitut fur Risikobewertung，BfR)	2002
荷兰	荷兰食品与消费产品安全局(VMA)	2002
日本	日本食品安全委员会(FSC)	2003
中国香港	香港食物安全中心(CFS)	2006
中国	国家食品安全风险评估中心(China National Center for Food Safety Risk Assessment，CFSA)	2011

1.5.3.3　我国食品安全风险分析现状

我国的食品安全风险分析工作以 2009 年为界可以分成 2 个时期。

2009 年以前,中国的风险分析框架还处于学习和初步尝试应用阶段,当时的《食品卫生法》中也没有明确要求。对于风险评估,也刚刚开始学习,并尝试将风险评估结果用于制定食品安全标准(如污染物限量)。FAO 和 WHO 于 2006 年出版了《食品安全风险分析　国家食品安全管理机构应用指南》,2008 年由中国疾病预防控制中心营养与食品安全所组织翻译,并应用于国内相关标准、法规的制定中。

2009 年 6 月 1 日《食品安全法》正式实施,大大推动了风险分析框架的应用。在风险监测和风险评估方面有非常明显的进步。2015 年,新修订的《食品安全法》更加强调风险分析框架,在具体条款的修改中全面体现了风险监测、风险评估、风险管理和风险交流,基本上与国际接轨。

风险监测方面,从 2010 年开始,由原卫生部组织对食源性疾病、食品污染以及食品中的有害因素进行检测,覆盖范围至我国大陆全部 31 个省、自治区、直辖市。

在风险评估方面,2009 年颁布的《食品安全法》规定,"中国应建立国家食品安全风险评估体系,对食品和食品添加剂中的生物、化学和物理危害进行评估"。2009 年 12 月,原卫生部(现为国家卫生健康委员会)成立第一届食品安全风险评估专家委员会,由 42 个来自生物、化学、医学、农业、环境、食品科学以及营养等方面的专家组成,其秘书处现设在国家食品安全风险评估中心。2011 年 10 月,国家食品安全风险评估中心成立,这为更好地应用风险分析框架,特别是在国家层面进行风险评估增强了技术支持。截至 2018 年,国家食品安全风险评估中心已经组织并完成了近 100 项优先风险评估项目和紧急风险评估任务,在相关标准的制定中发挥了重要作用。但是,风险评估在我国尚处于起步阶段,在技术水平和结果应用方面与发达国家还有较大差距,需要加强能力建设。

在监管方面,近年来,政府投入大量人力和资金,对初级农产品、生产加工、流通和餐饮各环节进行监管,每年抽检食品样品达百万件,取得了较好的监管效果,2019 年第一季度食品抽检总合格率达 97.8%。但是要满足风险分析框架要求的风险管理,还需要更大的努力。

风险交流通常是风险分析框架应用中的薄弱环节,在我国亦是一块短板。目前,存在政府和食品行业的努力得不到消费者认同的情况,消费者过度担心,政府主导作用不足,科学家面对媒体的宣传不足,与此同时一些媒体的夸大和不实报道占领舆论上风,导致政府公信力下降。因此未来在风险交流环节还需要做更多的工作。比如对风险交流中的各个要素进行认真组织和规划;如果条件允许,还应该在工作人员中安排专家参与执行、管理食品安全风险交流的工作;目前国际上形成了很多有效的风险交流策略,可以结合我国国情来使用;管理者要最大程度地提高利益相关者在风险交流中的参与度。

二维码 1-7　风险交流的一些策略

1.6　食品安全风险分析的效益

政府实施食品安全风险分析,可以使各利益相关方获益,主要从以下几个方面体现:

(1)与食品贸易密切相关的《实施卫生与动植物检疫措施协定》(SPS 协定)要求各国政府

必须在建立风险评估的基础上采取一定的卫生措施,从而避免潜在的贸易保护措施。政府运用食品安全风险分析框架可以履行 SPS 协定中的义务,在食品国际贸易中获得优势。

(2)根据风险管理的原则,我们知道风险分析是以保护消费者健康作为首要目标的。因此进行风险分析有利于做出促进消费者健康的决策。

(3)风险分析可以对风险管理的执行成本和预期收益进行比较,为不同的食品安全问题制定政策。

(4)从风险分析执行过程的循环反复性,可知其有利于对管理风险具体措施的可能影响做出系统评价,能适时调整风险管理措施,以获得最大效益。

(5)通过风险分析可以发现科学知识对于风险认知的差距和不确定性,有助于设立科学研究的优先顺序,从长远看这利于促进对食源性因素影响公众健康的认识。

因此,为了很好地控制食品安全危害,采取有效的食品安全管理措施,世界范围内越来越多的国家建立起本国食品安全风险分析体系,并通过实施食品安全风险分析促进公众健康和食品国际贸易。

思考题

1. 什么是食品安全监管?
2. 简述食品安全管理的流程。
3. 食品安全的定义是什么?
4. 按食品危害因子的性质,食品危害因子分为哪几类?
5. 如何控制食源性疾病的发生?
6. 请分析酸奶加工过程中的食品危害因子和致病菌的种类及来源。
7. 食品安全风险监测内容的选择需要考虑哪些因素?
8. 结合风险在不同国际组织中的概念,谈谈风险的内涵。
9. 阐述风险分析框架以及风险评估、风险管理、风险交流的关系。
10. 如何理解风险评估的原则?
11. 风险评估和风险管理如何做到相互独立又密切联系?
12. 请结合实例,谈一谈你对风险分析效益的理解。

参考文献

[1] 琚泽民.食品安全社会共治下食品质量供应链协调与公平研究.杭州:浙江工商大学,2020.

[2] Lu Y,Song S,Wang R,et al. Impacts of soil and water pollution on food safety and health risks in China. Environment International,2015,77:5-15.

[3] Madichie,N O,& Yamoah,F A. Revisiting the European Horsemeat Scandal:The Role of Power Asymmetry in the Food Supply Chain Crisis. Thunderbird International Business Review,2016,1-13

[4] Zhang W,Xue J. Economically motivated food fraud and adulteration in China:An

analysis based on 1,553 media reports. Food Control,2016;S0956713516301098.

[5] 王荷丽.食品供应链安全风险影响因素及评价研究.北京:北京物资学院,2019.

[6] 张莉.食品安全的国际法规制实践问题研究.兰州:甘肃政法学院,2014.

[7] 食品安全的范畴和标准.中国防伪报道,2017(02):16-19.

[8] 牟珂.食品安全监管体系问题与对策研究.济南:山东大学,2019.

[9] 苏毅清.我国食品产业组织结构优化研究.天津:天津科技大学,2014.

[10] 周游,王周平.食品危害物及其检测方法研究进展.生物加工过程,2018,16(02):24-30.

[11] 袁华平,徐刚,王海,等.食品中的化学性风险及预防措施.食品安全质量检测学报,2018,9(14):3598-3602.

[12] 陈雁.欧美食品犯罪的发展及对我国的启示.法制博览,2017(35):9-11,8.

[13] 王滢.食品安全检测的重要性和发展历史.质量与认证,2019(07):35-36.

[14] 王姣姣.非传统安全视野下的我国食品安全监管及其转型研究.杭州:浙江大学,2014.

[15] 任端平,郗文静,任波.新食品安全法的十大亮点(一).食品与发酵工业,2015,41(07):1-6.

[16] 韦玮.我国食品标准制定现状与对策研究.重庆:西南政法大学,2013.

[17] 赵向豪,陈彤.中国食品安全治理理念的历史追溯与反思.农业经济问题,2019(08):108-116.

[18] 林芳屹.我国食品安全问题的现状与对策.中国新通信,2019,21(24):222.

[19] 丁晓雯,柳春红.食品安全学.2版.北京:中国农业大学出版社,2016.

[20] 丛琳堂.我国与发达国家食品安全监管体系对比研究.济南:齐鲁工业大学,2016.

[21] 丁宁,陈少洲,郝明虹,等.国内外食品安全风险监测计划与实施的比较研究.中国酿造,2018,37(3):196-199.

[22] Marvin Rausand.风险评估:理论、方法与应用.刘一骝译.北京:清华大学出版社,2013.

[23] 朱俊贤,黄琦容,佘小余,等.运用澳大利亚/新西兰风险管理标准对国际旅行卫生保健中心实施风险管理的研究.口岸卫生控制,2017,22(02):12-17.

[24] COSO. Enterprise risk management-integrating with strategy and performance(2017) executive summary[EB/OL]. (2017-09-06)[2020-06-15]. https://www.coso.org/Documents/2017-COSO-ERM-Integrating-with-Strategy-and-Performance-Executive-Summary.pdf

[25] ISO 31000:2018. Risk management—Guidelines[EB/OL]. (2018-02)[2020-06-15] https://www.iso.org/standard/65694.html.

[26] 中华人民共和国国家质量监督检验检疫总局,中国国家标准化管理委员会.风险管理-术语.北京:标准出版社,2013.

[27] 邓锐,滕鑫,李智峰等.NASA风险管理探析.质量与可靠性,2014(4):44-46.

[28] CAC. Codex Procedural Manual. 26th ed. CAC,2018.

[29] 中华人民共和国国家质量监督检验检疫总局,中国国家标准化管理委员会.食品安全风险分析工作原则.北京:标准出版社,2009.

［30］严复海，党星，颜文虎.风险管理发展历程和趋势综述.管理现代化，2007（02）：32-35.

［31］FAO，WHO.陈君石，樊永祥，毛雪丹等译.食品安全风险分析——国家食品安全管理机构应用指南.北京：人民卫生出版社，2008.

［32］顿中军，陈子慧，蒋琦.食品安全与食品安全风险评估.华南预防医学，2013（01）：100-103.

［33］石阶平.食品安全风险评估.北京：中国农业大学出版社，2010.

［34］杨小敏.食品安全风险评估法律制度研究.北京：北京大学出版社.2015.

［35］刘为军，魏益民，郭波莉，等.食品安全风险管理基本理论探析.中国食物与营养，2011，17（7）：8-10.

［36］罗云波.生物技术食品安全的风险评估与风险管理.北京：科学出版社，2016.

［37］陈君石.中国食品安全的过去、现在和将来.中国食品卫生杂志，2019（4）：301-306.

［38］Wu Y N，Liu P，Chen J S. et al. Food safety risk assessment in China：Past，present and future. Food Control，2018，90：212-221.

（黄昆仑，李晓红，赵维薇，石慧）

第 2 章

食品安全风险评估概况

本章学习目的与要求

1. 了解风险评估的概念、风险评估的基本原则以及风险评估的组织机构。

2. 掌握风险、危害、风险评估、危害识别、危害特性、暴露评估、风险描述的概念。

3. 了解食品安全风险评估中信息的作用。

4. 了解食品安全风险评估信息制度的现状。

5. 了解公众参与的基本理论、制度内涵、必要性和可行性内容。

6. 了解我国现阶段公众参与存在的问题以及参与制度的建议。

7. 了解专家制度在食品安全风险评估中的作用。

8. 了解如何对我国食品安全风险评估的专家制度进行完善。

2.1　风险评估概念的界定

食品是人类生存的基本要素,食品中可能含有本身具有的或受外界污染的对人体有害的物质,所以保障食品安全是人类面临的一项重要任务。为此,一方面要建立完善的食品安全生产体系,另一方面要加强对食品质量的检测,同时为使食品中有害成分减少或降低到人们可接受水平,还必须进行食品安全风险评估。

2.1.1　风险的概念

"风险"一词经常出现在我们的生活中,人类的发展从未离开过风险,各行业各领域中也存在不同程度的风险。究竟什么是"风险",历史上国内外学者给出的定义因研究角度的不同也不尽相同。

美国学者海恩斯(Haynes)在1895年出版的《经济中的风险》中将风险定义为"损害或损失发生的可能性,某种行为能否产生有害的后果应以其不确定性界定,如果某种行为具有不确定性时,其行为就反映了风险的负担";美国经济学家奈特(Knight)在1921年出版的《风险、不确定性和利润》中认为:"风险是可测定的不确定性,是指经济主体的信息虽然不充分,但可以对未来可能出现的各种情况给定一个概率值";法国学者莱曼(Leimann)在1928年出版的《普通经营经济学》一书中,把风险定义为"损害发生的可能性";德国学者斯塔德勒(Staeder)将风险定义为"影响给付和意外发生的可能性"。国内学者关于风险的定义是"客观存在的,在特定情况下、特定期间内,某一事件导致的最终损失的不确定性"。

Kaplan及Garrick又将风险定义为基于事件的三个问题的综合答案:一是什么会发生问题,二是发生这种问题的可能性有多大,三是发生这种问题的后果如何。如果我们用食源性疾病这个事件来回答以上三个问题,那么对于第一个问题的回答就是:在食源性疾病这个事件中人体会有有害物质摄入这个问题发生;而对于第二个问题——有害物摄入人体这个问题发生的可能性有多大的答案就可能是一个定性的描述,也可能是一个概率或频率。如果从概率角度来说,在危险发生的概率低于十万分之一时属于低风险,那么我们稍加防范即可;如果危险的概率过高,超过了十万分之一,那我们就需要采取适当的措施来降低风险。对于食源性疾病的后果如何就是第三个问题的答案,食源性疾病的后果由危害物本身的性质、摄入的数量及目标人群决定。

在联合国化学品安全项目中将风险定义为:暴露某种特定因子后在特定条件下对组织、系统或人群(或亚人群)产生有害作用的概率。

2004年,联合国对风险进行了权威的定义:"风险是自然或人为灾害与承灾体的易损性之间相互作用而导致一种有害结果或预料损失发生的可能性,其数学表达式为'风险＝危险性×易损性/防灾减灾能力'。"

在食品安全领域中,恰当地定义风险是讨论风险评估的基础,因此在国际食品法典委员会(CAC)的《程序手册》中给出了风险的定义是:"食品中的危害因子产生对健康不良作用和严重后果的概率函数"。食品安全风险通常可表示为食品安全事件发生的概率及后果函数,即风险 $R=f(p,c)$;式中 p 表示食品安全事件发生的概率,c 表示食品安全事件带来的后果。

2.1.2　危害的概念

危害通常是指可能对人体健康产生不良后果的因素和状态。食品中具有的危害通常称为食源性危害,国际食品法典委员会(CAC)对食品中的危害定义是食品中存在或因条件改变而产生的对健康产生不良作用的生物、化学和物理等因素。

食品中的危害一方面源于食品本身,部分食品原料包括植物、动物、菌物在长期进化过程中,为了抵御天敌和周围不利的环境、便于生存,而含有对自身无害但对其他生物不利的天然有毒有害物质;另一方面源于条件的改变,食品或食品的原料因其特殊的性质,在种植、养殖、加工、包装、贮藏、运输、销售、消费等各个环节,因条件的变化,其成分包括有害成分均会发生或多或少的变化,这种有害成分的变化直接影响食品中危害的性质或程度。

食品中的生物性危害指致病性微生物及其有毒代谢产物(毒素)、病毒、寄生虫及其虫卵等,其中微生物及其毒素最常见,是食品中主要的生物性危害。化学性危害指有毒的化学物质污染食物而引起的危害。化学性危害能引起急性中毒或慢性积累性伤害,包括天然存在的化学物质、残留的化学物质、加工过程中人为添加的化学物质、偶然污染的化学物质等。常见的化学性危害有重金属、天然毒素、农药残留、兽药残留、洗消剂、食品添加剂及食品中的非法添加物等。食品中的化学性危害可能对人体造成急性中毒、慢性中毒、过敏、影响身体发育、影响生育、致癌、致畸、致突变、致死等后果。物理性危害是指食用后可能导致物理性伤害的异物。物理性危害与生物性危害和化学性危害相比,有其明显特点,往往是人们能用肉眼观察到异物,包括碎骨头、小石块、铁屑、木屑、头发、蟑螂等昆虫的残体、碎玻璃及其他可见的异物。物理性危害不仅会造成食品的污染,而且时常也会损害消费者的健康。

随着食品科学技术的不断进步和食品工业的高速发展,物理性危害可以通过一般性的措施加以控制,例如良好操作规范(GMP)、卫生标准操作程序(SSOP)等;食品中的化学性危害在加工前、加工过程中、加工后一般不发生太大的变化,相关的国内外食品安全组织经过长期大量的工作,也已形成一些相对比较成熟的预防和控制措施;食品中的生物性危害在从食品原料的生产到食品消费的整个链条中,存在生物体数量的变化及是否产生毒素等诸多不确定性和可变性,因此是食品中危害研究与控制的难点。

2.1.3　风险评估的概念

风险评估是指对有害事件发生的可能性和不确定性的评估。科学技术是风险评估的基础和支撑,而风险评估的结果用于指导政策的制定,因此风险评估把科学研究与政策制定联结了起来。

从食品安全与管理的角度来说,风险评估是指对食品、食品添加剂中生物性、化学性和物理性危害对人体健康可能造成的不良影响所进行的科学评估。其步骤包括危害识别、危害特性、暴露评估、风险描述。

危害识别是指识别可能存在于某种或某类特定食品中的生物、化学和物理因素,可能对人体健康产生不良影响的风险源。它是风险评估的第一要素,也是食品安全风险评估的起点和基础。

危害特性是指对存在于食品中的生物、化学和物理因素或者是对健康产生不良影响的风险源进行定性和(或)定量评价。经过危害识别确定了食品中的危害因素后,通过危害特性确定危害因素是否与风险的存在有关,并且根据结果建立剂量-反应关系,即对人类摄入微生物病原体的数量、有毒化学物质剂量或者其他危害物质的量与人体发生不良反应之间的关系用数学模型表示,该模型可以预测在给定的剂量下,人体产生不良反应的概率。

暴露评估是指对通过食物或其他途径摄入的生物、化学和物理因素的定性和(或)定量评价。这一过程用来确定食物污染有害物的概率、食物中有害物存在的数量并最终获得人体摄入有害物的剂量。

风险描述是根据危害识别、危害特性和暴露评估的结果,对一特定人群的已知或潜在对人体健康的不良影响发生的可能性和严重性进行定性和(或)定量的估计,其中包括伴随的不确定性。这个步骤是综合危害识别、危害特性和暴露评估3个过程所获得的信息,为风险管理者提供科学的依据。

风险评估的结果包括定性风险评估、定量风险评估及其存在的不确定性。

风险评估在食品安全与管理领域中应用的主要方面是制定食品安全标准(包括生产规范和指南)。无论是国际食品法典(CAC)标准或是国家标准的制定都必须建立在食品安全风险评估的基础之上。其次,风险评估还应用在国际食品贸易领域。世界贸易组织(WTO)作为当今世界经济的三大组织之一,在其有关食品安全的协议之一——《实施卫生与植物卫生措施协定》(SPS协定)中规定,各国政府可以采取强制性卫生措施保护该国人民健康,免受进口食品带来的危害,不过采取的卫生措施必须建立在风险评估的基础上。另外,危害分析与关键控制点(HACCP)实施过程中体现着风险评估的基本思路,可以看作风险评估理论方法在现实食品安全与管理中的具体应用。因此,可以认为风险评估的应用涉及食品安全的众多方面,无论是针对食品安全方面的科学研究,还是食品安全领域中的监督管理,都与风险评估的结果与应用分不开。

二维码2-1　SPS协定允许成员国在紧急情况下可以采取的预防性措施

食品中化学性因素的风险评估,主要是针对有意或无意加入的化学物质、污染物和天然存在的毒素,包括食品添加剂、农药残留及其他农业用化学品、兽药残留、洗消剂、不同来源的化学污染物以及天然毒素等进行的风险评估。

食品中生物性因素的风险评估,主要是针对致病性细菌、霉菌、病毒、寄生虫、原生动物、藻类以及它们所产生的毒素等进行的风险评估。

风险评估应当以科学理论为基础,以具体的研究结果为依据,是一种系统地组织科学信息及不确定性信息来解决关于人体健康风险问题的方法。

2.2　食品安全风险评估基本原则

食品安全风险评估制度的不断完善,在预防和解决食品安全问题上已经显示出其优越性,要使食品安全风险评估更好地为公众服务,就必须有一定的基本原则作为指导。

2.2.1　欧盟食品安全风险评估原则

欧盟食品安全管理局是食品安全风险评估的专门机构,而食品安全风险评估制度的基本原则主要是通过欧盟食品安全管理局的职责和权限来实现的。

第一项是科学上的卓越性原则。欧盟食品安全管理局向欧盟的风险管理者提供的食品安全风险评估的建议应当具有最高质量的科学性。因此,科学上的卓越性原则是欧盟食品安全风险评估的第一项原则。这主要是出于两方面的原因:一是消除"疯牛病"事件所造成的公众对欧盟及欧盟食品安全监管制度的不信任。早在 1986 年,英国的农业、渔业和食品部已经承认本国存在"疯牛病",但直到 1988 年政府才成立工作组来评估"疯牛病"对牲畜和人类健康可能造成的危害。然而,这个工作组缺乏相关专家的参与,只依据官方提供的资料进行评估,最终得出"疯牛病"对人类的危害还很遥远的错误结论。由于缺乏对"疯牛病"进行科学合理的风险评估,使得欧盟以及英国政府迟迟未采取针对"疯牛病"的措施,致使"疯牛病"的危害不断扩大。直到 1996 年,英国政府才宣布"疯牛病"对人类有致命危害,这立即引起了全社会的恐慌,致使几百万人不再吃英国牛肉,同时欧盟多个国家的牛肉销量急剧下跌,也使消费者对欧盟食品安全监管制度丧失了信心。当局者立刻意识到科学风险评估的重要性,要使欧盟消费者对其食品安全监管制度重拾信心,就必须建立一套科学完善的食品安全风险评估体系。二是为有效实现欧盟食品安全管理局的任务。欧盟《统一食品安全法》第 23 条明确规定了欧盟食品安全管理局的任务,即"为欧盟委员会和成员国提供最好的科学建议,在欧盟范围内,促进和协调统一风险评估方法的发展,对风险评估意见进行解释和评价"。由此可见,欧盟食品安全管理局的使命是要成为欧盟范围内食品安全风险评估问题上的权威和标准。因此,在食品安全风险评估方面,无论是专家的选择,程序的合理规范,还是数据信息的采集分析都应建立在严格的科学基础之上。

第二项是独立性原则。独立性是欧盟食品安全风险评估制度的第二项基本原则。欧盟《统一食品安全法》第 37 条规定了其独立性原则。根据该条的规定,独立性原则包含 3 方面的意思:一是欧盟食品安全管理局应当在公共利益的基础上独立采取行动,即欧盟食品安全管理局的组成机构,应当以公共利益作为行动的唯一依据。二是欧盟食品安全管理局的食品安全风险评估成员必须在不受任何外部影响的情况下采取行动,特别是独立于食品生产企业及其他利害关系部门。三是在行政上,欧盟食品安全管理局独立于作为食品安全风险管理者的欧盟委员会和成员国。在行政上的独立性,就是食品安全风险评估与食品安全风险管理的分离。

第三项是透明性原则。透明性原则与独立性原则一样,也是在《统一食品安全法》中明确规定。在其第 38 条规定中,透明性的含义是指欧盟食品安全管理局实施风险评估的过程和结果都要公开和透明。具体指以下几方面事项不能迟延公开:①科学委员会和科学小组的议程和时间;②科学委员会和科学小组采纳的意见;③在不违背第 39 条和第 41 条的情况下,科学意见的基本信息;④管理委员会成员、执行董事、顾问论坛成员以及科学委员会和科学小组成员的利益声明;⑤科学研究进展情况及结果,以时间表的形式公布在欧盟食品安全管理局的官网上,为感兴趣的人提供交流的机会;⑥在风险评估结论被执行之前,主要科学见解的草案和少数派的意见;⑦每年活动的报告;⑧欧盟议会、委员会或成员国对科学意见的请求,这些科学意见被拒绝或修改,以及拒绝或修改的理由。此外,除非执行董事提议,否则管理委员会应当公开举行会议。为确保透明性原则得以真正实现,《统一食品安全法》以及欧盟食品安全管理局内部出台了多项机制。其中最为重要的两项是:①规定了公众及成员国可以获得的涉及食品安全风险评估的文件范围以及不能获得的文件范围和相应程序。②欧盟食品安全管理局管理委员会规定了一项涉及《执行透明度和保密性要求》的决定,根据这项决定,管理委员会强调了欧盟食品安全管理尊重透明度原则的态度和方式。

第四项是公众协商性原则。公众协商性原则是《统一食品安全法》第42条明确规定的。食品安全管理局应当与消费者代表、生产者代表、生产商和其他利益团体进行有效的联系。同时,该原则需要在欧盟食品安全管理局制定的《关于科学意见的公众协商方法》中具体体现,方法中指出该原则中的"公众"包括学者、非政府组织、食品行业和所有其他潜在的感兴趣和受影响的各方。公众协商主要是欧盟食品安全管理局制定科学意见的过程,之所以将公众协商性作为欧盟食品安全风险评估制度的基本原则,主要是为了有效实现欧盟食品安全风险评估中的透明性原则和科学上的卓越性原则,从而增强公众对欧盟食品安全监管体系的信任。

2.2.2 我国的食品安全风险评估原则

《食品安全风险评估管理规定》第五条中规定,食品安全风险评估应以食品安全风险监测和监督管理信息、科学数据以及其他有关信息为基础,遵循科学、透明和个案处理的原则进行。因此我国食品安全风险评估应遵循科学、透明和个案处理三大原则。

第一项是科学性原则。科学性原则是食品安全风险评估的第一项原则,也是最重要的原则。首先,从食品安全风险评估的内容来看,2018年修正的食品安全法第十七条第一款规定,"国家建立食品安全风险评估制度,应当运用科学方法,根据食品安全风险监测信息、科学数据以及有关信息,对食品、食品添加剂、食品相关产品中生物性、化学性和物理性危害因素进行风险评估。"风险评估是一种系统地组织科学技术信息及不确定性信息来回答关于健康风险问题的评估方法,在风险评估的过程中需要引入大量的数据、模型、假设以及情景设置,这些都需要建立在科学的基础之上。

科学性是风险评估质量评价的核心,高质量的风险评估工作应以可靠的数据,证据充分的流行病学研究、毒理学试验和暴露评估等方面的证据为基础,同时应结合严谨的程序和科学的方法进行文献检索和数据质量评价(可靠性、相关性、充分性),避免在数据选择方面出现潜在的偏倚。严谨度不够的风险评估可能会给国家和人民的健康带来不必要的麻烦。在2010年,国家食品安全风险评估专家委员会对膳食中碘对健康的影响进行了评估,在公布的评估报告《中国食盐加碘和居民碘营养状况的风险评估》中指出,我国食盐加碘对于提高包括沿海地区在内的大部分地区居民的碘营养状况十分必要,这是我国专家委员会首次就重大食品安全问题潜在风险进行的风险评估。但是,此评估结果遭到了社会公众、同行专家的普遍质疑与反对,原卫生部虽未正面对社会反响予以回应,但在2011年发布的《食用盐碘含量》标准中,明确规定了食盐加碘不能在全国各个地区实施统一标准,应当根据公众居住地区的碘营养水平进行调整,这充分说明食品安全风险评估必须尊重科学,所采用的数据和信息必须建立在科学的基础之上。

其次,需要我国国务院卫生行政部门负责组织食品安全风险评估工作,成立由医学、农业、食品、营养、生物、环境等方面的专家组成食品安全风险评估专家委员会进行食品安全风险评估,专家委员会的成员均须代表各学科的前沿,这样才能体现风险评估具有很强的科学性。

最后,还需要保证食品安全风险评估结论的科学和客观,以便为食品安全风险管理提供决策依据。食品安全风险评估结果是制定、修订食品安全标准、法律、法规和对食品安全实施监督管理的科学依据,因此确保食品安全风险评估结果的科学和客观就至关重要,食品安全风险评估必须遵循科学性原则。

第二项是透明性原则。透明性是提升风险评估工作可信度和质量的关键,风险评估组织均将建立公开透明的风险评估机制度作为保证风险评估质量的重要措施,这样可使社会各方在目标确定、数据共享和方法选择等过程中充分发挥作用。公开交流以及同行评议是体现风险评估透明性的有效做法。

信息不对称、不公开、不透明必将造成严重的后果。最明显的案例是 2008 年"三鹿"集团的"三聚氰胺"事件。企业不公开事实的真相,国家相关部门也未能及时收集各方面信息,对其进行及时的食品安全风险评估,最终致使我国奶业遭受巨大滑坡,导致我国消费者对本国乳制品信心大跌。好在后续国家相关部门意识到问题的严重性,并采取了相应措施才稳定了局面。"三聚氰胺"事件给我们敲响了警钟,国家陆续出台了《中华人民共和国食品安全法》以及与之配套的各种条例、法规、标准等,保证了食品安全信息及其他信息能够公开、透明并能及时向大众共享。食品安全风险评估信息向社会的公布和共享是体现食品安全风险评估透明性的一种表现。被公布的食品安全风险评估信息还应当符合以下要求:食品安全风险评估的结果要公开,过程也要公开;公开的食品安全风险评估信息不仅需要同行专家清楚,还应当便于公众理解;对于食品安全风险评估信息的重要事项应当予以特别强调。因此,我们要建立多元化的食品安全风险评估信息发布平台,不仅局限传统的报纸、广播、电视等媒体,还要加强互联网等网络工具的利用,使公众能够及时、便捷地了解有关食品安全风险评估的信息。

第三项是个案处理原则。要想清楚个案处理原则在食品安全风险评估中的重要性,首先应该明白个案的概念。个案是一个社会单位的问题,如一个人、一个家庭、一个学校、一个团体、一个政党、一个社区、一个社会的任何问题,都可以视为一个个案。个案是进行个案研究(调查)的对象。这类研究需要广泛收集有关资料,详细了解、整理和分析研究对象产生与发展的过程、内在与外在因素及其相互关系,以形成对有关问题深入全面的认识和结论。采用个案进行调查研究时,均应有明确的目的和内容,制定好调查研究的计划或方案,综合运用各种调查方法(如访谈、问卷、观察、测验等),认真收集、整理和分析材料,提出研究报告。

个案调查中要科学地对调研资料进行分析,不能随便用个案调查的结论推导有关的总体。对资料进行整理与分析既要对资料进行必要的分类,抓住重点,又要注意核实,确保资料的准确性和真实性。另外,在分析资料时要处理好一般与个别、整体与部分的关系,既把个案调查的资料放在客观对象的总体中去考察,又要在个案中窥探总体的性质,从而得出个案调查的正确结论。

例如在对转基因食品风险评估的过程中就需要采用"实质等同性"原则和"个案分析"原则。"实质等同性"原则是指将转基因食品与传统食品在遗传表现特性、组织成分等方面进行比较,倘若两者之间没有实质性差异,则可以认为是同等安全的。转基因食品即使含有一定有毒成分,只要与传统食物中的反营养物质(即有毒物质)在含量和性质上无实质性区别,就应视为可安全消费的产品。而"个案分析"原则是指即使某种转基因生物经过评价是安全的,也不代表其他转基因生物也是安全的。实质等同性原则要求对转基因生物制品,特别是转基因食品,应该采取与传统食品比较的方法来检测产品的安全性,而个案分析原则则要求转基因生物及其产品上市前应按照各自的评价方法,对不同转基因制品采取不同的评价方法。

在进行食品安全风险评估的过程中采用个案处理的原则,有利于将研究的问题简单化,尤其是对陌生食品安全问题的风险评估,如果将它与已知的食品安全问题相比较进行处理,容易误导风险评估者的客观判断。因此需要对陌生的食品安全问题进行全面的分析,从数据信息的收集、分析方法的选择,到分析结果的表达都要做到具体问题具体分析,这样才能得到比较科学的食品安全风险分析结果。

2.3　食品安全风险评估的组织机构

近年来,国内外食品安全事件频发,导致公众对食品安全产生了信任危机。为缓解这样的危机,世界各国政府、组织纷纷出台了有关食品安全方面的法律、法规,同时根据本国的实际设立了食品安全风险评估机构,这些组织机构陆续开展工作,对解决食品安全问题起到了积极的作用。

2.3.1　WHO/FAO 成立的食品安全风险评估机构

从国际层面来讲,世界卫生组织 WHO 和联合国粮农组织 FAO 共同成立的关于食品安全风险评估的专家组织有 3 个,包括食品添加剂联合专家委员会(JECFA)、农药残留联席会议(JMPR)和微生物风险评估联席专家会议(JEMRA)。

食品添加剂联合专家委员会(Joint FAO/WHO Expert Committee on Food Additives, JECFA)是 WHO 与 FAO 共同组建、由国际专家组成的科学委员会,目前其评估领域包括食物中的食品添加剂、污染物、天然毒物和兽药残留,为 FAO、WHO、CAC 各成员提供建议。

农药残留联席会议(Joint FAO/WHO Meeting on Pesticide Residues,JMPR)是由 FAO 和 WHO 共同管理的国际专家组成的科学机构,由 WHO 核心评估小组和 FAO 食品和环境农药残留专家小组组成,该委员会主要提供农药风险评估的工作。

微生物风险评估联席专家会议(Joint FAO/WHO Expert Meetings on Microbiological Risk Assessment,JEMRA)于 2000 年成立,依照食品法典委员会、FAO 和 WHO 及其成员的要求开展食品微生物风险评估工作。食品卫生法典委员会确定需要优先评估的物质,交由 JEMRA 评估并提出建议,JEMRA 也向其他法典委员会,诸如鱼品和渔产品委员会提供建议。

2.3.2　欧盟食品安全局

20 世纪 90 年代,欧洲各国陆续暴发疯牛病、口蹄疫、禽流感等疫情,直接影响了各国人民的正常饮食安全,引发了公众对各国食品安全监管的信任危机,为此欧盟理事会将政策焦点转为保障各国的食品安全。2002 年 1 月欧盟理事会和欧洲议会颁布了《统一食品安全法》(*the General Food Law*),建立了欧盟食品安全管理局(The European Food Safety Authority,EFSA),该管理局专门从事食品安全风险评估和风险交流工作,但不参与风险管理及标准等的制定。成立至今 EFSA 一直独立完成食品安全风险评估工作,并不隶属于欧盟任何一个管理机构。EFSA 由管理委员会、行政主任、咨询论坛、科学委员会和 9 个专门的科学小组组成,对食品、饲料中已知的和潜在的风险问题提供独立客观的科学建议,为欧盟食品安全政策的制定提供科学依据,确保欧盟委员会、各成员和欧盟议会及时有效地进行风险管理。

此外,EFSA 还负责风险交流工作,通过咨询论坛共享食品安全风险评估信息,利用网络、出版物、座谈等方式向公众及相关方传播风险评估信息,并收集他们的意见和建议。EFSA 已成为欧洲甚至全世界非常权威的食品安全风险评估机构,获得了世界级的赞誉。

2.3.3　德国联邦风险评估研究所

2002 年 8 月 6 日,联邦德国议会颁布了《健康消费保护和食品安全法》。该法律明确规定,要组建一个以科学为基础进行风险评估的机构,并赋予该机构相关任务。于是同年 11 月 1 日政府在原兽医研究所的基础上组建成立了联邦风险评估研究所(BfR)其运营宗旨是"识别风险,保护健康",该研究所专门负责风险评估和风险交流工作。

联邦风险评估研究所作为一个独立机构,向德国政府及其他风险管理机构提供风险评估的过程及其结果。其工作重点包括:食品和饲料中生物性和化学性危害物的风险评估;食品原料(化学、植物、生物制剂)以及消费品(日常消费品,化妆品,烟草制品,纺织和食品包装)的风险评估;对用于动物试验的替代方法进行评估,并对其全方位开展风险评估的研究和工作。

联邦风险评估研究所共设 9 个部门,包括行政管理部、风险交流部、科研服务部、生物安全部、化学品安全部、食品安全部、消费品安全部、食品链安全部、实验毒理学部等。该研究所除负责风险评估外,还负责风险交流工作,组织专家听证、科学会议及消费者讨论会,公开其评估的工作和结果,提高风险评估工作的透明度;通过网站公布专家意见和评估结果,使利益相关方和公众及时了解相关信息;与国家及国际政府和非政府组织开展合作,相互交流意见;另外,联邦风险评估研究所还以简易的方式与公众展开交流,并向公众提供相关的科学研究成果。

2.3.4　日本食品安全委员会

2003 年 7 月,日本颁布了《食品安全基本法》,并成立了食品安全委员会。食品安全委员会由 7 名委员、超过 200 名的专门委员和约 100 名事务局成员组成,这些成员涵盖日本各专业领域的专家,包括化学、生物学、食品学等。食品安全委员会主要职责是进行风险评估和风险交流,并在此基础上对风险管理部门实施政策指导和监督。

在风险评估方面,食品安全委员会的任务是对食品中可能含有的添加剂、农药和微生物等危害或影响人体健康的因素进行科学评价,对食品安全做出公正、科学的评估。他们每周召开一次委员会会议,并在网络上公布会议议程来保证风险评估的透明性。

在风险交流方面,食品安全委员会通过组织和参与国际会议,同国际组织及别国政府相关机构针对食品安全问题进行意见交换,通过网站、热线和专人信息采集与公众进行风险交流,听取公众的意见与建议。特别需要指出的是,食品安全委员会还从各县选拔大量的食品安全监督员,通过发放食品安全问卷等形式进行食品安全问题的宣传和信息收集,丰富了风险交流的方法和手段。

对风险管理部门实施政策和监督方面,日本食品安全领域实现风险评估和风险管理分离,使食品安全委员会的工作不受其他部门影响,保证了风险评估的独立性。与此同时,食品安全委员会根据风险评估的结果,向风险管理者提供政策法规的依据,指导其制定出合适的法律、法规及标准,并监督其实施。

2.3.5　我国的食品安全风险评估机构

《中华人民共和国食品安全法》第五条规定,"国务院卫生行政部门依照本法和国务院规定的职责,组织开展食品安全风险监测和风险评估,会同国务院食品安全监督管理部门制定并公布食品安全国家标准"。

原卫生部于 2009 年 12 月组建了由 42 名医学、农业、食品、营养等方面的专家组成的国家食品安全风险评估专家委员会,主要负责起草国家风险评估年度计划,拟定优先评估项目,审议风险评估报告,解释风险评估结果等。

2011 年 10 月 13 日由中央机构编制委员会批复成立了国家食品安全风险评估中心,该中心受国务院卫生行政机关的领导和监督,是采用理事会决策监督管理模式的公共卫生事业单位,主要在食品安全风险监测、风险评估、食品安全标准等方面给政府提供食品安全的技术支持。在食品安全风险评估方面,该中心除承担评估专家委员会秘书处职责外,还负责风险评估的基础性工作,包括风险评估数据库建设,技术、方法、模型的研究开发,风险评估项目的具体实施等。为了进一步健全风险评估技术机构网络,中国科学院上海生命科学研究院和军事医学科学院毒物药物研究所,又作为国家食品安全风险评估中心的分中心挂牌成立,各省、市、自治区疾病控制中心作为省级评估机构在各省食品安全监管、地方标准制定及应急事件处置和风险交流中发挥作用,大大推动了风险评估工作的网络建设。

2.4　食品安全风险评估信息制度

食品安全风险评估的信息是指:行政主体在履行食品安全风险评估有关职责过程中制作或获知的,以一定形式记录、保存的与食品安全风险评估有关的各种资讯情报、资料、知识或消息。食品安全风险评估的科学性和可接受性严重依赖于信息的质量、信息链的完整性以及信息传递的流畅性。

2.4.1　信息在食品安全风险评估中的功能

信息在食品安全风险评估中具有多重功能:

第一,有利于开展风险评估工作,保障评估结果的科学性。

食品安全风险评估信息的产生、收集、分析研判、运用和发布的整个过程是一个不断循环往复的信息运行过程。在这个过程中,行政主体是最主要的信息生产者、收集者、使用者、发布者和管理者,也是食品安全风险评估的中坚力量。在危害识别、危害特性描述、暴露评估和风险特征描述阶段,行政主体则需要收集更多客观、准确的科学方法和科学数据方面的信息,并对这些信息进行加工处理和交流探讨,得出科学的风险评估结论。信息贯穿于食品安全风险评估的每个阶段,完整、客观、及时、实用的高质量信息能在很大程度上保证食品安全风评估制度的有效运转,使风险评估更加科学、合理,从而为风险管理和风险交流提供可靠的前提。

第二,有利于实现公民的知情权、参与权和自主选择权,保障评估结果的可接受性。

知情权的客体是知情权赖以存在的载体和权利所指向的对象,在此即食品安全风险评估的有关信息。行政主体作为最大的信息搜集者、生产者和发布者,不能把这些信息据为己有,食品安全风险评估信息是社会的共同财富。公众及时、准确地知悉食品安全风险评估的信息,不仅有利于公众知情权的充分实现,而且有利于在享有知情权的基础上更有效、更理性地运用自身的知识和已掌握的信息参与到食品安全风险评估的过程之中。公众参与的前提是信息公开,是知情权的实现。公众可以更理性地分析行为,更加主动科学地选择安全的食品,这就能在一定程度上规避食品安全的风险,实现自主选择的权利,从而有利于实现食品安全风险评估的终极目标——预防食品安全事故,保障食品安全。

2.4.2　信息在食品安全风险评估中的分类

根据食品安全风险评估的结构程序不同,信息可分为预评估阶段的信息、危害识别阶段的信息、危害特征描述阶段的信息、暴露评估阶段的信息、风险特征描述阶段的信息和评估参与阶段的信息。事实上每个阶段的信息本身可能都包含着信息产生、发送、传递、接受、处理的全过程,但传统食品安全风险评估结构中的信息更强调信息的客观性和科学性,信息和资料更多的是以专家知识的形式存在,而预评估阶段的信息和评估参与阶段的信息更强调信息的价值偏好,包含了更多社会、心理和文化方面的信息。

根据食品安全风险评估信息的来源不同,信息可分为外部来源的信息和内部来源的信息。外部来源的信息主要包括:事故单位和医疗机构的报告;生产经营者的信息披露和报告;社会公众的举报;消费者的投诉等。内部来源的信息主要包括:行政主体日常行政调查的食品安全风险评估信息,主要是抽查、检测等形式;食品安全风险评估监测信息;食品安全风险评估的建议;风险信息的通报;进出口食品的风险信息通报等。由于信息来源渠道是多元的,因此风险管理者必须保证各种信息来源渠道的畅通无阻,保证食品安全风险评估信息的完整性、充分性,在此基础上充分发挥食品安全风险评估的完整性、科学性、可靠性。

根据食品安全风险评估中风险的属性不同,信息可分为客观物理性意义上的信息和社会建构意义上的信息。食品安全风险具有双重属性,它不仅仅是一种客观的物理性存在,也是一种社会的心理的和文化的建构。客观物理性意义上的信息又可分为化学危害物风险评估的信息、生物危害物风险评估的信息和物理危害物风险评估的信息,这些信息能够判断、识别、分析、解释食品安全风险的物质性消极后果。而社会建构意义上的信息则主要是食品安全风险评估中不同主体基于道德、政治、心理、文化等因素所表示出来的包含一定价值判断的信息。

2.4.3　欧盟食品安全风险评估信息制度的现状

欧盟是世界上食品安全水平最高的地区之一,拥有较强的应对食品安全风险问题,监管和控制食品安全风险的能力,在食品安全风险评估信息运行方面积累了较为成熟的经验。

在管理主体方面,欧洲食品安全局独立于作为食品安全风险管理者的欧盟委员会和成员国之外,不隶属于任何欧盟管理机构。安全局的这种独立性和向公众宣传的角色意味着它能够在自身的职责范围内自主交流食品安全风险信息,提供客观的、值得信任并容易理解的食品安全风险信息。

在信息收集制度方面,欧盟通过法律的形式规定了信息收集的制度和收集公众观点、意见的方式,并建立了快速交换食品安全风险信息的机制和收集食品安全的网络。

在信息报告或通报制度方面,欧盟建立了各成员国间的信息交换系统和食品安全风险评估的科学数据报告、通报制度,明确了欧洲食品安全局与成员国之间相互报告或通报信息的义务。

在分析和审查制度方面,欧洲食品安全局内部专门从事评估的科学委员会建立了一种严格的质量保障程序。该程序由 4 个环节组成:自我评估、内部审查、外部审查、质量管理难度报告。其中,每个环节都会对评估所依据和运用的信息和数据进行多次审查,以确保所有数据被清楚地描述和参考,从而确保风险评估结论的可靠性。

在交流公布方面,欧盟明确规定了欧洲食品安全局的食品安全风险信息交流职责,建立了食品安全风险评估信息的透明性原则,并确保了透明性原则的具体实践。此外,欧盟还出版科学检验、宣传和研究成果相关的资料,公开发布了权益声明,以满足公众的信息需求。

2.4.4 我国食品安全风险评估信息制度的现状

我国食品安全领域的主要法律规范包括《食品安全法》《食品安全法实施条例》《食品安全风险评估管理规定(试行)》《食品安全监管信息发布暂行管理办法》等。这几部法律规范规定了食品安全风险评估信息制度的管理主体制度、收集制度和信息来源、分析及审查制度、通报或报告制度、发布及交流制度、硬件保障和支持制度等。

2011 年 10 月 13 日作为负责食品安全风险评估的国家级技术机构,食品安全风险评估中心正式挂牌成立。评估中心的职责中与风险评估信息运行有关的内容主要集中在:①具体承担食品安全风险评估相关科学数据、技术信息、检验结果的收集、处理、分析等任务,向国家食品安全风险评估专家委员会提交风险评估分析结果,经其确认后形成评估报告,报告给卫计委,并由卫计委负责依法统一向社会发布;②承担风险监测的相关技术工作,参与研究并提出监测计划,汇总分析监测信息;研究分析食品安全风险趋势和规律,向有关部门提出风险预警建议;③开展食品安全知识的宣传普及工作,做好与媒体和公众的沟通交流等工作。

虽然我国食品安全风险评估取得了很大进步,但是通过对现行涉及食品安全风险评估法律规范的分析,我们会发现信息制度依然存在一些不足或难点。食品安全信息制度的不完善,将导致法律赋予食品安全风险评估制度的预期功能难以实现,而面对频繁爆发食品安全事故的现状,我们需对食品安全风险评估信息制度进行完善。

2.4.5 我国食品安全风险评估信息制度的完善

解决信息运行制度中的不足和问题,需要政府的干预,并加强食品安全的风险评估信息管理和综合利用,构建部门之间信息互联互通的共享平台,实现与公众之间的信息交流。

第一,管理主体制度的完善。食品安全风险评估信息管理主体应相对独立,使其能在自身的职权范围内自主交流,提供客观的、值得信赖并容易理解的信息。因此,应首先从法律规范的角度保证我国食品安全风险评估信息管理主体的独立性并明确各相关主体之间在信息方面的职能分工和责任承担,还要对各主体自身内部机构的设立、管理、职能、权限、运行程序进行适当的公开,以体现工作的透明度,获取公众的信任。

第二,收集制度的完善。健全并疏通信息收集的渠道,督促生产经营者主动披露食品安全风险信息;激励公众提供食品安全风险信息,提高食品安全风险评估信息的监测能力;关注舆情监测工作,保证日常检测信息的获取;充分利用利害关系人参与的咨询平台或听证会,提高信息收集的能力;坚持收集信息的准确性、全面性、时效性原则。

第三,信息分析和审查制度的完善。应当加强食品安全监管信息的科学管理和信息队伍建设,建立食品安全监管信息评估制度,完善食品安全监管信息发布程序。在分析和审查时需要考虑信息的合理性、实用性和效用性、清晰度和完整性、不确定性和可变性,即对食品安全风险评估信息所涉及的资料或程序措施、方法、模型进行独立验证、确认和同行评审。

第四,报告或通报制度的完善。各部门应对职责范围内收集到的食品安全风险信息进行整理,形成共享的资源数据库,建立食品安全监管机构的信息联络体制和信息共享网络平台,并加强沟通、密切配合,进而形成综合一体的、高效便捷的食品安全风险监管合力。

第五,公布和交流制度。建立一套完全透明公开的食品安全风险评估信息发布机制,扩大信息公布渠道,规范信息公布标准和内容,完善信息公布的责任追究,做到责任明确,违责必究。建立信息反馈机制,组织有针对性的协商交流。

第六,纠错制度的建立。纠错制度既可以为公众参与信息管理提供一种渠道,也从侧面督促行政主体在食品安全风险评估信息的运行中更加注重信息的质量问题。

第七,监督、考核和检查制度的完善。应明确食品安全信息管理主体及其职责,对各部门食品安全风险评估信息的收集、分析、报告、通报、公布等情况进行考核和评议。应制定信息资源管理手册以确保信息管理工作的透明度和重复性。建立健全食品安全风险信息管理责任制,建立、健全相应的工作制度和工作程序,分工明确,责任到人。

第八,硬件支持制度的完善。建立信息数据收集和分析平台、专业数据库平台、信息交流服务平台、信息共享服务平台、信息发布平台、信息查询和反馈平台等。保证食品安全风险评估领域的经费投入,加大对评估中心和重点实验室经费投入。加快提高信息人才队伍的素质和能力,制订信息人才发展计划,吸引国内外高级人才参与食品安全风险评估工作,加强现有信息人才的培训,充分利用欧美国家开展食品安全风险评估的经验,加快提升信息人才队伍的工作水平。

2.5　食品安全风险评估公众参与

公众参与主要是指作为利益相关者的普通消费者、行业协会和新闻媒体等主体参与到评估中、与评估专家通过价值冲突、经过价值选择、最后达成价值共识的过程。公众在风险评估中的作用受到越来越多国家的重视,引入公众参与制度使风险评估结果更加具有说服力和可接受性。食品安全风险的相对性和不确定性需要公众参与,以增进公众对于评估结果的可接受性;食品安全风险评估中专家决策的有限理性需要引入公众参与来加以整合;食品安全风险评估引入公众参与,可以平衡各种利益冲突。在科学判断的基础上,食品安全风险评估过程交织着包括政府与专家之间、专家与专家之间、普通公众之间以及政府与公众之间等各种利益和价值偏好,评估结果是某种形式上的妥协。

2.5.1　欧洲食品安全风险评估公众参与

在发达国家,公众参与已经成为行政法的核心价值之一,而发展中国家也致力于该制度的引进和移植。对于食品安全风险评估,欧盟成立欧洲食品安全局进行风险评估和风险交流,同时也引入了美国的多方检测评估系统等。欧洲食品安全局可提供独立整合的科学意见,让欧盟决策单位面对"食物链"直接与间接的相关问题及潜在风险能做出适当的决定,从而给欧洲公民提供安全高品质的食物。以公开为前提的食品安全风险评估为欧洲食品安全局赢得了公众的支持。

欧洲食品安全局通过与各成员国、欧盟委员会和专业科学家的合作,委托其他专业机构进行必要的科学研究,开放、透明地开展工作。欧洲食品安全局专门制定了《获得文件的决定》,统筹考虑了何谓"文档"(根据《获得文件的决定》,"文档"指关乎欧洲食品安全局任务和职责的任何内容,无论其通过何种介质储存纸质、电子、音频、图像和视频。)并规范了"第三方"(根据《获得文件的决定》,"第三方"指欧洲食品安全局之外的任何自然人或法人,包括欧盟成员国、其他社会或非社会机构以及其他国家。)获取文档的各种情形。在专家科学建议的支持和风险评估数据共享的基础上,确保公众能够获得及时、可靠、客观、正确的食品消息,利用网络、出版物、展览和会议等公共信息交流方式,收集公众的观点和意见,出版科学建议、宣传资料和研究成果,公开发布权威声明等。这也为我们构建食品安全风险评估信息平台提供了范本和榜样。

2.5.2　我国食品安全风险评估公众参与

国内对专家治理模式的研究较多,但对公众参与的研究过少。从目前学术界对于公众参与概念的界定来看,对其核心内涵已达成共识,即公民有目的的参与和政府管理有关的一系列活动。狭义上的公众参与,仅指公民的政治参与,即由公民直接或间接选举公共权力机构及其领导人的过程;广义的公众参与还包括所有关于公共利益、公共事务等方面的参与。具体到食品安全风险评估过程中,公众参与主要是指公众与专家运用各自所掌握的关于风险的事实和价值知识的交涉、反思和选择的过程。食品安全风险评估的主体,即食品安全风险评估的利益相关者。公众参与的途径,例如听证、公共评论、建议、批评、游说等都是传统的公众参与形式,而在广义上公众参与还包括教育、资讯、复审、反馈、互动、对话等方式。为达成专家与民意之间的价值共识,公众参与是一项重要的途径。

《中华人民共和国宪法》第一章第 2 条规定:"人民依照法律规定,通过各种途径和形式,管理国家事务,管理经济和文化事业,管理社会事务。"这是公众参与食品安全风险评估工作的宪法根据。习近平总书记在党的二十大报告中也特别提出"保障人民当家作主"。让广大人民群众切身参与民生大事,提供保障食品安全的良好建议和意见,保障人民群众食品安全也是"保障人民当家作主"重要途径之一。

2.5.3　我国食品安全风险评估中公众参与存在的问题

目前,我国食品安全风险评估中公众参与还存在以下的问题:

第一,保证公众参与食品安全风险评估的制度不健全。

现阶段我国的食品安全风险评估还处在起步阶段,还没有形成专门的立法和专门的程序来指导公众进行专门的食品安全风险评估。法律制度是公众参与食品安全风险评估的最基本也是最有力的保证,但在我国《食品安全法》及《食品安全法实施条例》中,这样的规定是缺乏和苍白的。此外,公众参与机制不健全、参与渠道不通畅、参与方式规定不明确等问题,也表现得比较明显。

第二,公众被排除在风险评估议题形成过程之外。

食品安全风险评估的议题是行政主体对确定会构成或者可能构成食品安全风险的问题的有限规制。食品安全风险评估议题的形成是对某一食品安全风险的解释和选择,是一个充满价值冲突的过程,这个价值冲突不仅仅指评估专家之间的冲突,也包括行政主体及聘请的专家、普通公众、食品的生产者和经营者、行业协会及新闻媒体对于可能会构成食品安全风险的问题持有不同观点的冲突。

第三,行政主体与公众之间实施单向沟通风险信息。

风险沟通在本质上属于一种信息传递交流的方式,它是一种在风险环境中,不同利益群体之间及时、公开地传递风险的危害程度、风险的重要性或意义以及风险控制的决策行动,也是一个及时的信息交换与公开意见互动的过程。风险沟通的目的在于政策利害关系人之间能够相互了解彼此的立场,及时解决公害纷争,公正制定彼此都能接受的管制标准。风险沟通的主要原则为"及时、公开"。当前我国食品安全风险评估因为没有公众参与的规定,行政主体与公众、专家与公众的沟通有限,即使有沟通,也是单向的告知。

第四,公众与行政主体之间存在食品安全风险信息不对称情形。

我国的食品安全风险信息具有极端复杂性和多样性的特点,信息不对称的情形相当严重。单方面信息公布形式的不对称性不仅延迟了应对食品风险的最佳时机,还耽误了食品安全风险评估的进程。

2.5.4　构建我国食品安全风险评估公众参与制度的建议

第一,构建食品安全风险评估的信息平台。

只有在一个各种各样的观点进行激烈交锋的平台里,才能将食品安全风险评估中的确定性因素和不确定因素、不同的利益冲突以及不同观点的利弊都呈现出来,为行政主体及公众提供更多的政策选择,建立一个多元观点自由竞争的平台。

第二,拓展公众参与风险评估的渠道。

建立并逐步完善我国的风险交流制度。通过公开、透明的方式开展风险交流工作,在保持独立科学评估的基础上,确保各利益相关方,特别是普通公众能够获得及时、客观、可靠及正确的风险信息和评估信息,逐步完善风险交流制度。

建立公私合作的风险监测网络。食品安全风险检测网络要求除了行政机关有职权或职责公布食品风险信息之外,还需要通过法定的方式来规定食品生产经营企业必须向行政主体定期报告并提供潜在的对健康具有影响的食品安全风险信息。风险监测制度也应该向多元主体共治的方向发展,而不仅仅局限于行政主体确定的专门风险监测技术机构。

构建由多元主体组成的风险评估协调委员会制度。建立一个多元观点自由竞争的平台,将食品安全风险评估中的确定因素和不确定因素、不同的利益冲突以及不同观点的利害关系呈现出来,为行政主体及公众提供更多的政策选择。

成立专门的风险评估专家咨询组,扩展专家与公众之间达成共识的渠道。成立风险评估的专家咨询组,不仅可以提高专家评估结果的准确性,还可以促进专家与民众之间的沟通,提高民众对评估结果的可接受度。

第三,建立全过程与双向的风险沟通制度。

我国现行的风险沟通制度是一种单向的,自上而下的沟通。我们要在行政主体、评估专家、普通公众、生产企业者及新闻媒体之间构建一种平等的、开放的、互动的沟通方式,实现食品安全风险信息的交流通畅,通过这种双向开放的风险沟通方式,就可以在行政主体、评估专家、普通公众之间展开对话,实现公众与行政主体之间有关风险信息的共享,保障公众的知情权。为实现信息传播由单向变为双向,需要增加公众的"实质性"参与,由被动应急转变为主动引导。

第四,完善行业协会的建设,加强新闻媒体的监督力度。

行政主体要重视行业协会,并且使其职能得

二维码 2-2　欧盟《利益相关者协商平台的若干规定》

到充分发挥,既要发挥其在食品行业内的监督作用,又要发挥其在行政主体和消费者之间的桥梁作用。

第五,完善公众参与食品安全风险评估的程序制度。

我国当前对利益相关者参与评估的程序规定并没明确,公众没有具体的参与风险评估的程序,因此我们有必要加以构建或者完善公众参与程序制度。

2.6 食品安全风险评估的专家制度

食品安全风险评估必须建立在科学证据的基础之上,必须借助独立客观的专业指导和意见才能开展。食品安全风险评估的专家是指在食品安全风险评估过程中,对食品安全领域的某一门学问有专业研究,拥有知识化、技术化的食品安全知识,或者掌握食品安全风险评估的分析论证方法及工具的人。这些专家在食品安全风险评估中扮演了不可或缺的角色。

2.6.1 欧盟食品安全风险评估专家制度的经验

20世纪90年代以来,欧盟发生了一系列与食品安全有关的危机(比如,肇端于英国的"疯牛病"事件),造成了公众对欧盟的食品及相应的监管法律制度的不信任。为了恢复公众的信任,欧盟食品安全风险监管法律制度不断进行改革和创新,最终赢得了包括社会公众在内的多方主体对欧盟食品安全风险评估科学性的肯定。这表明了欧盟食品安全风险监管的法律制度在规范食品安全风险评估的专家活动方面已经积累了许多行之有效的经验。以下为欧盟食品安全风险评估专家制度的具体介绍。

第一项是科学顾问专家成员的遴选制度。虽然不同国家和地区对食品安全风险评估的科学顾问专家冠以不同的称谓,但他们都应当有相似的制度功能,即增强食品安全风险评估结论的科学性,进而保障食品安全风险管理决策的合法性。在欧盟,食品安全风险评估的科学顾问是由欧盟食品安全局的科学委员会和科学小组组成的,那么其科学顾问专家便是科学委员会和科学小组的专家成员。欧盟的食品安全风险监管法律制度的改革者意识到,科学设计食品安全风险评估科学委员会和科学小组专家成员的遴选制度对于保证同行专家和公众对他们的信任至关重要。欧盟对于科学委员会和科学小组的成员遴选法律制度的主要内容包括四个方面:适格的候选人的评价标准、遴选程序、科学委员会或科学小组专家成员的更新程序以及与遴选相关的候选人的信息的保障。

第二项是科学顾问专家成员的利益冲突解决制度。欧盟对于如何确保科学顾问专家成员能够忠实于公共利益、在不受外部利益影响的条件下独立实施风险评估、确保其科学上的卓越性和声誉、从而赢得社会公众和其他主体的信任等问题,都有自己独特的制度安排。

欧盟将科学顾问专家成员的利益冲突解决予以法制化。欧盟与欧洲食品安全局建立了一套较为完整的利益声明规划,确保专家成员根据公共利益来独立行动。为保证科学委员会和科学小组的成员在不受任何外部影响下,来开展食品安全风险评估活动,他们需要实施利益的年度声明和利益的特别声明这两种类型的书面形式的利益声明,以及一种利益的口头声明。利益的年度声明能够简明地处理所有可能的与评估独立性有关的利益,用以解决科学委员会或科学小组的成员身份,也就是说,某人若要成为科学委员会或科学小组的成员,他的利益的年度声明必须符合欧洲食品安全局的相关规则。利益的特别声明与一种或一类特定的主题事项相关,成员在利益的年度声明中已经宣告的利益事项需要根据某一会议的议题在利益的特别声明中再次宣告,并就是否与会议议题的任何事项存在利益冲突加以确认。只有当成员利益的特定声明得到欧洲食品安全局的批准之后,他们才能参加相关的会议。利益的口头声明是对年度声明以及特别声明的补充。年度声明事项与特别声明事项是一致的,成员需要对所有权或其他投资,包括股票、管理机构或类似机构中的会员身份、科学顾问机构中的会员身份、职业、特定的或偶尔的咨询、研究经费、知识产权、其他成员身份或联系、以及其他相关利益等事项做出利益声明。

此外,欧盟还建立了其他一系列规则,以确保成员能独立自主地做出决定。这些规则包括:成员之间禁止职责委任、集体决策、成员之间享有平等发言权、禁止负责食品安全风险管理职责的欧盟组织干预科学委员会和科学小组的工作、欧洲食品安全局负有多项职责以确保成员独立开展食品安全风险评估工作。

第三项是科学顾问专家成员行为的公开透明制度。较高程度的公开和透明有助于社会公众、同行专家和利害关系人对食品安全风险评估活动的信任。欧盟与欧洲食品安全局为确保科学委员会和科学小组成员活动公开和透明,在制度内容上主要体现为两个方面:第一个方面,对于与专家成员提供食品安全风险评估科学建议活动有关主要环节的公开和透明性问题,都予以法制化。需要公开的内容包括:第一,每一项食品安全风险评估科学建议的目标和适用范围的信息;第二,对某一事项做出评估建议时,所使用的任何既定的指南、数据质量标准、默认假设、决定标准以及对于任何偏离既定规定做法的理由等信息;第三,用以识别相关数据和其他信息,包括文献调查的范围和标准的方法;第四,科学委员会和科学小组的议程和时间;关于科学建议的会议纪要、少数派成员的意见、成员的利益声明、欧盟议会、委员会或成员国对科学建议的请求,这些科学建议被拒绝或修改的理由等信息;第五,做出科学建议所依据的数据来源信息;第六,适用或排除某些数据的标准的信息;第七,做出科学建议时所涉及的不确定和差异性的信息。第二个方面,对于透明性与保密性之间的关系也予以规范化。欧盟对其确立了两项重要的原则:一是公开和透明是基本原则,而保密是例外。二是即使对于依法应当保密的信息,如果为了保障社会公众健康的需要,该类信息也应当公开。

第四项是专家间科学意见交流和分歧解决的制度。首先,遵循评估活动透明公开和协商性原则的要求,实现科学意见的交流。其次,评估意见的外部审查程序也是科学顾问与专家同行进行交流的机制之一。为了保障评估意见的科学性和可靠性,欧盟设计了一套严格的质量保障程序,主要包括自我评估、内部审查、外部审查和质量管理年度报告 4 个环节。最后是科学意见分歧解决的程序要求,即建立一定的程序制度解决分歧,或为危机管理人员提供一个科学信息的基础。

总之,欧盟通过一系列法律规范和各类指引文件,建立了确保专家的科学建议获得社会公众信任的制度,这些法律制度能够为我国食品安全风险评估科学顾问法律制度的完善提供行之有效的经验知识。

2.6.2　我国食品安全风险评估专家制度的完善

与欧盟食品安全风险评估专家制度相比,由于我国食品安全风险评估专家制度起步较晚、理论研究欠缺、经验相对不足,因而在实践中引发了诸多问题,这些问题揭示了我国《食品安全法》以及其他规范食品安全风险评估专家的相关法律法规没有考虑到对专家的中立性、权威性、透明性的诉求，也没有关注到专家知识可能被滥用的现象，结果导致"空洞化"和"符号化"的专家角色与专家知识滥用同时存在，而专家做出的科学建议及科学绩效也会陷入民众的不信任之中。由此，在适当借鉴和合理改造发达国家和地区的法治经验基础之上，我们可以提出克服我国食品安全风险评估专家合法性危机之具体的食品安全法制度。

第一项是设计公正和科学的遴选制度。这种制度是确保科学顾问专家能够做出高质量的风险评估报告、并获得公众和同行专家信任的基础性制度。这项制度至少应当包括4个环节：第一个环节是适格的候选人评价标准。第二个环节是遴选程序，而遴选程序中应当包括5个阶段：一是卫计委运用多种媒体和新闻手段，向全国范围内发布遴选科学顾问的成员报告；二是卫计委组织专家对申请人申请的有效性进行形式上的审查；三是卫计委组织专家对适格的候选人进行实质上的评价；四是卫计委确定最佳候选人的入围名单；五是卫计委从入围名单中任命候选人。第三个环节是科学顾问专家成员的更新程序。第四个环节是与遴选相关的候选人的身份信息的保障。对于这4个环节，卫计委或食品安全风险评估专家委员会可通过发布规范性文件的方式来加以规范。

第二项是设计精密和完整的利益声明规划和回避制度。该制度有利于确保科学顾问专家成员严格依据公共利益来实施风险评估，而不受其他组织的利益和意志的影响。我国《食品安全风险评估管理规定（试行）》虽然规定了科学顾问独立实施风险评估的原则，但缺乏具体的制度。在未来，如要有效地实现独立性原则，应该以制度化的方式处理风险评估中专家的利益冲突问题。借鉴欧盟制度规则，可做出如下制度安排：一是行政机关应在进行风险评估之前要求评估专家提交其从事相关的经济活动信息。二是在特定情况下，行政决策部门可以要求特定的专家免于回避，但是须对不予回避的理由及行政机关的利益考量予以公开，接受公众的监督。此外，应当建立一系列确保专家成员能独立自主地做出决定的规则，形成专家权利与政府决策权之间的制衡结构。

第三项是设计合理、全面、公开和透明的制度。该项制度的内容至少包括4个方面：一是首先要破除由卫计委统一来公开食品安全风险评估信息的做法，科学顾问有权在遵守相关保密规定的前提下，自行公开食品安全风险评估信息。二是制定卫计委和科学顾问专家公开信息时需要遵循的法规。三是规定需要重点公开的事项。四是要对公开性与保密性之间的关系加以规范化。

第四项是设计独立和公正的外部同行专家评审制度。在我国，同行评审往往只出现在科研项目申请、科研成果评定等方面的立法之中，尚未被监管风险领域所采纳。而设计该制度有助于我们从专业的角度对待评估过程中可能存在的错误或者瑕疵，并且能够更好地确保评估结论的准确性和可靠性。在程序设计方面，我们可以考虑对某个或某些领域的专家所做的初步评估结果进行外部的同行评审，外部同行专家小组可以提出建议，在同行评审的基础上再由权威性的风险评估委员会做出最终评估结论。

第五项是设计主动和高效的交流和争议解决制度。在这方面，我国现行的法律制度规定得相当少。未来的法律制度设计应当包括至少两个方面的内容：一是确立食品安全风险评估中协商的基本原则，加强科学意见的交流。我国食品安全风险评估的法律规范缺乏对协商基本原则的明确规定，而这就是导致专家缺乏交流的重要原因之一，所以我们需要在食品安全法律规范中确立风险评估的协商性原则，并构建保障原则的实施机制，对专家交流予以基础性和原则性的指导。二是设置科学评论委员会，构建科学争议解决机制。我们可以成立科学评论委员会,或者所谓的"科学法庭"来处理有关科学争议的问题。需要注意的是,这里主要针对科学问题的客观事实,而不是涉及价值判断的问题,争论点是具体的,而不是抽象的。

第六项是设计层次清晰和分明的责任追究和激励制度。首先,应当设立食品安全风险评估专家的责任追究制度。为了使评估专家能够尽责,保证评估的科学性和中立性,在一定程度上就需要设定评估专家的责任追究制度,明确专家责任能够对专家起到警示的作用。专家需要有高度注意义务和忠实义务。因此,我们可以依据责任承担的严重性程度不同,将食品安全风险评估中的专家责任分为法律责任和一般责任。法律责任是指食品安全风险评估过程中专家因违反法定义务而应承担的不利后果,可严格按照法律规范执行。一般责任是指专家违反义务但危害较轻的责任。当前比较可行的方法是考虑增设评估专家的声誉责任,从而迫使科学顾问和外部同行专家谨慎对待自己的言行。其次,建立食品安全风险评估专家的激励机制。通过对专家的评估论证实行效果考核和评估,进而通过事实结果检验来评估建议方案的质量,对提供优秀评估建议或方案的专家给予经济奖励或者名誉奖励。

通过这些制度的有效运作,我国的食品安全风险评估专家将走出合法性危机,从而获得社会公众的高度信任,同时这些制度也能为食品安全风险管理决策提供充分的科学保障。

❓ 思考题

1. 风险评估的定义是什么?风险评估的步骤有哪些?
2. 我国风险评估的原则和欧盟的有什么区别?还有哪些需要完善的地方?
3. 信息在食品安全风险评估中有哪些功能?如何分类?
4. 如何评价我国食品安全风险评估信息制度现状?有哪些完善措施?
5. 为什么在食品安全风险评估过程中要引入公众参与?
6. 我国公众参与方面存在哪些问题?对比国外的做法,我们需要做出哪些改善?
7. 专家制度有什么意义?欧盟的专家制度有哪些值得我们借鉴?
8. 我国食品安全风险评估的专家制度目前有何缺陷,可以如何改进?

参考文献

[1] 丁晓雯,柳春红.食品安全学.北京:中国农业大学出版社,2016.

[2] 宋怿.食品风险分析理论与实践.北京:中国标准出版社,2005.

[3] 石阶平.食品安全风险评估.北京:中国农业大学出版社,2010.

[4] 刘兆平.我国食品安全风险评估的挑战.中国食品卫生杂志,2018,30(4):341-346.

[5] 杨晓光.转基因风险评估.华中农业大学学报,2014,33(6):110-111.

[6] 杨小敏.食品安全风险评估法律制度研究.北京:北京大学出版社,2015.

[7] 闫海,潘俊雅.我国食品安全风险评估的改革重点与法制建议.政法学刊,2019,36(1):78-83.

[8] 李宁.我国食品安全风险评估制度的落实和实施.中国食品学报,2014,14(7):1-4.

[9] 周良金,谭家超.论我国食品安全风险评估制度重构.西南民族大学学报,2018,(12):91-96.

[10] 徐飞.日本食品安全规制治理评析——基于多中心治理理论.现代日本经济,2016, 207(3):20-36.

[11] 食品安全风险评估管理规定.国家食品安全风险评估中心(https://www.cfsa. net.cn/).

[12] 中华人民共和国食品安全法.中华人民共和国卫生健康委员会(http://www.nhc. gov.cn/).

(程楠,陈晋明,李晓红)

第 3 章

食品安全风险评估

本章学习目的与要求

1. 掌握食品安全风险评估中相关概念、目的及意义。

2. 掌握和理解食品安全风险评估的内容。

3. 了解风险评估在风险分析、风险管理、风险交流中地位与关系。

4. 掌握剂量-反应关系分析的基本概念，理解剂量-反应模拟的原则。

5. 了解如何使用剂量-反应分析来获得健康推荐值和量化致病菌的危害风险。

6. 了解暴露评估在食品安全风险评估中的作用，了解暴露评估中食物消费量数据和污染物数据获得的主要途径。

7. 掌握以个体为基础的食物消费量数据收集方法以及相应的优缺点。

8. 掌握急性点评估模型、实际应用的概率评估模型、以及点评估和概率评估模型在数据使用、评估结果方面的优缺点及两者之间的关系。

9. 了解风险特征描述的定义及分类。

10. 掌握基于健康指导值的风险特征描述，了解遗传毒性致癌物的风险特征描述。

11. 掌握联合暴露风险评估。

12. 了解风险评估报告的编写指导原则。

13. 了解并掌握食品加工中的风险控制与食品安全目标等基本概念。

14. 熟悉食品生产过程的风险控制。

在我国经济高速发展与社会快速进步的进程中,随着人们物质生活水平的不断提高,对食品安全的重视也日益增强,随之而来的食品安全问题也日益凸显,风险评估这一概念开始进入大众视野。风险评估源于贝克的风险社会理论,在风险社会理论看来,问题的关键不是杜绝危险的发生,而是要将风险控制在大众能接受的范围之内。

食品安全风险包括自然风险以及人为因素所导致的非自然风险,因为食品中除了食品原料本身可能存有天然有害物质外,从农田到餐桌的各个环节中,也会因为譬如种植方式不正确、外部环境污染、喷洒农药过多、储存方法有误等人为因素而产生危害人体健康的风险。食品本身所存在的自然风险不可控,所能控制的只有人为造成的不确定性风险。要控制食品安全领域的风险,就需要进行风险分析。而风险分析包括风险评估、风险管理和风险信息交流 3个部分,其中风险评估是基础和核心环节。本章首先对食品安全风险评估进行总述,然后再根据风险评估的 4 个步骤,逐个展开进行叙述。

3.1 引言

风险评估是对科学信息及不确定信息进行组织和系统研究的一种方法,可用于回答有关健康危害因素危险性的具体问题。它要求对相关资料做出评价,并选择适当的模型对资料做出判断;同时要明确认定其中的不确定性,并在某些具体情况下利用现有资料推导出科学、合理的结论。

食品风险评估是以科学研究为基础,运用科学技术手段对食品及其相关产品造成人体健康危害的可能性予以评价,得出其安全与否的判断。加强食品安全风险的预防控制,增进民生福祉,提高人民生活品质,把保障人民健康放在优先发展的战略位置,是食品安全风险评估的重要意义。2009 年我国修订了《食品安全法》,将食品安全风险评估纳入法制化轨道,从此,我国食品安全风险监管机制由过去的被动、事后处理模式转变为主动、事前预防的控制机制。同时,在 2009 年国务院出台的《中华人民共和国食品安全法实施条例》第六十二条中阐明了食品安全风险评估的含义;在 2018 年修正的《食品安全法》第十七条第一款规定,"国家建立食品安全风险评估制度,运用科学方法,根据食品安全风险监测信息、科学数据以及有关信息,对食品、食品添加剂、食品相关产品中生物性、化学性和物理性危害因素进行风险评估"。

食品安全风险评估作为一项科学理性的制度,是食品安全风险监管实施和国家食品安全标准制定的科学依据,可以有效预防食品安全事故的发生,保障公众的生命健康,增强公众对国家食品质量的信心,促进社会和谐稳定。

我国食品安全风险评估法制主要包括 2018 年修正的《食品安全法》、2016 年修订的《食品安全法实施条例》、原卫生部颁布的 2010 年《食品安全风险评估管理规定(试行)》和 2011 年《国家食品安全风险评估专家委员会章程》等相关法律法规。

3.1.1 评估风险的科学方法

当遇到某个具体的食品安全问题时,早期风险管理决策涉及将来要采用的科学方法,但很多国家往往没有开展过任何形式的风险评估,或者评估过程缺乏合理性。有时采取的一些决策虽然是基于科学的,但未采用风险评估的方法。显然,在这种情况下,运用风险评估来制定食品安全控制措施的优势不能有效发挥出来;不过,从其自身的角度出发,选择运用其他科学方法也可能有其正确性和合理性。许多种方法最后均可形成基于风险的标准,这种认识也使低风险情况下开展的严格的风险评估更具灵活性。因此,在制定一项应用风险评估方法学灵活的措施时,应始终将一些合适的风险轮廓描述包括在风险评估框架中。在运用风险评估框架时,风险管理者即可直接使用风险轮廓中的信息来确定和选择食品标准。

现今多存在这样的误区——"食品安全应该零风险"。其实这样的要求是不科学的,也不切合实际。科学和实际的做法是通过各种措施,将风险尽可能降低到可以接受的程度。要做到这一点,就要对食品中存在的危害进行科学的风险评估,再根据评估结论来制定控制措施,包括食品安全标准、管理办法;还要通过监管,包括食品安全风险分级管理;来保证这些措施的实施和落实,以确保风险处于可接受的水平。

3.1.1.1　风险评估

在进行食品安全风险评估时,其管理分为两个部分,第一部分是确定评估的危害,即确定评估的对象(如某种动物、植物、微生物、化学物质、毒素等),解决何种危害及其存在载体的问题;第二部分是评估风险,也就是确定危害发生概率及其严重程度的函数关系,是真正意义上的风险评估。

根据国际食品法典委员会所描述的风险评估,如图 3-1 所示,其由 4 个基本步骤组成,包括:危害识别、危害特征描述、暴露(量)评估和风险特征描述。

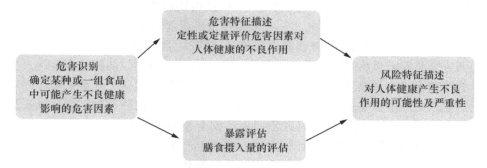

图 3-1　食品安全风险评估 4 个步骤及其关系

对微生物危害而言,要评估危害在食品生产到消费不同阶段中的发生和传播,通过在食品加工过程不同阶段的逐步"推进"来达到对风险的估计。虽然被评估风险的准确性常常受不确定的剂量反应信息限制,但这种风险评估方法的最大优点在于能够建立不同食品控制措施对风险估计的相对影响模型。

反之,对化学性危害而言,"安全性评价"是一个标准的风险评估方法。在该方法中,通过确定最大暴露水平来符合"理论零风险"(一种不会对消费者造成可觉察风险的合理的剂量水平)的结果。但该方法不能准确估计风险和剂量,并且不能对不同干预措施降低风险的影响进行模型化。

二维码 3-1　食品安全风险评估中的不确定性

3.1.1.2　风险分级工具

在制定食品风险管理措施的过程中,风险评估为风险管理者提供科学的依据,然而经典的四步风险评估框架往往仅针对某一特定危害,无法帮助风险管理者通过比较不同来源风险的等级,来确定优先监管的领域并得出需进一步进行经典评估的食品危害。

食品风险分级是一种风险评估的新兴形式,通过对食品的污染物浓度水平、消费者的膳食暴露量以及公众健康危害程度等因素进行综合分析、考量以对具体的食源性危害进行风险分级排序,其可在纷繁复杂的食品安全问题中科学、快速地识别风险等级以达到为风险管理者提供资源优化分配的目的。风险管理者通常委托开展风险分级工作,应用基于风险因素知识的工具对风险进行分级,并对监控措施排列优先顺序。

一些工具针对具体的风险因素对食品企业进行了分类,风险因素包括:食品类型、食品制备方式、企业类型、守法记录及消费食品的人群等。以食品生产经营企业为例,风险分级管理,是指以风险分析为基础,结合食品生产经营者的食品类别、经营业态及生产经营规模、食品安全管理能力和管理制度运行情况等因素,按照风险评价指标,划分食品生产经营者风险等级,并结合当地监管资源和监管能力,对食品生产经营者实施分级管理的过程。

另外,还有工具以"相对风险"的评分系统为基础,可对全国的"危害—食品组合"进行分级。虽然不以风险评估为基础的风险分级方法有助于基于风险的食品监管,但由评分系统(该系统不可避免地带有主观和臆断的因素)派生出的法规标准存在很多固有的缺点。因此,整合了风险评估的分级方法也并不是理想的替代方式。

3.1.1.3　流行病学

流行病学可能是评估当前疾病负担、追踪一段时间内疾病变化趋势以及风险溯源的最可靠方法。它是风险评估信息的重要来源之一,特别是在危害识别和危害特征描述这两个步骤中。

在判断食品安全事故时,特别是食源性疾病等,流行病学调查是重要的技术依据之一,也是公认的调查食品安全事故时不可缺少的科学方法。食品安全事故的流行病学调查为评定食品安全事故的危害程度和波及范围、判断发展趋势、预防控制等提供了科学依据。

流行病学作为一个独立的方法,利用人类疾病的资料,向回追溯并确定食品风险及风险因素的来源;因此,它一般不能被用于研究不同食品安全控制措施在降低风险方面的效果。然而,可用整合了流行病学资料的风险评估来评价食品生产加工过程中各种改变或干预对降低风险的影响。换言之,风险评估方法是从食物链的相关环节出发,来估计与特定"危害—食品组合"相关的人类健康风险的。

食品溯源在食品安全风险管理中尤为重要。虽然风险评估常常只针对单一的危害,或是在微生物领域的单一的"危害—食品组合",但是,在某些阶段,有着对于所有传播途径以及这些途径对引起危害的风险的相对贡献,风险管理者需要了解这方面完整的科学信息。在风险评估中可以通过专门设计来解决这一问题,但其他食品溯源方法的运用更为普遍,例如:暴发数据的分析,或来自多个暴发点的人类微生物分离株的基因型分析,在这些暴发点中,已知某些基因型主要来自单一动物宿主或食品类型。然而,由于在现有的监测数据中很少有疾病散发病例,并且从总体来看,散发所引起的病例数可能远远大于重点记录的暴发所引起的病例数,因而食品溯源通常较为困难。

运用分析流行病学,有利于制定基于风险的标准,这依赖于是否有充足的食源性疾病的监测数据。目前,很多政府正在加强建立监测系统,这样就能更好地应用分析流行病学技术,并验证微生物风险评估模型。

3.1.1.4　综合运用

以上描述了3种评估风险的科学方法,但在实际运用中,这些不同的方法常常是综合运用或者是互相补充的,并非独立割裂使用。如何有效地将这些方法进行融合,在不同危害因素的评估中具有很大的差异,但是所有这些方法都应遵从各国通用的风险评估原则和指南。

3.1.2　风险管理者的职责

风险管理者和风险评估者是相互对应的关系。风险管理者根据健康风险的优先分级、紧迫性、法规需要及是否有可获得的资源和数据等因素来决定是否进行风险评估,以及是否委托风险评估。风险评估者通常受风险管理者的委托开展风险评估工作。虽然,风险评估工作由风险评估者进行,风险管理者无须知道开展风险评估的所有细节,但是,风险管理者在委托风险评估及统揽其完成的过程中还必须履行一些职责,同时对风险评估的方法及评估结果的意义需要有一个基本的了解,这种了解可从风险信息交流中获得,同时也有助于进行成功的风险交流。

风险管理者在委托和管理风险评估时的一般职责有以下 3 个方面:①应要求相关的科学机构来组建风险评估队伍,或是在他们做不到的情况下自己建立一支风险评估队伍;②在与风险评估者协商后,确定风险评估的目的和范畴、需要由风险评估解决的问题、风险评估的政策和风险评估结果的形式;③根据具体说明,确保有充足的时间和资源来完成风险评估。

3.1.2.1　组建风险评估队伍

风险评估队伍应与工作需求相适应。当风险评估的规模和目的意义不同时,组建的队伍规模也不一样。

小规模和直接的风险评估可由较小的风险评估队伍或个人进行,特别是当已完成了初步的风险评估,科学工作主要利用当地资料时。

当实施战略性的和大规模的风险评估时,常常需要一个包含多学科专家的队伍,包括生物学、化学、食品科学、流行病学、医学、统计学和模型技术等学科的专家。因此,对风险管理者而言,找到具备所需知识和专业技能的科学家可能是一项具有挑战性的任务。在政府的食品安全机构不具备大量科学人才供自己调用的情况下,通常可从国内的科学团体中征调风险评估者。在一些国家,国内的学术机构可组织专家委员会为政府实施风险评估工作,与私人公司签订合同开展风险评估工作也变得越来越普遍。

风险管理者需要注意保证所组建的队伍是客观中立的,平衡了各种科学观点,且无过分偏见及利益冲突。了解潜在的经济或个人利益冲突方面的信息也非常重要,因为这些可能使个人的科学判断发生偏差。通常,在组建风险评估队伍之前,会通过问卷调查的形式了解这些信息。但如果队伍中的某个人具有关键的,独特的专业知识,则有时需做出例外处理;当做出这样的决定时,必须保证透明。FAO/WHO 关于食品安全和营养领域科学建议规定的工作框架可在这方面提供一些指导。

3.1.2.2　目标和范畴的界定

风险管理者应为风险评估准备一个"目标声明",在其中应确定具体的风险或待估计的风险以及广泛的风险管理目标,且目标声明通常直接从委托风险评估时所达成的风险管理目标中产生。

在某些情况下,最初的工作可能要建立一个风险评估框架模型,来确定数据是否缺失,并建立在确定科学资料资源时所需要的研究程序,这种科学资源也是后期完成风险评估所需要的。在使用现有的科学知识可以完成风险评估的情况下,该模型仍能确定需要深入研究的问题,这些研究将会在后期进一步完善评估结果。

在风险评估的"范围"部分中,应确定食物生产链中需要评价的环节,并为风险评估者确定需要考虑的科学信息的性质和范围。在针对国内具体的食品安全问题时,风险管理者还应在委托新工作前了解国际上对相关问题的风险评估及前期已进行的其他科学工作。与风险评估者沟通后,针对目前的风险评估状况,风险管理者可大大缩小工作量和所需资料的范围。

3.1.2.3 需要由风险评估者解决的问题

风险管理者在向风险评估者咨询后,应明确规定需要由风险评估回答的具体问题。依据所确定的风险评估的范畴和现有的资源,可能需要进行充分的讨论以提出明确的、可实现的问题,这些问题的答案可指导风险管理决策。按照目标声明和范畴,需要由风险评估解决的问题常常从委托风险评估时所达成的风险管理目标中产生。风险管理者所提出的问题,对为解答这些问题所选用的风险评估方法有着重要影响。

3.1.2.4 制定风险评估政策

虽然风险评估实质上是一个客观的、科学的活动,但它不可避免地包含了某些政策因素及主观的科学判断。例如,在风险评估碰到科学上的不确定性时,需要运用推理的手段使该过程继续进行下去。

科学家或风险评估者做出的判断常常是在几种科学合理的方法中做出的一种选择,而且政策性因素不可避免地影响了甚至是可能决定了某些选择。这样,科学知识的缺失可通过一系列推断和"默认的假设"来弥补。在风险评估的其他环节可能也需要进行一些假设,这些假设以价值为基础、为大家所认同,通常是在如何处理这些问题的长期经验上形成的。

3.1.2.5 对结果形式的规定

风险评估的结果可用非数值(定性)或数值化(定量)的形式表示。非数值化的风险估计为决策提供的基础不甚明确,但足以达到一些目的,例如,确定相对风险或评价不同管理措施在降低风险方面的相对影响。数值化的风险估计可采取以下两种形式中的一种:

(1)点估计:是一个单一数值,代表例如在最差情况下的风险;

(2)概率风险估计:这种估计方法包括变异性和不确定性,其结果以反映更真实情况的风险分布来表示。

迄今为止,点估计是化学性风险评估结果的最常见形式,而概率估计则是微生物风险评估结果的常见形式。

3.1.2.6 时间和资源

虽然在实施风险评估时,理想的做法是最大限度地进行科学投入和委托具体研究来弥补风险评估时的资料缺失,但是所有的风险评估都不可避免地在某些方面受到制约。在委托风险评估任务时,风险管理者必须确保风险评估者更多地获得与目标和范围相匹配的充足资源,并为完成该工作制定一个切实可行的时间表。

3.1.3 风险评估的一般特征

当不考虑具体情形时,风险评估一般具有许多相似的基本特征:

(1)风险评估应该客观、透明、资料完整,并可供独立评审 一项风险评估应该是客观、无偏见的。不应让非科学的观点或价值判断(例如风险的经济、政治、法律或环境因素)影响评估结果,风险评估者应该深入了解任何判断所依据的科学资料是否充分。

一项风险评估工作的启动、执行和完成应是共同参与的过程,报告的形式应使风险管理者和其他利益相关方都能正确理解该过程。最重要的是,风险评估必须透明,在记录该过程时,风险管理者应该描述科学原理、指出所有可能影响风险评估执行或结果偏倚、简洁明晰地确定所有科学投入、清晰地陈述所有假设、为非专业读者提供一份说明性摘要以及在可能的情况下使公众能够对评估进行评议。

(2)在可行的情况下,风险评估和风险管理的职能应分别执行 一般而言,在可行的情况下,风险评估和风险管理的职能应该分别执行,这样科学才能独立于法规政策和价值标准之外。然而,确定风险评估者、风险管理者和风险交流参与者在所有情况下的职能权限是个重大挑战。当不同的机构或官员分别负责风险评估和风险管理的任务时,职能的分离可能更加明显。但是,有些国家因为资源和人力有限,有些人承担着风险评估者和风险管理者的双重角色,在由他们进行风险评估时,也可以实现职责分离。这时重要的是要有适宜条件来保证在开展风险评估工作时不受风险管理任务的干扰;此时,尤其应注意保证风险评估满足风险评估的一般特征。

(3)在整个风险评估过程中,风险评估者和风险管理者应保持不断的互动交流 在风险评估时,不论风险评估和风险管理的职责分离如何进行,互动的、反复的过程对作为一个整体更为有效的风险分析来说是必要的。风险评估者和风险管理者之间的交流也是该过程中的关键要素。

(4)风险评估应遵循结构化和系统性的程序 如 3.1.1.1 所述,按照国际食品法典委员会的描述,风险评估过程一般由 4 个步骤组成,绝大多数危害因素在进行风险评估时都有相应的典型流程和系统性程序。不同国家也在食品安全风险管理框架和指南中,做出了相应的要求。

(5)风险评估应以科学数据为基础,并考虑到"从生产到消费"的整个食物链 充分依据科学数据是风险评估的一个主要原则。质量良好、详细、具有代表性的数据必须来源合理,并系统地进行整理。在适当的时候,描述性和计算性资料应该有科学文献和已被接受的科学方法作支持。

当委托一项风险评估工作后,常常不能获得完成该任务所需的足够数据。支持食品安全风险评估的科学信息可从很多国内和国际的渠道获得,如已发表的科学研究,为填补数据缺失而进行的专项研究,行业进行的某些未发表的研究或调查(如正在审议的某种化学物质的特性和纯度,以及由化学物质生产商进行的毒性和残留试验的数据),国家食品监测数据,国家人体健康监测和实验室诊断数据,疾病暴发调查,国家食品消费调查,其他政府进行的风险评估,国际食品安全数据库,由 JECFA、JMPR 和 JEMRA 进行的国际性风险评估等。

虽然风险评估者在执行既定的风险评估任务时,会尽力填补数据缺失并获得足够的需要的数据,但在风险评估过程的某些步骤不可避免地需要运用默认的假设。这些假设必须尽可能地保持客观、符合生物学原理和一致性。尽管风险评估政策提供了指导性原则作为依据,但针对特定问题的假设必须建立在个案的基础上。很重要的是,任何假设都要公开并形成记录。

有时当数据缺乏时,可用专家意见来解决重要问题和不确定性。很多信息诱导技术因此而建立。专家们可能不太习惯去描述他们知道的内容以及他们获取知识的途径;而信息诱导技术则能挖掘出专家的知识,并有助于使专家的意见尽可能地有证据作支撑,可以利用的方法包括：访谈法、德尔菲法、调查和问卷调查法以及其他方法。

（6）要明确记录风险评估中的不确定性及其来源和影响，并向风险管理者解释　进行定量风险评估所需的权威数据经常不够充分，有时候用以描述风险形成过程的生物学或其他模型本身具有明显的不确定性。风险评估中常常利用一系列的可能数值来解决现有科学信息的不确定性问题。

变异性是一个观察值和下一个观察值不同的现象。不确定性是未知性，如来源于现有数据的不足，或者来源于对涉及的生物学现象不够了解。风险评估者必须保证让风险管理者明白现有数据的局限性对风险评估结果的影响。风险评估者应该对风险估计中的不确定性及其来源进行明确的描述。风险评估还应描述默认的假设是如何影响评估结果的不确定度的。如有必要或在适当的情况下，风险评估结果的不确定度应当与生物系统的内在变异性造成的影响分开描述。

（7）必要时，风险评估应进行同行评议，当有新的信息或需要新的资料时，应该对风险评估进行审议和更新　同行评议加强了透明度，并能对与某个特定食品安全问题有关的更广泛的科学观点进行深入探讨。当采用新的科学方法时，外部评议尤其重要。对采用了不同的公认科学资料和其他判断的同类风险评估结果进行公开比较，可以形成有益的见解。

但在某些情况下，一项具体的风险评估过程操作起来相对简单而直接，一般特征可能会发生很大改变。例如，有时政府食品安全机构的专家们可能不需要组建多学科的风险评估队伍，就能迅速而有效地完成一项完整的风险评估。

3.1.4　风险评估方法学

不同国家及各国内部使用的风险评估方法不同，且可使用不同的方法来评估不同的食品安全问题。根据危害因素类型（化学性、生物性或物理性）、食品安全情况（受关注的已知危害、新出现的危害、如生物技术的新技术、抗生素耐药性的复杂危害途径）以及可用的时间和资源，所采用的方法也不同。

3.1.4.1　风险评估的基本组成

风险评估是对科学信息及其不确定信息进行组织和系统研究的一种方法，用以回答有关健康危害因素危险性的具体问题。它要求对相关资料做出评价，并选择适当的模型对资料做出判断，同时要明确认定其中的不确定性，并在某些具体情况下利用现有资料推导出科学、合理的结论。风险评估分为危害识别、危害特征描述、暴露评估、风险特征描述4个步骤。继危害识别之后，这些步骤的执行顺序并不固定；通常情况下，随着数据和假设的进一步完善，整个过程要不断重复，其中有些步骤也要重复进行。

3.1.4.2　风险评估的方法

风险评估的方法（图3-2）通常分为3类：定性评估法、定量评估法、定性与定量结合的综合评估法。定性评估法是对指标的特点、特性分析后，制定出定性的标准，再按照标准进行评价的方法。定量评估法是根据统计数据，构建数学模型，使用数学模型分析对指标进行评估的方法。综合评估法是将两者结合起来，共同用于风险评估。

随着移动互联网、物联网、云计算等技术的迅速发展，新数据源不断出现，数据总量的不断增长，使大数据成为一种重要资源，大数据已成为解决问题的重要手段。

3.1.4.3　敏感度分析

敏感度分析是一种可以帮助风险管理者选择能最好地实现风险管理目标的控制措施的工具。作为一个科学过程,敏感度分析能反映出各种输入(数据或假设)变化时对风险评估结果的影响。从敏感度分析中得到的最有用的发现是:估计与每个输入因素相关联的不确定性和变异性对风险评估的总体不确定性和变异性的贡献程度。敏感度分析可以确定一种或几种输入因素,它们的不确定性会对结果产生最大影响,此外,这一过程还有助于设立研究的优先顺序,以降低不确定性。

3.1.4.4　验证

模型验证是评价风险评估中使用的模拟模型在反映食品安全体系方面的精确性的过程,如将食源性疾病的模型预测值和人群监测数据相比较,或者将食品生产链中间步骤危害水平的模型预测值与实际监测数据相比较。

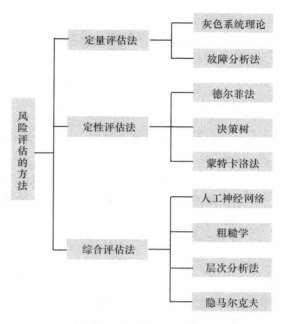

图 3-2　食品安全风险评估的方法

尽管希望能够对风险评估的结果进行验证,但有时却无法做到,尤其是在化学物质风险评估中更是如此。尽管从动物实验中可能会预测出化学物质危害对人类健康的慢性不良影响,但是这几乎不能用人体数据来验证。

本节小结

从欧洲的疯牛病、二噁英、口蹄疫、多重耐药细菌等事件,到我国近年来的苏丹红事件、阜阳奶粉事件、啤酒甲醛风波、吊白块事件、劣质大米、红心鸭蛋、瘦肉精、塑化剂事件,已经使全球几乎谈"食"色变。食品安全风险评估就是通过使用毒理数据、污染物残留数据分析、统计手段、接触量及相关参数评估等系统科学的步骤,以供风险管理者综合社会、经济、政治及法规等各方面因素,在科学基础上决策并制订管理法规,从而保证食品安全。本小节介绍了食品安全风险评估的一般方法、风险管理者的职责、风险评估的一般特征以及评估风险的科学方法。由上可知,通过食品安全风险评估,一方面可为食品安全的监督管理提供技术依据,另一方面可为相关监督管理部门及时准确制定、修订相关食品安全法规标准提供数据支撑,从而保障食品生产经营过程能够优质、安全、有效地运行,保障消费者身心健康和利益。

思考题

1. 什么是食品安全风险评估?
2. 风险评估在风险分析、风险管理、风险交流中的地位与关系如何?
3. 风险评估的内容有哪些?

4.风险评估的一般特征是什么?

5.我国食品安全风险评估法制主要包括哪些法律法规?

6.评估风险的科学方法有哪些?

参考文献

[1] 樊永祥.食品安全风险分析:国家食品安全管理机构应用指南.北京:人民卫生出版社,2008.

[2] 闫海.我国食品安全方向评估的改革重点与法制建议.政法学刊,2019,36(1):78-83.

[3] 刘兆平,刘飒娜,马宁.食品安全风险评估中的不确定性.中国食品卫生杂志,2011,23(11):26-30.

[4] 詹明胜.食品安全风险评估与食品生产经营企业风险分级管理.中国食品,2017(11):50-51.

[5] 张东红,张行钦,周标,周勤,骆俊哲,付刚瓯.从法律角度谈实盘去事故流行病学调查报告.中国食品卫生杂志,2017,29(4):469-473.

[6] 陈尚,周少君,邓小玲,等.食品中化学物质危害风险分级研究进展.中国食品卫生杂志,2017,29(3):374-378.

[7] 侯阳阳.基于大数据的食品安全风险评估方法研究.天津:天津科技大学,2016.

[8] 潘俊雅.食品安全风险评估法律制度研究.沈阳:辽宁大学,2017.

[9] 贲智强.食品安全风险评估的方法与应用.中国农村卫生事业管理,2010,30(2):132-134.

[10] 周少君,顿中军,梁骏华,等.基于半定量风险评估的食品风险分级方法研究.中国食品卫生杂志,2015,27(5):576-585.

(黄昆仑,商颖,程楠)

3.2 危害识别

风险评估分为危害识别、危害特征描述、暴露评估、风险特征描述 4 个步骤,其中,危害识别是食品安全风险评估第 1 个步骤,是食品安全风险评估的基础和起点。食品安全危害(Food Safety Hazards)是指潜在损坏或危及食品安全和质量的因子或因素,包括生物、化学以及物理性的危害,能对人体健康和生命安全造成危险。一旦食品含有这些危害因素或者受到这些危害因素的污染,就会成为具有潜在危害的食品,尤其指可能发生微生物性危害的食品。因此,在本节中,首先叙述危害因素的分类及其特点,再分别介绍识别危害因素的方法。

3.2.1 危害识别的概念及意义

国际食品法典委员会(Codex Alimentarius Commission,CAC)将危害识别(Hazardidentification,HI)定义为确定食品中可能存在的对人体健康造成不良影响的生物性、化学性或物理性因素的过程。根据我国卫计委 2010 年发布的《食品安全风险评估管理规定(试行)》,将危害识别定义为"根据流行病学、动物试验、体外试验、结构-活性关系等科学数据和文献信息确定人体暴露于某种危害后是否会对健康造成不良影响、造成不良影响的可能性,以及可能处于风险之中的人群和范围"。

危害因素的种类繁多,在启动食品安全风险评估程序前,首先要经过筛选,以确定需要评估或优先评估的危害因素。根据原卫生部 2010 年发布的《食品安全风险评估管理规定(试行)》,以下情形可作为开展风险评估的参考依据:①制订或修订食品安全国家标准的需要;②通过食品安全风险监测或者接到举报发现食品可能存在安全隐患的,在组织进行检验后认为需要进行食品安全风险评估的;③国务院有关部门按照《中华人民共和国食品安全法实施条例》第十二条要求提出食品安全风险评估的建议,并按规定提出《风险评估项目建议书》的;④卫计委根据法律法规的规定认为需要进行风险评估的其他情形;⑤处理重大食品安全事故的需要;⑥公众高度关注的食品安全问题需要尽快解答的;⑦国务院有关部门监督管理工作需要并提出应急评估建议的;⑧处理与食品安全相关的国际贸易争端需要的。

因此通过危害识别步骤,我们可以回答该食品是否会产生危害,其产生危害的证据是什么,以及其相关危害的程度和水平如何等问题。

3.2.2　危害因素分类

根据危害识别的定义可知,一般来说,食品安全的危害因素可分为 3 类,包括:化学性危害因素、生物性危害因素和物理性危害因素,其中化学性和生物性危害对食品安全构成较大威胁。

3.2.2.1　化学性危害因素

化学性危害主要指环境污染物、天然动植物毒素、食品供应链各环节产生的污染和人为使用的非法物质等。

(1)环境污染物的主要污染源是工业、采矿、能源、交通、城市排污及农业生产、核泄漏等带来的。这些污染物都会通过环境及食物链而危及人类健康,并随着人类环境的持续恶化,食品中的环境污染物可能有增无减。

环境污染包括两类:①无机污染物,如铅、砷、汞、镉等重金属;②有机污染物,如二噁英、多环芳烃等。

(2)天然动植物毒素指的是天然含有的化学危害因子,包括植物、动物等体内存在的天然毒素,如蛋白抑制剂、生物碱、有毒蛋白和肽等,其中有一些是致癌物或可转变为致癌物,又如食品贮藏过程中产生的过氧化物、龙葵素和醛、酮类化合物等。其中最为大家熟悉的有动物性毒素——河鲀毒素,植物性毒素——鲜黄花菜中的秋水仙碱、木薯中的亚麻仁苦甙等。

(3)在食品加工过程中,即食品供应链过程,会产生一些危害物质,如烟熏、烧烤时产生的多环芳烃和腌制时的亚硝胺都有很强的致癌性;食品烹饪时,因高温而产生的杂环胺也是毒性极强的致癌物质;食品加工过程中使用的机械管道、锅、白铁管、塑料管、橡胶管、铝制容器以及各种包装材料等,也有可能将有毒物质带入食品中,如聚苯乙烯材料中的单体苯乙烯、聚碳酸酯材料中的单体双酚 A、增塑剂或胶黏剂中的联苯二甲酸酯类等;当采用陶瓷器皿盛放酸性食品时,其表面的釉料中所含的铅、镉和锑等盐能溶解出来;用荧光增白剂处理的包装纸中残留有毒的胺类化合物。

(4)人为导致的化学性危害物质是指为特定目的而在种植、加工、包装、贮藏等环节中产生

二维码 3-2　食品中化学性
危害分级研究方法

或人为加入的物质。农药、兽药及其残留物可通过食物链的富集作用使人类受到严重危害,食品加工时,食品添加剂的违规加入或包装材料中危害物质迁移进入食品等,均属于人为化学性危害。

3.2.2.2　生物性危害因素

生物性危害主要是指生物(尤其是微生物)本身及其代谢过程、代谢产物(如毒素)、寄生虫及其虫卵和昆虫对食品原料、加工过程和产品的污染。生物性危害具有较大的不确定性,控制难度大,对食品质量安全的危害较为严重。

很多生物危害能够引起食源性疾病,包括:细菌、病毒、寄生虫和生物毒素,但是,一些新的危害正不断地被发现,如大肠杆菌 O157:H7、牛海绵状脑病朊病毒、沙门菌的多重抗生素耐药菌株等。

1.细菌性污染

细菌性污染是涉及面最广、影响最大、问题最多的一类食品污染,其引起的食物中毒是所有食物中毒中最普遍、最具暴发性的。细菌性食物中毒全年皆可发生,具有易发性和普遍性等特点,对人类健康有较大的威胁。

细菌性食物中毒可分为感染型和毒素型。感染型如沙门菌属(*Salmonella*)、变形杆菌属(*Proteus*)引起的食物中毒。毒素型又可分为体外毒素型和体内毒素型 2 种。体外毒素型是指病原菌在食品内大量繁殖并产生毒素,如葡萄球菌(*Staphylococcus*)肠毒素中毒、肉毒梭菌(*Clostridium botulinum*)毒素中毒。体内毒素型指病原体随食品进入人体肠道内产生毒素引起中毒,如产气荚膜梭菌(*Clostridium perfringens*)食物中毒、产肠毒素大肠杆菌(*Enterotoxingenic escherichia coli*)食物中毒等。也有感染型和毒素型混合存在的情况发生。

引起食品污染的微生物主要有沙门菌、副溶血性弧菌(*Vibrio parahemolyticus*)、志贺菌(*Shigella*)、葡萄球菌等。近年来,变形菌属、李斯特菌(*Listeria*)、肠杆菌科、弧菌属(*Vibrio*)引起的食品污染呈上升趋势。沙门菌是全球报送最多、各国公认食源性疾病的首要病原菌。

2.真菌性污染

真菌在发酵食品行业广泛应用,但许多真菌也可以产生真菌毒素,引起食品污染。尤其是20 世纪 60 年代发现强致癌的黄曲霉毒素以来,真菌与真菌毒素对食品的污染日益引起重视。真菌毒素的毒性可以分为神经毒、肝脏毒、肾脏毒、细胞毒等,例如黄曲霉毒素具有强烈的肝脏毒性,可以引起肝癌。

真菌性污染一是来源于作物种植过程中的真菌病,如小麦、玉米等禾本科作物的麦角病、赤霉病,都可以引起毒素在粮食中的累积;另一来源是粮食、油料及其相关制品保藏和贮存过程中发生的霉变,如甘薯被茄病腐皮镰刀菌或甘薯长喙壳菌污染可以产生甘薯酮、甘薯醇、甘薯宁毒素,甘蔗保存不当也可被甘蔗节菱孢霉侵染而霉变。常见的产毒真菌主要有曲霉(*Aspergillus*)、青霉(*Penicillium*)、镰刀菌属(*Fusarium*)、链格孢霉(*Alternaria*)等。常见的真菌毒素有黄曲霉毒素、赭曲霉毒素、麦角生物碱、单端孢霉烯族毒素、玉米赤霉烯酮、伏马菌素等。由于真菌生长繁殖及产生毒素需要一定的温度和湿度,真菌性食物中毒往往有比较明显的季节性和地区性。在我国,北方食品中黄曲霉素 Bl 污染较轻,而长江沿岸和长江以南地区较重。也有调查发现,肝癌等癌症的发病率与当地的粮食霉变现象有一定关系。

大型真菌中的毒蘑菇也含有毒素,其毒性有胃肠炎型、神经精神型、溶血型、肝病型等。我国蘑菇中毒全年均有发生,主要集中在每年 6—10 月份。西南地区和华中地区是我国毒蘑菇中毒的重灾区,其次为华南、华东地区,华北、东北和西北地区最少。

二维码 3-3　2019 年中国蘑菇中毒事件报告

3. 病毒性污染

与细菌、真菌不同,病毒的繁殖离不开宿主,所以病毒往往先污染动物性食品,然后进一步通过宿主、食物等媒介进一步传播。带有病毒的水产品、患病动物的乳、肉制品一般是病毒性食物中毒的起源。与细菌、真菌引起的病变相比,病毒病变多难以有效治疗,更容易暴发流行。

常见食源性病毒主要有:甲型肝炎病毒(*Hepatitis A virus*)、戊型肝炎病毒(*Hepatitis E virus*)、轮状病毒(*Rotavirus virus*)、诺瓦克病毒(*Norwalk virus*)、朊病毒(*Prion virus*)、禽流感病毒(*Avian influenza virus*)等。这些病毒曾经或仍在肆虐,造成许多重大的疾病事件,如:疯牛病、由 H5N1 型高致病性禽流感病毒引起的禽流感、诺如病毒胃肠炎等。

4. 寄生虫污染

食品在生产、加工、流通过程中感染了寄生虫,人们由于食入这种带幼虫或虫卵的生、半生食品,从而感染食源性寄生虫病。当前我国常见的食源性寄生虫主要有 5 类,分别是:植物源性寄生虫、淡水甲壳动物源性寄生虫、鱼源性寄生虫、肉源性寄生虫、螺源性寄生虫等,见表 3-1。

表 3-1　寄生虫污染

	分类	危害因素
1	植物源性寄生虫	包括:布氏姜片吸虫、肝片吸虫等;在植物源性寄生虫中以布氏姜片吸虫最为常见
2	淡水甲壳动物源性寄生虫	主要是指并殖吸虫,包括卫氏并殖吸虫、斯氏狸殖吸虫;由于这些寄生虫主要寄生于人或动物的肺部,因此又称肺吸虫
3	鱼源性寄生虫	包括华支睾吸虫、棘颚口线虫、异形吸虫、棘口吸虫、肾膨结线虫、阔节裂头绦虫等;其中,华支睾吸虫最为常见
4	肉源性寄生虫	常见的有旋毛虫、猪带绦虫、牛带绦虫、弓形虫、裂头蚴等
5	螺源性寄生虫	较为常见的是广州管圆线虫,该寄生虫中间宿主之一是福寿螺

3.2.2.3　物理性危害因素

物理性危害主要为食品加工过程中机械操作带来的杂质,一般为食品中的异物。物理性危害因素可以分为两类:第一类属于食品原料本身成分,如水果中的茎,动物性食品的骨头碎片;第二类是非食品成分,如头发、金属等。通常情况下第二类非食品成分的物理性危害对健康更危险,见表 3-2。

表 3-2　物理性危害因素

	分类	危害因素
1	非食品成分	昆虫、头发、金属、木屑、机械碎屑、玻璃、首饰、石子
2	食品成分	草莓的茎、鱼刺、鸡肉中的骨头

物理性危害因素一般是由于工作疏忽或者是人为操作影响食品安全,其主要来源有以下几种方式:①玻璃材料,可来源于玻璃瓶、灯罩、罐、温度计、仪表表盘等;②金属材料,可来源于机器、农田、大号铅弹、鸟枪子弹、电线、订书钉、建筑物等;③放射性物质,主要来源于食品吸附、吸收的外来放射性核素等。

在食品安全风险评估的危害识别中,相比于化学性危害与生物性危害,物理性危害更容易进行风险分析和预防,通常不作为风险危害评估的重点。

3.2.3 危害识别的主要方法

不同类型的危害因素在进行危害识别时的顺序以及侧重点有所不同,一般情况下:

化学性危害识别主要是确定物质的毒性,在可能时对这种物质导致不良效果的固有性质进行鉴定。化学性危害通常按照流行病学研究、毒理学研究、体外试验和定量的结构-活性关系的顺序进行研究。

生物性危害识别主要是确定病原物及病原物所导致疾病的症状、程度、持续性等;以及疾病的传染性、传播媒介、发病率、死亡率、易感人群,该种病原物在自然条件下的存在状态及适应的环境。

物理性因素的危害识别较化学性和生物性危害的识别要容易,主要是了解和控制食品原料、食品加工过程物理性掺杂物可能产生的潜在危险因素。

下面就各种危害因素识别的常用方法进行逐一介绍。

3.2.3.1 化学表征

在进行危害因素识别时,首先要清楚这些危害物的物理、化学等方面的性质,因此需要对其进行表征。对危害物的表征有物理表征和化学表征,但考虑到其在食品安全风险评估时所需要的信息,一般化学表征是较为常用的手段且起着关键性的作用。因为在进行危害物调查、分析和鉴别时,常需要以化学物质的定性和定量数据为依据。

与食品安全相关的化学物质主要包括食品添加剂、农药、兽药残留、污染物等。因此在进行化学表征时,需要利用紫外、红外、核磁、透射和扫描电镜、X线衍射等方法,获取化学物质的名称、结构、组分(包括同分异构体)、理化性质(分子式、分子量、密度、熔点、溶解度等)、实验室分析方法等。

3.2.3.2 毒理学研究

毒理学(Toxicology)是一门研究外源因素(化学、物理、生物因素)对生物系统的有害作用的应用学科,其通过研究化学物质对生物体的毒性反应、严重程度、发生频率和毒性作用机制,对毒性作用进行定性和定量评价,从而预测其对人体和生态环境的危害,为确定安全限值和采取防治措施提供科学依据的一门学科。

毒性资料可通过查询毒理学相关文献、数据库等途径获得,如美国环保署(EPA)毒物释放目录(TRI)数据库、日本既存化学物质毒性数据库、粮农/世卫组织/食品添加剂专家联合委员会(JECFA)的食品添加剂数据库、国际毒性风险评估数据库等。

1.体外实验

体外毒理学试验主要用于毒性筛选,提供更全面的毒理学资料,也可用于局部组织或靶器官的特异毒效应研究。体外毒理学研究除了用于危害识别外,还可用于危害特征描述。随着分子生物学、细胞组织器官培养等生物技术的突飞猛进,为开展体外试验提供了良好的技术支撑。

目前,动物试验需要采用 3R 原则(减少、优化和替代),导致了替代试验的发展和试验设计的优化。体外试验方法在毒理学中应用的主要优点:一是简单、快速、经济;二是实验条件比较容易控制,误差较少;三是可以利用人体细胞组织进行体外试验,较好地解决物种差异的问题;四是操作过程容易标准化、自动化和仪器化。但体外试验也有其难以克服的缺点:一是各种微生物或细胞的培养都在离体条件下,难于精确地模拟反映外源物在生物体的生物转运和生物转化过程,也无法得到毒效学和毒性动力学的资料;二是慢性毒性机理知之甚少,缺乏体外试验的理论依据,所以体外试验难以预测慢性毒性;三是某些体外系统难以长期维持生理状态,为体外试验带来很大的局限性。

体外试验主要的方法包括:急性毒性试验替代方法、遗传毒性/致突变实验体外方法、重复剂量染毒实验体外方法、致癌性试验外方法、生殖发育毒性实验体外方法等。

2. 动物试验

由于流行病学研究费用昂贵,资料往往难以获得;而与体外试验相比,动物试验能提供更为全面的毒理学数据,因此危害识别中绝大多数毒理学资料主要来自动物试验。动物试验可以提供以下几个方面的信息:一是毒物的吸收、分布、代谢、排泄情况;二是确定毒性效应指标、阈值剂量或未观察到有害作用剂量等;三是探讨毒性作用机制和影响因素;四是化学物质的相互作用;五是代谢途径、活性代谢物以及参与代谢的酶等;六是慢性毒性发生的可能性及其靶器官。

对于食品中的各种危害因素,主要经口摄入。世界各国对动物试验和试验设计都出台了相关的标准要求,我国也于 2015 年 5 月 1 日实施《GB 15193.1—2014 食品安全国家标准　食品安全性毒理学评价程序》。常用于危害识别的动物试验主要包括急性毒性试验、重复给药毒性试验、生殖发育毒性试验、遗传毒性试验等。

(1)吸收、分布、代谢、排泄　实验初期研究物质的吸收、分布、代谢和排泄(ADME),有助于选择合适的实验动物种属和毒理学试验剂量。受试动物和人在 ADME 方面的任何定性或定量差异,可能会为识别暴露造成的危害提供重要信息。

(2)急性毒性　急性毒性是指动物或人体 1 次经口、经皮或经呼吸道暴露于化学物质后,即刻或在 14 d 内表现出来的毒性。

某些物质(例如某些金属、真菌毒素、兽药残留、农药残留)短期内摄入后能引起急性毒性。JECFA 在其评估中引入了急性毒性评估,必要时需要评估敏感个体产生急性效应的可能性。同样,粮农/世卫组织农药残留联席会议(JMPR)认为有必要对其评估的所有农药设定急性参考剂量(ARfD)。为了更准确地获取 ARfD,JMPR 对单次给药动物试验制定了指导原则,这是经济合作与发展组织(OECD)制定试验指南的基础。总的来说,动物急性毒性对食物化学物质的危害识别作用并不大,这是因为人体暴露量远远低于引起急性毒性的剂量,且暴露时间持续较长。但当急性毒性作为主要损害作用出现时,急性毒性实验可直接用于食物化学物质的危害识别。

(3)重复给药毒性　重复给药毒性试验可从组织、器官和细胞水平上揭示毒作用的靶器官。其主要目的是检测人或实验动物每天接触食品中化学物质或食物成分 1 个月或更长时间所出现的体内效应。重复给药毒性试验设计不仅要求识别潜在的毒性危害,而且还要确定毒作用靶器官的剂量—反应关系,从而确定毒作用的性质和程度。重复给药毒性研究的标准指南包括 OECD 啮齿类动物 28 d 经口毒性试验,OECD 啮齿类动物 90 d 经口毒性试验,OECD 非啮齿类动物 90 d 经口毒性试验。重复给药毒性实验作为危害识别的核心实验具有重要的意义,为危害识别提供了大量的实验数据,这些数据不仅与组织和器官损伤有关,而且还与生理功能和器官系统功能的细微变化有关。

(4)生殖和发育毒性 生殖和发育毒性试验的目的是评估:①由于形态学、生物化学、遗传或生理学受到干扰而可能出现的影响,多表现为亲代或子代的生育率或繁殖力降低;②子代的生长发育是否正常。在生殖和发育毒性的研究领域中,更好地了解生殖神经内分泌学上的种属间差异,将有助于评估危害识别结果与人类的相关性。修改现行的生殖和发育毒性实验程序,以便更好地涵盖与内分泌干扰作用相关的终点指标,但某些食物化学物质还需要进一步检测和重新评估。

(5)神经毒性 神经毒性试验的主要目的是检测在发育期或成熟期接触化学物质是否会对神经系统造成结构性或功能性损害。这些可能的损伤包括从对情绪、认知功能的短期影响直到对中枢神经系统和外周神经系统产生永久性的不可逆损伤,而导致神经心理或感觉传导功能损害的一系列变化。目前,对神经毒性实验的认识还存在很多方面的问题有待研究。这些问题包括:对神经心理学作用机制的了解;对种属间易感性、表现、神经毒性效应差异的了解;特别对于食品中的化学物质,需要进一步理解毒理学因素和营养因素对神经学终点的共同作用。

(6)遗传毒性 遗传危害的初步检测一般不采用体内动物实验,通常可以通过体外实验获得检测结果。然而,如果体外致突变试验结果阳性,则需要做进一步的体内试验来确定这种突变活性在整体动物中是否表现出来。但体外致突变谱和结构活性资料本身足以说明其体内活性时,也可不必进行体内试验。OECD 颁布的试验指南包括染色体畸变试验、啮齿类动物骨髓微核试验、体内哺乳动物肝细胞非程序性 DNA 合成(UDS)试验和精原细胞染色体畸变试验等。

(7)致癌性 致癌试验的主要目的是观察实验动物在大部分生命周期内,经给药途径摄入不同剂量的受试物后,以发生肿瘤作为暴露的终点,来确定通过不同机制增加不同部位肿瘤发生的物质。对于食品中的化学物质,主要指经口摄入。

3.2.3.3 食源性疾病监测

食品中致病因素进入人体后所引起的感染性、中毒性等疾病,包括食物中毒称为食源性疾病(foodborne diseases),是世界性的公共卫生问题。大部分食源性疾病的病症表现为日常生活中常见的急性肠胃炎,但引起急性肠胃炎的食源性病原有很多,不同致病因子引起的食源性疾病严重程度也不同。根据食源性疾病的致病因素可将其分为七类,包括:食源性细菌感染、食源性病毒感染、食源性寄生虫感染、食源性真菌感染和真菌毒素中毒、动物性毒素中毒、植物性毒素中毒和食源性化学性中毒。食源性致病菌是食物中毒和食源性疾病暴发的重要因素,是食品安全的重要风险隐患。

据世界卫生组织(World Health Organization,WHO)报道,全球每年发生腹泻病的病例数高达 1.5 亿,其中 70% 病例与各种致病菌污染的食品有关,如痢疾志贺菌、金黄色葡萄球菌、大肠杆菌、沙门菌、肉毒梭菌等仍然是严重威胁人类生命和健康的常见食源性和传染性致病菌。我国的研究资料也显示,微生物是食源性疾病的主要病原,占 46.4%。食品中的生物性污染无论在发达国家还是发展中国家都是影响食品安全的最主要因素。

为了保护人类的健康、维护世界贸易的发展,食源性疾病问题得到了国际组织的高度重视,早在 2004 年召开的亚洲及太平洋地区食品安全会议上就健全现有食源性疾病监测系统需要政府国家以及各级组织机构共同参与。世界卫生组织呼吁各个国家和各级组织机构共同参与加强建立食源性疾病监测系统,多个国家已建立了健全完善的食源性疾病监测系统,监测内容包括了疾病暴发事件、食品主动监测、流行病学分析等方面。对疾病暴发事件的监测是食源性疾病的基本监测形式,主要通过一些哨点医院,或疾病预防控制部门对发病人数在 2 人及以上或死亡 1 人及以上的食源性疾病进行监测并上报。将一段时间内事件暴发的地区、时间、场所、原因食品、致病因素和污染环节进行描述性分析总结,形成初步的食源性疾病分布特征报告,有利于指导国家食品安全政策和进行食品安全预警。

2001 年我国开始建立食源性疾病监测网,2010 年全面启动食源性疾病监测工作,见表 3-3。为进一步规范卫生健康系统食源性疾病监测报告工作,根据《中华人民共和国食品安全法》第十四条、第一百零三条、第一百零四条等规定,我国卫生健康委员会于 2019 年 10 月下发了《食源性疾病监测报告工作规范(试行)》的通知。

表 3-3　国内外微生物源食源性疾病监测的网络和机制

国家/组织	微生物源食源性疾病监测的网络和机制
中国	1. 对食品中的主要致病菌沙门菌、大肠杆菌 O157:H7、单核细胞增生李斯特菌和空肠弯曲菌进行连续主动监测。已完成构建和部署的监测系统包括食源性疾病监测报告系统、食源性疾病分子追溯网络、食源性疾病暴发监测系统; 2. 食源性疾病监测报告系统由遍布全国的哨点医院构成,哨点医院发现接收的病人属于食源性疾病病人或者疑似病人,就会对症状、可疑食品、就餐史等相关信息进行询问和记录; 3. 食源性疾病分子溯源网络主要由全国省级疾控中心和部分市级疾控中心构成,通过比对分析,找到不同病例之间、病例和食品之间的关联,追溯污染源; 4. 食源性疾病暴发监测系统由全国的省、市、县三级疾病预防控制中心构成,通过对已经发现的暴发事件进行调查和归因分析,为政府制定、调整食品安全防控策略提供依据; 5. 每季度发布食物中毒情况通报,具体食源性疾病信息未公开
英国	1. 通过电子食源性和非食源性胃肠疫情监测系统(eFOSS)提交数据,并会定期发布食源性疾病报告; 2. 每年都发表动物源性食品安全监测报告,包括完整的动物源的监测数据、流行病学特征以及微生物检验方法等。开展从动物到食品的微生物指纹图谱追踪
丹麦	1. 拥有完整和复杂的食源性疾病监测系统; 2. 监测范围比较全面,涵盖了从农田到餐桌的全过程病原物质监测,启动了微生物源追踪技术应用; 3. 在对沙门菌方面处于全球领先,每年发布人畜共患病年度报告
澳大利亚	1. OzFoodNet 是澳大利亚监控食源性疾病的网络,于 2000 年建立,覆盖 7 个州; 2. 由澳大利亚州和地区卫生部门聘请流行病学专家进行食源性疾病监测,隶属澳大利亚传染病网络; 3. 食源性疾病数据提供了数量的统计,具体信息只有部分在年度或月报告中提及

续表 3-3

国家/组织	微生物源食源性疾病监测的网络和机制
美国	1. 已建立相对完善的食源性疾病监测系统； 2. 美国食源性疾病监控系统包含：食源性疾病主动监测网络（FoodNet）、国家法定疾病监测报告系统、公共卫生实验室信息系统、海湾国家弧菌监测系统、食源性疾病暴发监测系统（FDOSS）、水源性疾病和疫情监测（WBDOSS）、全国耐药性肠道致病菌监测系统（NARMS）、基于国家和实验室的肠道疾病监测系统、PulseNet 等
国际	1. 全球食源性疾病监测网（GFN）涵盖了从农田到餐桌的全过程食源性疾病和其他肠道感染监测，致力于增强国家检测、响应和预防食源性疾病以及肠道感染的能力。涵盖了 177 个成员国的国家参考实验室和其他国家或地区研究所的 1 500 名个人成员； 2. 国际食品安全管理当局网络（INFOSAN）是一个连接各国食品安全当局的全球网络，由联合国粮农组织和世界卫生组织合作管理，其秘书处设在世界卫生组织。每个国家指定一个 INFOSAN 紧急联络点，一个或数个 INFOSAN 联络点。成员仅限于国家食品安全机构

3.2.3.4 食品中污染物监测

1976 年，由世界卫生组织/联合国粮农组织/联合国环境规划署（WHO/FAO/UNEP）共同成立了全球污染物监测规划食品项目体系（GEMS/Food 体系），旨在掌握各成员国食品污染状况，了解食品污染物的摄入量，保护人体健康，促进贸易发展。2001 年 WHO 已将食品污染物监测列入其战略发展计划，参与的国家和组织达到了 70 多个，每个国家都依据本国的情况制定并执行独立的食品污染物监测计划，见表 3-4。GEMS/Food 体系的建立为确保全世界的食品安全发挥了重要作用，一方面为各国污染物监测工作进行了指导和安排，收集整理了各国的数据，另一方面也提高了会员国的实验室检测能力，为世界各国的数据汇总和实验室分析搭起了一个科学的平台，方便各国数据的交流和共享。

表 3-4 部分国家（地区）食品污染物监测体系

国家/地区	微生物源食源性疾病监测的网络和机制
美国	由食品药品管理局（FDA）、美国农业部（USDA）共同执行 • FDA 主要负责农副产品中农药残留量的监测工作； 　除了对农药残留进行常规监测外，对钠、镁、钾、钙、锰、铁、镍、铜、锌、磷、砷、硒、钼、镉、汞、铅、碘等元素进行了长期监测； 　此外，FDA 于 1994 年开展水产品中的总汞和甲基汞的监测； 　FDA 也关注一些环境化学污染物，如丙烯酰胺、苯、二噁英和多氯联苯、氨基甲酸乙酯、呋喃、硝基呋喃、高氯酸盐等； • USDA 的食品安全局（FSIS）主要负责畜、禽、蛋类的食品安全工作，开展了兽药残留的监测，同时美国农业部的农业市场服务部（AMS）为了进行暴露评估也开展了农药残留监测项目（PDP）
加拿大	加拿大食品检验局（CFIA）负责食品污染物的监测计划 监测计划主要包括 3 大部分： • 第一部分为食品监测，目的是监测食品供应中可能存在的污染物水平，这一部分主要包含在食品化学残留监测方案（The National Chemical Residue Monitoring Program，NCRMP）中； • 第二部分为定向监测，主要是针对目标地区的目标样品，核实可疑的化学污染物问题； • 第三部分为依从性监测，目的是将超标食品清除出市场

续表 3-4

国家/地区	微生物源食源性疾病监测的网络和机制
欧盟	欧盟已经将残留监控的技术规范转变为污染物监控指令和执行法令,包括动物源食品残留物质的监测、农药残留监测及其他监测方案。 • 动物源食品残留物质的监测和农药残留监测方案于 1996 年开展; • 欧盟也有官方监控体系,对食品中各污染物进行监控,各国根据本国实际情况,随机抽样监测,一旦发现违背法规的产品便立即通报并采取相应行动; • 欧盟的食品和饲料的快速预警系统(Rapid Alert System for Food and Feed,RASFF)得到各国相关权威机构的信息后,及时发布预警信息,确保快速行动; • 欧盟还针对特定食物中的特定污染物进行监测
澳大利亚和新西兰	澳大利亚和新西兰的食品监测由澳新食品标准局(FSANZ)负责实施,该监测方案最大的特点就是可形成两国共同的食品监测和执法策略,可以共同享有和讨论数据信息,以确保两国食品的安全
中国	我国食品化学污染物监测曾主要集中在原农业部和原卫生部;目前,我国食品化学污染物监测主要由国家卫生健康委员会组织;监测数据主要上报至全国食品污染物监测网络平台(该平台于 2009 年 5 月 11 日正式运行)

我国于 20 世纪 80 年代末加入 GEMS/Food 体系,在全国各地陆续开展了污染物监测工作,并从 2001 年起全面开展食品污染物监测工作。根据《中华人民共和国食品安全法》的有关规定,国内 2010 年首次在全国范围内进行大范围的食品化学污染物安全风险监测工作,且食品化学污染物的安全风险监测所涉及的范围非常广,监测的主要内容有:食品内的重金属、各种食品添加剂及在食品生产、加工及包装等环节所带来的各种污染物等。而且,不同省、市应该按照《国家食品安全风险监测计划》内容的要求,制定相应的食品安全风险质量控制方案,同时遵循食品风险监测过程的系统性及联系性,从而实现全范围的食品安全监测,从食品的种养殖、生产、加工、销售到餐桌等各环节,进行全面、细致的监控。

3.2.3.5 流行病学研究

流行病学(Epidemiology)是研究特定人群中疾病、健康状况的分布及其决定因素,并研究防治疾病及促进健康的策略和措施的科学。早年,传染病在人群中广泛流行,曾给人类带来极大的灾难,人们针对传染病进行深入的流行病学调查研究,采取防治措施。随着主要传染病逐渐得到控制,流行病学又应用于研究非传染病,特别是慢性病,如心、脑血管疾病、恶性肿瘤、糖尿病及伤、残。此外,流行病学还应用于促进人群的健康状态的研究,特别是在食品安全领域"来研究特定人群中不良健康影响发生频率和分布状况与特定食源性危害之间的联系"。

流行病学的研究方法包括监测、观察、假设检验、分析研究以及实验等;主要用途是探索病因,阐明分布规律,制定防制对策,并考核其效果,以达到预防、控制疾病的目的,从而促进健康。

流行病学调查和研究所得到的是人体毒性资料,对于食品添加剂、污染物、农药残留和兽药残留的危害识别十分重要,因此是危害识别最有价值的资料。数据可能来自人类志愿者受控试验、监测研究、不同暴露水平的人群流行病学研究(例如生态学研究、病例—对照研究、队列研究、分析或干预研究),以及在特定人群进行的试验或流行病学研究、临床报告(例如中毒)、个案调查等。

人群流行病学的研究终点包括安全或耐受检测、食物/食物成分的营养或功效、受试物的代谢或毒代动力学、作用模式、动物试验中确认的潜在效应标志物、意外暴露污染物引起的不良健康效应等。风险评估采用的流行病学研究必须按照公认的标准程序进行。在流行病学研究的设计或应用流行病学研究阳性数据时需考虑人体敏感性的个体差异,还要考虑遗传、年龄、性别、社会经济、营养状况等可影响易感性的因素以及其他混合因素。

本节小结

　　本节介绍了危害识别的分类及方法。在进行危害分类时,根据性质的不同,将其分为化学性、生物性和物理性危害因素。不同的危害因素其识别方法及步骤有一定的区别,且其污染食品的方式和途径有一定的差异。在介绍化学表征、毒理学研究、食源性疾病检测、食品中污染物检测和流行病学等危害因素识别的方法中,对各方法的基本概念、目的及意义、各国常用数据库、监测机构及机制等进行了逐一介绍。另外,随着科学技术的不断进步与创新,相信也会有更多危害识别技术和方法的创新。

思考题

　　1.什么是危害识别?

　　2.危害因素分为哪几类?各因素有何特点?

　　3.在不同食品生产环节,哪些危害较容易发生?为什么?

　　4.危害识别的方法有哪些?

　　5.在进行危害识别时,不同因素进行危害识别的方法和顺序有何区别?

　　6.毒理学研究在危害识别中的作用和意义。

　　7.国际上有哪些组织可以获得有效的食品污染物监测数据?

　　8.食源性疾病监测在危害识别时有何作用?各个地区有哪些权威机构汇总统计食源性疾病监测数据?

参考文献

　　[1] 石阶平.食品安全风险评估.北京:中国农业大学出版社,2010.

　　[2] 李蓉.食源性病原学.北京:中国林业出版社,2008.

　　[3] 赵静,孙海娟,冯叙桥.食品中食源性致病菌污染状况及其监测技术研究进展.食品安全质量检测学报,2013,4(5):1353-1360.

　　[4] 刘雄,陈宗道.食品质量与安全.北京:化学工业出版社,2009.

　　[5] 王发园,陈欣.食品的微生物污染.农学学报,2009(4):86-87.

　　[6] Li Haijiao,Zhang Hongshun,Zhang Yizhe,et al. Preplanned Studies:Mushroom Poisoning Outbreaks — China,2019. China CDC Weekly,2020,2(2):19-24.

　　[7] 刘凤珠,张世涛.食品中寄生虫污染及预防.食品工程,2007(01):5-6.

　　[8] 谭彦君,陈子慧,蒋琦.食品安全风险评估——危害识别.华南预防医学,2013,39(2):91-94.

［9］国家卫生健康委.国家卫生健康委关于印发食源性疾病监测报告工作规范（试行）的通知.国卫食品发〔2019〕59 号,2019 年 10 月 17 日.

［10］王立贵,张霞,褚宸一,等.食源性疾病监测网络现状与展望.华南国防医学杂志,2012,26(1):89-90.

［11］包丽娟.国内外微生物源食源性疾病监测及其防控进展.食品安全质量检测学报,2016,7(7):2990-2994.

［12］苏涛,毛永杨,李智高,等.国内外食源性疾病监测与负担估计的研究进展.食品安全质量检测学报,2019,10(17):5940-5946.

［13］邓秀武,高亚娟,司海丰,等.食品化学污染物的风险监测质量控制要点归纳分析.现代食品,2016,5(9):5-8.

［14］杨杰,樊永祥,杨大进,等.国际食品污染物监测体系理化指标监测介绍及思考.中国食品卫生杂志,2009(2):70-77.

［15］杨杰.全国食品污染物监测网络平台的建设.北京:中国协和医科大学,2008.

［16］顿中军,陈子慧,蒋琦.食品安全与食品安全风险评估.华南预防医学,2013(1):100-103.

［17］彭颖.食品安全责任的风险分析与承保模式研究.沈阳:沈阳航空航天大学,2015.

［18］韩哲.影响食品安全的因素及对策分析.农业工程技术:中国国际农产品加工信息,2007,2:40-42.

［19］孟云,张燕.食品中微生物污染分析及其检测技术.食品安全导刊,2019,16:48-50.

（商颖,王冀）

3.3　危害特征描述

经过危害识别确定了危害因子后,风险评估的第二步是危害特征描述（Hazard Characterization）。《食品安全风险评估管理规定》对危害特征描述的定义为"对与危害相关的不良健康作用进行定性或定量描述。可以利用动物试验、临床研究以及流行病学研究确定危害与各种不良健康作用之间的剂量-反应关系、作用机制等。如果可能,对于毒性作用有阈值的危害应建立人体安全摄入量水平。"

在危害特性描述过程中,一般使用毒理学或流行病学数据来进行主要效应的剂量-反应关系分析和数学模型的模拟。通过剂量-反应模型分析,不仅可获得基于健康水平的推荐量值,如每日允许摄入量（Acceptable Daily Intake,ADI）、每日可耐受摄入量（Tolerable Daily Intake,TDI）和急性参考剂量（Acute Reference Dose,ARfD）等,还可结合暴露评估对这些物质的暴露边界值（Margin of Exposure,MOE）进行估计,并能对特定暴露水平下的风险/健康效应进行量化。总之,本步的剂量-反应关系评价是描述暴露于特定危害物时造成的可能危险性的前提,同时也是安全性评价以及建立指南/标准系统的起点。只有对某种物质的剂量-反应曲线有足够的了解,才能预测暴露于已知或预期剂量水平时的危险性,确定降低影响健康风险水平的策略和措施。

3.3.1　剂量-反应关系分析的基本概念

3.3.1.1　剂量

在毒理学研究中,剂量通常有 3 种表达方式:外剂量、内剂量和靶剂量。3 种剂量类型是相互关联的,可应用于不同的剂量-反应关系分析中。在剂量-反应模型中,剂量这一术语是以上各种剂量类型的统称。

剂量-反应关系中提到的"剂量"通常是指外剂量(External Dose),即人或动物以某种暴露途径按照单位体重从外界摄入化学物质或微生物的量。外剂量常指暴露量或摄入量,而外暴露常在流行病学研究中使用。特别需要注意的是,由于以下原因,微生物剂量评估可能更复杂:

① 微生物在食品中的分布是非随机的;

②微生物在食品或宿主中可能繁殖或死亡;

③测定微生物剂量时,一个菌落有可能由 1 个或多个细菌生成。

相应地,内剂量(Internal Dose)是指外源化学物质或微生物与机体接触后,机体获得的量或外剂量被吸收进入体内循环或被感染能存活的量。对于外源化学物质而言,这是化学物质被机体吸收、分布、代谢和排泄的结果,也称为吸收剂量。它取决于机体对化学物质吸收程度即生物利用度(Bioavaiability)的大小。对微生物而言,内剂量是病原微生物、食品和宿主(动物或人)相互妥协的结果。

靶剂量(Target Dose)是指机体吸收外源化学物质或感染微生物后,分布并出现在特定器官的有效剂量。它是化学物质代谢动力学分析测试或微生物感染致病机理研究的结果。

除了以上概念外,在描述外源化学物质剂量时,还必须说明 2 个重要的剂量决定性因素:剂量的给予频率和持续时间。不同的剂量水平(浓度)、频率和持续时间可导致急性、亚急性或慢性中毒等不同效应,因此,在剂量描述时应包含这些信息。例如,化学物质剂量的表达方式就包括如下几种:给予剂量[mg/(kg•bw)]、每日摄入量[mg/(kg•bw•d)]、身体总负担量[ng/kg•bw)]、一定时期内身体平均负担量或靶器官浓度等。引起食物中毒的微生物大多是因为具有不同的致病力,导致各种急、慢性或间歇性机体反应,很少是累积效应的结果,因此,微生物剂量多强调确定频率下的或一次性的摄入量,其表达方式一般为菌落数的常用对数值。

3.3.1.2　反应

反应(Response)也称作效应(Effect),是指暴露于一定剂量的某种化学物质或微生物接触后所引发的生物群体或个体在整体水平或器官、组织、细胞、分子等水平上生物学指标的改变。反应包括机体适应性反应和损害反应:在暴露于较低剂量水平的化学物质或微生物时,机体为维持稳态会对外界产生应激反应,即适应性反应,这些反应不会引起机体结构或功能的损伤,属于非损害作用;相反,损害反应是化学物质或微生物在高剂量或持续暴露条件下,导致机体应激代偿能力降低,结构和功能发生不可逆破坏的反应。这种反应有时会表现出种属或器官的特异性,有时还会表现出个体差异。通过建立剂量-反应关系的数学模型能有效说明以上不同,能透过复杂数据获得剂量与反应之间的内在关系,并能以合理的数学方式将它们联系起来。

一般认为,在同剂量组中,反应以随机的方式在实验受体(动物、人体、细胞培养)上呈现。

这种随机差异一般符合一些用来描述群体中某一已知响应频率的统计分布。而这些统计分布的主要特点是提供主要趋势(常用中值或平均值来表示)和数据的有效范围(常用标准偏差来表示)。在剂量-反应关系分析中涉及的大部分反应可分为以下 4 种基本类型：

①可数性反应或称为质反应(Qualitative Responses)。可数性反应即在给定的时间段内产生某种反应的实验受体的数目。通常用外源化学物质或微生物在群体中引起某种毒效应的发生比例来表示(例如在癌症测定时患肿瘤的动物比例)。

②计数(Counts)。计数数据通常指在单独的实验受体上进行的测试项目的离散数(如皮肤上乳突淋瘤的数量)。

③连续量度(Continuous Measures)。连续量度即在连续规定的数值范围内的任意数值。有强度和性质的差别,一般以具体测量数值表示(如体重)。

④有序分类值(Ordered Categorical Measures)。有序分类值是指一系列有序值中的某个值(如腹泻严重度等级)。有序数据反映了某种反应的程度,它们是有分类的数值或分类数据,但很少是表征反应的直接数据。

当用于建立剂量-反应模型(Dose Reaction Modeling,DRM)时,以上 4 类反应数据的处理会有些不同,有时将连续数据转化成比例数据或分类数据对 DRM 更有益。但总的来说,DRM 的目的就是描述暴露剂量或时间与反应之间的关系。

3.3.1.3　剂量-反应关系

剂量-反应关系即描述外源性化学物质或微生物作用于生物体的剂量与其引发的生物学效应的强度之间的关系,它是暴露于受试物与机体损伤之间存在因果关系的证据,也是评价危害因子(化学物质或微生物)的毒性、确定安全暴露水平的基本依据。剂量-反应关系中提到的"剂量"通常是指外剂量(External Dose),即人或动物以某种暴露途径按照单位体重从外界摄入化学物质或微生物的量。

(1)定量个体剂量-反应关系　定量个体剂量-反应关系是描述不同剂量的外源物引起生物个体的某种生物效应强度,以及两者之间的依存关系。在这类剂量-反应关系中,机体对外源物的不同剂量都有反应,但反应的强度不同,通常随着剂量的增加,毒性效应的程度也随之加重。大多数情况下,这种与剂量有关的量效应,是由外源物引起机体某种生化过程的改变所致。例如,在相当宽的剂量范围内,有机磷农药可以抑制乙酰胆碱酯酶和羧酸酯酶,其抑制程度随剂量的递增而加重。虽然因各器官系统对乙酰胆碱酯酶抑制的敏感性有差距,临床表现有所不同,但机体毒性反应程度都直接与乙酰胆碱酯酶的抑制有关。

(2)定性群体剂量-反应关系　反映不同剂量外源物引起的某种生物效应在一个群体(实验动物或调研人群)中的分布情况,即该效应的发生率或反应率,实质上是外源物的剂量与生物体的质效应间的关系。在研究这类剂量-反应关系时,要首先确定观察终点,通常是以动物实验的死亡率、人群肿瘤发生率等"有"或"无"生物效应作为观察终点,然后根据诱发群体中每一个出现观察终点的剂量,确定剂量-反应关系。

二维码 3-4　确定外源物对生物体有害作用的剂量-反应关系的前提条件

3.3.1.4 剂量-反应曲线

剂量-反应关系可以用曲线表示,即以剂量为横轴(x),以反应强度为纵轴(y),绘制点分布图,并拟合出趋势曲线。不同化合物或不同类型的反应可呈现不同类型的曲线,主要类型有直线、抛物线和 S 形曲线。

①直线型如图 3-3A 所示,效应或反应强度与剂量呈正比关系:随着剂量的增加,效应或反应的强度呈等差增加。但在生物机体内,直线形剂量-反应关系比较少见,在一定的剂量范围内的某些体外试验中存在。

②抛物线型如图 3-3B 所示,剂量与反应呈非线性关系,即随着剂量的增加,反应的强度也增加,但在低剂量水平上增加迅速,高剂量范围内增加相对缓慢,使曲线先陡升后平缓,形成抛物线状。若将剂量换成对数坐标,则转化为直线,此时可便于剂量与反应之间进行互相推算。

③S 形曲线型如图 3-3C 所示,剂量与反应呈非线性关系,在低剂量范围内,反应或效应强度增高较为缓慢,随着剂量增加,反应或效应强度增加相对迅速,但当剂量继续增加时,反应或效应强度增高又趋向平缓,使整个剂量-反应曲线呈 S 形。在曲线的中间部分,斜率最大,反应随剂量变化最为灵敏。S 形曲线反映的是群体中的个体对外源化学物质的敏感性变异呈正态分布的规律,在剂量-反应关系中最为常见。S 形曲线有对称和非对称两种类型,均可通过数据变换(剂量:对数变换,反应:概率变换、Logit 变换、平方根反正弦变换)转为直线。

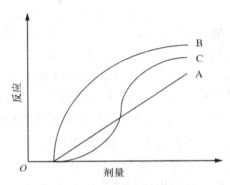

图 3-3　剂量-反应关系曲线

除上述曲线类型外,剂量-反应关系在某些实际情况下可能呈现特殊类型。例如,随着剂量的增加,反应强度先增加后降低或者先降低后增加,使剂量-反应曲线为凸形或凹形。产生这种现象的主要原因是化学物质在高剂量水平下诱发生物机体出现了某种显著影响所测量反应的其他效应,干扰了目标反应的独立变化规律。此时,要根据具体情况客观分析,从而确定真正的剂量-反应关系变化规律。

3.3.2 剂量-反应模型

剂量-反应模型(Dose-Response Modeling,DRM)是根据科学数据用数学模型的方法描述剂量-反应关系。数学模型有 3 个基本组成部分:模型来源的假设、模型公式和公式中的参数。

最简单的剂量-反应模型是描述连续性反应变量的直线模型,这一模型中的关键组成包含:

假设:反应增加量的均数与剂量呈正比;

公式:$R(D)=a+bD$,其中 $R(D)$ 是对应于某一剂量 D 的平均反应值;

参数:a 是一个描述对照组中平均反应的常量参数,b 是描述单位剂量的化学物质所引发的反应改变值的均数。

当所要描述的剂量-反应关系较为复杂时,可以将不同的剂量-反应模型连接起来联合使用,即可以用一个模型描述剂量-反应关系的一部分而用另一个模型描述剩余部分。例如,对于大部分的化学致癌物来说,其致癌风险和组织中化学物质浓度的联系与摄入剂量相比更为密切。基于剂量、组织浓度和肿瘤反应的数据，可以使用毒代动力学模型描述剂量与组织浓度的关系，同时用多步骤致癌模型描述组织浓度与肿瘤反应的关系，需要两个模型的组合来反映该剂量-反应关系。

3.3.2.1 剂量-反应模型建立的基本步骤

剂量-反应模型的建立可以分为 6 个基本步骤。

1.选择数据

选择合适的数据以构建剂量-反应关系模型，数据的类型和质量决定了采用何种模型以及模型反映剂量-反应关系的效能。

2.选择模型

选择适用于剂量-反应数据的合理模型。基于相同的数据，拟合模型时可能会有多个选择。一般可以将模型分为两类：一类是经验模型，是以经验为基础构建的函数形式；例如，适用于连续数据的数学模型有线性函数、幂函数、指数函数、log logistic 方程等，适用于质反应的数学模型有阶梯函数、单次打击模型、概率模型、韦伯分布等。另一类是生物学模型，通常建立在对疾病或反应在某生物机体中发生发展基本机制的分析上。前者应用广泛，但对剂量-反应关系生物机制的反映能力有限，而后者更为准确但可能需要生物学、数学、统计学和计算机科学的综合运用，一般形式复杂，对数据的要求相对较高。

3.统计关联

为数据和模型建立统计学关联。一般的关联方法是为反应建立一个统计学分布的假设（连续分布或离散分布），依据这一分布获取函数公式来描述数据与模型之间的拟合程度。但是，许多剂量-反应模型并非建立在统计学关联的基础上，而只是简单的关联，比如根据数据点分布图划一条直线。统计学关联的优势就在于能够检验假设并为模型预测值建立可信区间。

4.参数估计

如果已经建立数据与模型之间的统计关联，那么参数估计则是使这一关联最优化的过程。例如，采用最小二乘法确定模型函数中的常数和系数。

5.应用

利用已建立的模型预测"反应"或"剂量"，为保护人体健康提供参考的依据。最简单的形式就是，剂量-反应模型可以在已知剂量时预测反应或者确定某反应的水平时推算剂量。此外，模型应用还包含将构建模型时所使用的特定反应外推至其他暴露条件或剂量水平，也包括从实验动物向人体的外推。通常外推的剂量水平远远超出模型数据所包括的范围，因此产生了很大的不确定性。

6.评价

对模型应用的灵敏度和预测的可靠性进行评价。可以通过比较不同模型对于数据的拟合优度来分析所选模型的质量，或者通过不确定性分析和贝叶斯混合模型来评价模型参数对最终结果的影响。某些情况下，针对所使用的模型假设进行评价时，这一步骤可以在第 5 步之前进行。

3.3.2.2 阈值剂量(阈值)

剂量-反应关系最直接的表现就是，随着化学物质暴露剂量的增加，毒性反应也逐渐增强。

例如,由轻微的慢性毒性表现到最终的致死效应,而对于每一个毒性反应终点通常都存在一个阈值剂量(Threshold Dose)。阈值剂量是指化学物质诱发机体产生某毒性效应的最低剂量,在此阈值以下的暴露水平,化学物质对暴露人群损害作用的发生频率和严重程度与对照人群相比,在生物学意义上没有显著差别。也就是说,低于阈值剂量的暴露水平不会产生某毒性反应,而高于阈值剂量的暴露则会诱发该反应。需要指出的是,由于动物机体的生理反应存在稳态调节机制,化学物质不可能在超过一个准确的单一剂量水平时使机体产生从无到有的反应。因此,从生物学角度讲,阈值并非是一个单一的剂量值,而应当是一个特定的剂量范围。对于一种特定的化学物质,可以有多个阈值剂量,每个阈值剂量对应一个明确的效应;对于特定的效应,不同个体可能有不同的阈值剂量(图 3-4)。

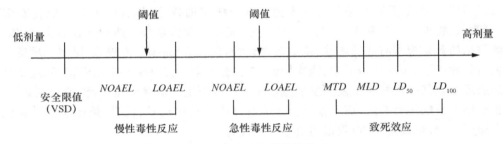

图 3-4　毒效应与剂量的关系

在以食品安全风险评估为目的的危害特征描述中,我们倾向于探索某化学物质能够引起动物产生最轻微不良效应的阈值剂量,再以此为基础进一步确定人体暴露的安全参考剂量,从而最大限度地保护人体健康。毒理学研究中通常使用的阈值剂量包括:未观察到有害作用剂量(No Observed Adverse Effect Level,NOAEL)、最小观察到有害作用剂量(Lowest Observed Adverse Effect Level,LOAEL)、未观察到作用剂量(No Observed Effect Level,NOEL)、最小观察到作用剂量(Lowest Observed Effect Level,LOEL)。对于某一毒性反应,实际的阈值剂量应当位于 NOAEL 和 LOAEL 之间,但我们在进行危害特征描述或风险评估时以 NOAEL 或 LOAEL 来替代阈值剂量。

大多数化学物质的毒性效应都存在一个阈值剂量,这些毒性效应一般以非遗传性为效应终点。但是,对于具有遗传毒性的致癌物,实际可能不存在阈值剂量,即在任何暴露水平下都具有健康危害风险。按照毒性作用机制可将致癌性化学物质(Carcinogens)分为两类:遗传毒性致癌物和非遗传毒性致癌物[图 3-5(a)]。前者的毒性作用机制是以遗传改变为基础,即化学物质与机体 DNA 发生反应,启动细胞癌变。这类化学物质通常对多个器官和多个种属都有致癌作用,且低剂量水平上的 1 次暴露甚至 1 个化学物质分子就可能产生致癌效应,即"一次击中"理论(One-Hit Theory),它在剂量-反应曲线上表现为通过零点的线性或非线性模型[图 3-5(b)]。相对而言,非遗传毒性致癌物不涉及对 DNA 的直接或间接化学攻击,而是通过对靶细胞或细胞外基质的其他效应促进细胞增殖和肿瘤发展。在这种作用方式下,通常需要一定剂量水平的持续暴露才会产生致癌风险。因此,可以认为这类化学物质的致癌作用存在阈值剂量。

出于对人类健康的保护,一般认为遗传毒性致癌物可能不存在阈值,或者即使存在它也低

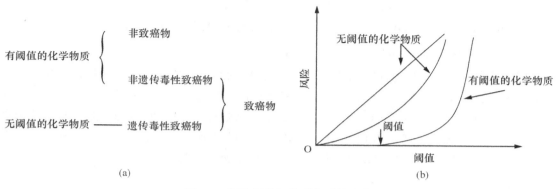

图 3-5　阈值剂量与化学物质的分类

于人体暴露水平,任何水平的人体暴露都可以产生某种程度的健康风险。但是,近来这一传统观念也受到稳态理论的挑战,即机体能够通过对遗传毒性致癌物的代谢解毒、DNA 损伤修复以及癌变细胞坏死清除等作用调节机体负荷,维持稳态平衡。另外,来自实验动物和人群的研究资料也显示,许多遗传毒性致癌物的致癌效应也可能具有阈值剂量。例如,苯酚经口暴露时由于其毒代动力学的特殊性,可能使其遗传毒性表现为阈值效应。总之,确定化学物质有无阈值剂量并尽可能寻找实际阈值剂量,对于评价化学物质的毒性、确定其安全暴露水平具有重要意义。

在致病菌剂量-反应模拟时,阈值又常用于表述微生物病原体与人体宿主间的互动程度,需要存活超过一个以上的生物体才开始感染。这也是协同效应假说(Hypothesis of Cooperativity)或多弹头模式(Multiple-Bullet Scenario)。然而,大多数实验数据表明,致病菌导致的反应很少是累积效应的结果,因此一般来说,阈值模型在微生物风险评估中并未被广泛应用。

3.3.3　化学危害物的剂量-反应分析

在风险评估模式中,剂量-反应分析是危害特性表征的主要组成部分,目前已应用于动物来观察剂量的表征反应,同时由低剂量外推对人类暴露水平范围内有害作用发生的概率进行评估,并由此衍生了一系列方法。这些方法基本上是依靠整个剂量-反应曲线临界反映的数据来进行的。粮农组织/世卫组织食品添加剂专家委员会(Joint FAO/WHO Expert Committee on Food Additives,JECFA)、粮农组织/世卫组织农药残留联席会议(Joint FAO/WHO Meeting on Pesticide Residues,JMPR)通常采用 NOAEL 法和基准剂量(Benchmark Dose,BMD)法对有阈值的化学物质进行剂量-反应关系评估,并以此确立健康指导值。

3.3.3.1　健康指导值

由于人为添加到食品中物质(如食品添加剂、农药和兽药残留等)的暴露是可控的,而大部分污染物的暴露又是不可避免的,通常情况下这些物质是有阈值的(即没有遗传毒性或致癌性),对这类物质最常用的剂量-反应评估方法就是设定相应的健康指导值(Health-Based Guidance Values,HBGV)对其危害特征进行描述。健康指导值是一定时间内(如终生或24 h)摄入某化学物质不会引起可检测到的健康危害的安全限值。在该暴露剂量下化学物质对人体不产生明显的不良健康效应,以保证人类的相对安全。这一"安全"暴露剂量通常描述为单位时间"可接受"(对于食品添加剂)或"可耐受"(对于污染物)水平,如每日允许摄入量(Acceptable Daily Intake,ADI)、每日耐受摄入量(Tolerable Daily Intake,TDI)。

1.每日允许摄入量(ADI)

ADI 是指一生中每日经食物或饮用水摄入的某一化学物质不会对消费者健康造成可觉察风险并基于体重表示的估计值。ADI 值是根据评估时所有已知信息推导而出的,以 mg/kg 体重表示(标准成人体重为 60 kg),通常用零到上限值这样一个数值范围来描述,它适用于食品添加剂、食品中农药和兽药残留。ADI 最初由欧盟提出随后被 JMPR 采用,目前世界各国的相关评估机构均采用 ADI 对食品和饮用水中的化学物质进行安全性评价。

2.食品中化学污染物的健康指导值

食品中化学污染物(如重金属元素等)主要来源于原料的天然本底或食品的生产加工过程,通常难以避免,从而导致在食品和饮用水中天然存在。从管理和健康的角度考虑,污染物是不"可接受的(Acceptable)",但实际上人体对一定量的污染物是"可耐受的(Tolerable)",因此 JECFA 使用"每日耐受摄入量(TDI)"这个术语作为食品污染物的健康指导值。由此衍生的相关健康指导值包括暂定每日最大耐受摄入量(Provisional Maximum Tolerable Daily Intake,PMTDI)、暂定每周耐受摄入量(Provisional Tolerated Weekly Intake,PTWI)、暂定每月耐受摄入量(Provisional Tolerated Monthly Intake,PTMI)。对于食品中的化学污染物,目前通常缺乏人类低剂量暴露的健康数据,因此耐受摄入量一般被称为"暂定",有可能会被新的数据所替代。"每周"或"每月"是 JECFA 针对在人体内具有较长半衰期或有蓄积性的食品污染物所使用的指导值。另外,对于毒性作用类似(作用机制和毒性强度)的几种化学物质同时用于或出现于食品中的情况,通常采用"类别"ADI/TDI(Group ADIs/TDIs)来对这些物质的总摄入量进行限制。类似地,当某种化学物质的毒理学资料缺乏而与其结构密切相关的一类物质具有充足的毒理学信息且其作用特点一致时,也可以采用类别 ADI/TDI 进行安全性评估,这也是定量构效关系分析(Quantitative Structure-Activity Relationship,QSAR)的基本原理之一。

3.参考剂量(Reference Dose,RfD)

RfD 在概念上类似于 ADI,它是"日平均接触剂量"的估计值,人群(包括敏感亚群)在终生接触该剂量水平化学物质的条件下,一生中发生有害效应的危险度可低至不能检出的程度(10^{-6}),单位为 mg/(kg·d)。急性参考剂量(Acute Reference Dose,ARfD)是指 24 h 或更短时间内经食物或饮水摄入某化学物质,而不会对消费者健康造成可觉察风险剂量的估计值。JMPR 采用 ARfD 作为农药或具有急性毒性作用兽药的健康指导值。

3.3.3.2 有阈值剂量的化学物质的剂量-反应关系评估

健康指导值(HBGV)是以剂量-反应模型为依据,在对剂量-反应关系中的关键参数或参考点(NOAEL 或 BMD)进行分析评估的基础上推导得出的,可描述如下:

$$HBGV=POD/UFs$$

其中,起始点(Point of Departure,POD)也称参考点,即指 NOAEL 或 BMD(BMDL);UFs 为不确定系数(Uncertain Factors,UFs),也称安全系数。

安全系数是用来克服由于人类的敏感性和饮食习惯多样化等差别带来的不确定性,一般为 10~2 000,其大小取决于实验数据的可信度。通过长期动物实验数据的研究,安全系数一般使用 100(10×10),其中一个系数 10 用于调整人和实验动物种属的差异,另一个系数 10 用于调整人群中个体反应的差异。如果是人体实验,安全系数用 10 比较恰当;如果是动物实验,且不是终生实验,则要用较高的安全系数(1 000~2 000)。

由于某些个体的敏感程度可能会超出安全系数的范围,因此即使采用安全系数也不能保证绝对安全。安全系数包括种属间和种属内差异,还可用不确定系数来弥补实验的各种局限性,如短期实验资料外推到慢性长期暴露时,或者为弥补实验动物数目的不足,以及实验研究的其他问题时。校正系数是以中毒机制、毒物动力学等动物实验研究结果,来比较其与人类风险的相关性的参数,可用来调整不确定性系数。

对于农药残留风险评估来讲,目前使用最多的是联合系数,即将 FQPA(美国食品质量保护法)推荐的安全系数和传统系数(种间 10,种内 10)以及对不同毒理学考虑的附加不确定性系数(Additional Uncertainty Factor)一同考虑,最后得出一个联合系数(Combined Factor)。

对于大多数长期使用的食品添加剂或其他化学危害物来说,其毒理数据很少是根据风险评估得出的,它们长期使用,但毒性低。对有些化学物质,标准的毒性试验不完全适用于危害描述。一般来说,可接受的摄入量是通过毒理数据、长期使用的结构活性关系、代谢数据和毒性动力学数据综合分析而得到的。

1. NOAEL 法

NOAEL 是指在规定的暴露条件下,受试组和对照组出现的有害效应在生物学和(或)统计学上没有显著性差异时的最高剂量或浓度。比 NOAEL 高一档的实验剂量就是 LOAEL,即观察到明显有害效应的最低剂量。不同的试验设计会得到不同的 LOAEL 或 NOAEL 值,这取决于设计时采用的不同的实验条件。

(1)样本数目 每组的动物样本数越多,未观察到有害作用效应的可能性越小,确定的 NOAEL 灵敏度就越高,但成本和代价也随之上升。目前在实验指导原则中通常推荐的组的大小在灵敏度和可行性之间已做了很好的权衡。

(2)剂量间隔 NOAEL 是可直接应用于研究中的剂量之一。在实际的数据中,NOAEL 取决于实验中选择的剂量水平和 LOAEL 水平所对应的效应强度。如果间隔过大,且高于 NOAEL 的第一个剂量组(LOAEL)的效应强度很微弱,那么得到的 NOAEL 值很可能会低于真正的阈值;相反,若间隔小一点,NOAEL 将可能更接近阈值。

(3)实验变化 实验变化包括受试者生物学的变化(例如基因)、实验环境的变化(如喂养时间、实验室位置、选择时间或中期度量)和实验误差。实验变化越大,统计代表性越差,导致较高的 NOAEL 值。

因此,在讨论 LOAEL 或 NOAEL 时应说明具体实验条件,并注意 LOAEL 有害作用的程度。对获得的剂量-反应数据,采用该法可对 ADI 进行计算。其分析计算的基本过程见表 3-5。

表 3-5　由 NOAEL 方法计算 ADI 的基本过程

步骤	由 NOAEL 方法计算 ADI
1.数据选择	足够的样本量,至少包含一个无效剂量和一个有效剂量。足够灵敏度的反应终点值也十分重要
2.模型选择	统计学方法: 　　0,如果在剂量 D 处的反应与对照组反应无显著性差异 　　1,如果在剂量 D 处的反应与对照组反应有显著性差异
3.统计学关联	在剂量组和对照组间进行两两统计检验
4.参数估计	评估的出发点 $NOAEL=D_{NOAEL}$。当所有 $D \leqslant D_{NOAEL}$ 时,$R(D)=0$;当所有 $D>D_{NOAEL}$ 时,$R(D)=1$。此过程的前提是所有剂量低于 NOAEL 时无显著性差异,高于 NOAEL 时有显著性差异,但实际情况往往并非如此
5.运行	$ADI=\dfrac{NOAEL}{UFs}$
6.评价	UFs 为不确定系数,应进行统计学检验分析以核对实验是否足够灵敏及是否可以检测到相关效应

由于 NOAEL 是一种实验观察结果,此法中关键的步骤是在合理试验设计的基础上,获得恰当的数据并确定 NOAEL 值。表 3-5 中步骤 1 指出,较好的数据集应该是由具有合适数量的剂量水平和灵敏度恰当的反应终点值组成,而模型选择(步骤 2)、统计学关联(步骤 3)和参数估计(步骤 4)合起来描述了 NOAEL 的确定方法。考虑到反应的过程,$R(D)$ 形式为:

$$R(D)=\begin{cases}0,如果在剂量 D 处反应情况与对照组无显著性差异\\1,如果在剂量 D 处反应情况与对照组有显著性差异\end{cases}$$

如果一个反应在某给定剂量时与对照组有差异,常会对此数据进行统计学检验(步骤 3)。当发现反应差异不显著时,可简单地以实际零值来表示结果。当然,有时这并不能确定在该给定剂量下其作用结果真的为零。在 NOAEL 方法中,这种统计检验常用来确定每一单独的剂量水平下是否存在统计学上的高于背景值(一般指对照组)的显著增长($P>0.05$)。NOAEL 的确定就在于识别了在统计学上没有显著差异的最高剂量水平,由 D_{NOAEL}(步骤 4)来完成,因为所有没有显著差异的较小剂量表述为 $R(D)=0$,所有具有显著差异的较大剂量表述为 $R(D)=1$。因此,数学上这种评估可以写为:$NOAEL=D_{NOAEL}$。当对所有 $D \leqslant D_{NOAEL}$ 时,$R(D)=0$;当所有 $D>D_{NOAEL}$ 时,$R(D)=1$。此过程的前提是所有剂量低于 NOAEL 时无显著差异,高于 NOAEL 时有显著差异,但实际情况并非一定如此。有时需要经验和专家的判断才能确定 NOAEL 值。在获得 NOAEL 值之后,可将该值除以合适的不确定系数(UFs)计算得到 ADI。

一般使用默认的不确定系数,即 100。这是由 2 个 10 倍的系数相乘得到的。第一个 10 是一般人类对于毒物的敏感性可能比通常的受试动物高 10 倍,属于种属间系数;另一个 10 是一般人和敏感人之间的差异,属于个体间、种属内或人的变异系数。一般假定这 2 个系数是相互独立的,因此,从人体或从动物研究中所得到的 NOAEL 值都可采用此法计算得到健康推荐值。但对于数据充分的化学物质来说,尽可能采用化学特异性调节系数(Chemical-Specific Adjustment Factors,CSAFs)来代替这种比较简单的默认系数。这一系数可以通过化学特异性代谢动力学和效应动力学的研究分析获得,通常的做法是将获得的动力学数据进行科学、定量的剂量-反应分析,从而将种属间和个体间差异的 10 倍系数分别进一步细分为毒代动力学(化学物质在体内的运送)和毒效动力学(化学物质在体内的效应)系数。采用 CSAFs 代替 UFs,可以使风险评估过程更加科学。

无论选择怎样的系数值,基于 DRM 的 NOAEL 值推测 ADI 的方程如下(步骤 5):

$$ADI = \frac{NOAEL}{UFs}$$

步骤 6 用来分析整个实验设计的效果,也可用来评价获得的健康推荐值的灵敏度和所选不确定系数的适宜性。不过,已有一些专家对用 NOAEL 确定 ADI 的方法提出了疑问。他们认为,即使在数据充足的条件下,NOAEL 方法也趋于得到较低的化学物质 ADI 值。

2. BMD 法

另一种预测评估健康推荐值的方法是 BMD 法。BMD 是基于动物实验取得的剂量-反应关系分析的结果。BMD 通常定义为:与对照组相比,达到预先确定的损害效应发生率(一般为 1%～10%)的统计学置信区间(一般为 95%)的下限值,该值又可称为基准剂量可信区间低限值(BMDL,简称 BMD)。

与 NOAEL 一样,BMDL 也是通过使用不确定系数,对可接受暴露水平(如 ADI)进行评估。但与 NOAEL 法不同的是,这种方法定义了非零效应的暴露水平,利用了更多的剂量-反应信息。它首先将可获得的数据进行数学拟合,然后确定与特定反应相关的剂量水平。这一特定反应水平通常又称为基准反应水平(BMR)。可以肯定的是,在 BMDL 剂量水平下产生的效应不会超过 BMR 水平。因此,BMD 是基于临界效应的整个剂量-反应曲线分析获得的,能反映剂量-反应曲线的整体特征,而不是像 NOAEL 仅根据单一剂量获得,见表 3-6。

表 3-6　由 BMD 确定 ADI 的基本过程[韦伯分布模型(Weibull Model)]

步骤	由 BMD 方法计算 ADI
1. 选择数据	有足够的不同反应水平的剂量组并且有足够数量的受试个体
2. 选择模型	拟合剂量-反应模型(韦伯分布模型)
3. 统计学关联	预测部分和可观测部分关联性,优化拟合标准方程使它们的"距离"减小(如基于假定分布的拟合函数的选择)
4. 参数估计	在试验反应范围内选择一个合适的反应,P 以 BMD_P 的置信下限为 95% 来估计 $BMDL_P$ 值。此处 P 为: $$P = \frac{R(BMD_P) - R(0)}{1 - R(0)}$$ 式中 $R(0)$ 指剂量为零时的效(反)应,即对照组反应
5. 运行	$$ADI = \frac{BMDL_P}{UFs}$$
6. 评估	通过与各种模型拟合检验所选模型 BMD 的灵敏度

选择 BMD 模型数据(表 3-6 步骤 1)与 NOAEL 法基本相似。BMD 法只能选择适合进行模拟的数据,因此,一般至少需要 3 个不同反应水平的剂量组。在此,每组样本数的多少不是最关键的,因为不用识别未发生的不良作用。但如果每个剂量组的动物数量过少,那获得的数

据不管是用来确定 BMD 还是确定 NOAEL 都会有问题。研究表明,反应水平随着剂量水平的变化单调递增或递减的数据最适合用在 BMD 法上。当然,这种实验数据通常适用于所有的 DRM 分析。

二维码 3-5 常规使用的 BMD 模型

BMD 法(步骤 2)选择模型时取决于所获数据的类型以及将被用以建模的反应的特征,复杂型比简单模型需要更多的剂量组。数据和模型在统计学上的关联呈现许多不同的形式(步骤 3)。BMD 法中评估模型参数(步骤 4)的方法也有不同,在这一步骤中关键是确定 BMR。一般来说,所选水平应该是对健康影响可忽略的水平,通常在 $1\%\sim10\%$。但实际上很难确定,因为不清楚什么反应水平可被界定为无害效应,因而 BMR 的不同选择可能导致不同的健康推荐值。

BMR 选择中,最常用的方法是选择一个过度的反应,常为 10% 反应水平,表述为 $P = 10\%$ 和 BDM_{10},那么相应的 BMD 也明确标记为 BDM_{10}。对于前述例子中的韦伯分布模型而言,常用的方法是选择能使基于二项分布的对数似然值最大化的参数。由于认为低于 BMD 值时获得的反应效应可以忽略不计,因此,如果使用额外风险的方程式,可根据以下方程计算:

$$P = \frac{R(BMD_P) - R(0)}{1 - R(0)}$$

对于各种可供选择的模型,相应的临界效应剂量的置信区间计算也有很多方法。选择好方法,完成 BMD_P 为 95% 的统计下限(也称为 $BMDL_P$)的估算后,ADI 的计算方式如下(步骤 5):

$$ADI = \frac{BMDL_P}{UFs}$$

在此计算中,不确定系数值可以和 NOAEL 方法中所用值一样,亦可稍调整,以说明 $BMDL_P$ 与 NOAEL 相比有细微不同之处。实证研究表明,利用 BMD 法研究得到的结果与 NOAEL 法确定的剂量十分相似,它们能产生类似的 ADI 值。

综上所述,BMD 法包括基准反应水平的确定、基准剂量水平的确定以及它们的置信度的确定。同时,利用拟合模型还可以外推估计高于或低于 BMDL 剂量时的反应,或者估计特定反应水平时的剂量。但应该注意由单个模型外推并不合理,因为数据拟合的其他模型也可能得出不同的低剂量估计值。对 10% 反应水平的 BMD(BMD_{10})进行线性外推是低剂量外推的简单方法,但一般并不建议使用。

3.3.3.3 无阈值剂量化学物质的剂量-反应模型

遗传毒性致癌物属于无阈值剂量的化学物质,对于此类化学物质所诱发的无阈值效应即致癌性,通常以肿瘤发生率为百万分之一(10^{-6})作为标准确立"特定风险剂量(Risk Specific Dose,RSD)"或实际安全剂量(Virtual Safe Doses,VSD),它是一个风险管理的决定值。但是,动物实验中发生率通常大于 1/20。因此,在使用动物实验中发病率的剂量-反应数据来评估与人类相关暴露水平的危险性时,需要将剂量-反应关系外推至少 4 个数量级,从而给制定实际健康指导值带来了极大的不确定性。

目前,应用于此类化学物质的剂量-反应模型,可以大致分为以下几类:线性模型、概率模型、耐受分布模型、时间肿瘤模型及生物激发模型等。每一类又包含多种不同的数学模型拟合方法。这些模型根据同一组数据得出的 RSD 可能不同,一般情况下的同一剂量对应的风险大小顺序是:一次击中模型＞直线模型＞线性多阶段模型＞Weibull 模型＞Logit 模型＞Probit 模型。线性多阶段模型(Linear Multi-Stage Model,LMS)通常与直线模型和所得出的结果相近,目前使用较为广泛,但对数据资料要求较高,需要足够多的剂量组。另外,还有一种常被采用的简单方法——低剂量线性外推模型。它仅需要在剂量-反应曲线中选择一个数据点作为线性外推起点,这一点可以对应 LOAEL 或者通过数学模型拟合数据得出的 TD_{25}、TD_{10}、TD_5 等。世界卫生组织国际化学品安全规划(International Programme on Chemical Safety,IPCS)建议采用 BMDL 作为线性外推的起点。应用此方法得到的低剂量危险性估计值受试验剂量范围内曲线斜率的影响并不大,而且这一模型能广泛应用于各种剂量-反应资料,是一种简单和实用的方法。

3.3.3.4　U 形剂量-反应模型

对于大多数具有毒性的化学物质,一旦超过阈值剂量,其毒性反应的发生率一般随着暴露剂量的增加而增加。但是,某些化学物质会在低剂量水平上表现出对机体的有益作用,而超过该剂量水平时又呈现毒性作用,这种效应称为毒物兴奋效应,剂量-反应关系曲线表现为 U 形,而称之为 U 形剂量-反应关系。在 4 000 项化学物质的毒性评价研究中约有 350 项显示出该效应。例如,对于维生素 A 和微量元素铁,在机体缺乏时会产生不良健康效应,但过量时同样会出现副作用,因此存在一个使健康风险最低的剂量范围。

显然,在化学物质的风险评估中要特别注意这类剂量-反应关系,否则按照常规的低剂量外推方法所确定的健康指导值 ADI 可能引发新的不良健康效应。为了区别于传统的 ADI,美国和欧盟建议使用"可耐受的最高剂量(Tolerable Upper Intake Level,UL)",其定义为"在普通人群,对几乎所有个体均不引起健康危害的每日营养素的最高摄入量"。因此,对于营养素来说,可能需要两个参考摄入量:一个低值,营养素供给量(Recommended Dietary Allowance,RDA 或参考剂量,RfD)和一个高值,可耐受的最高剂量(UL),如图 3-6 所示。相似地,IPCS 建立了"经口摄入量的可接受范围(Acceptable Range of Oral Intake,AROI)",它以营养素的稳态调节范围为依据,在此剂量范围内营养缺乏或过量造成的不良效应风险均较低(≤2.5%)。

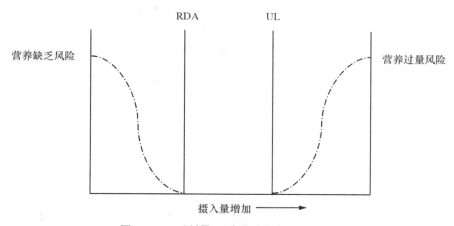

图 3-6　U 形剂量-反应曲线与健康指导值

但是,在对于 UL 的推导过程需要考虑诸多因素。首先,实验动物对营养素的需求与人体可能具有巨大差异,如抗坏血酸对于大、小鼠都不是必需营养素。因此,人群研究资料对营养素的风险评估具有更重要的意义。其次,不同营养素之间存在相互作用,如大剂量摄入叶酸可能掩盖维生素 B_{12} 的缺乏。另外,性别、年龄、生理和饮食习惯等因素也会造成营养素需要量和毒性效应剂量的差异。因此,不能简单采用阈值方法进行推算,IPCS 及国际生命科学学会(Intentional Life Science Institute,ILSI)等推荐采用概率法对不良效应剂量进行估算。

3.3.3.5 以生理学为基础的毒代动力学(PBTK)模型

对于靶剂量的认识,能够为描述化学物质的剂量-反应关系、进行风险评估提供科学依据。靶剂量是化学物质在机体内吸收、分布、代谢和排泄(Absorption-Distribution-Metabolism-Excretion,ADME)的结果。毒代动力学资料能够为化学物质的风险特征描述提供重要信息,降低不确定性,所以目前此类数据是 IPCS 化学物质毒性资料数据库(http://www.inchem.org)的基本组成部分之一。毒代动力学模型成为描述剂量-反应关系的一个重要研究工具。但是,在不同种属、不同途径、不同剂量等暴露情况下,难以对化学物质的靶组织浓度或靶剂量进行全面检测。关于食物中某些农药残留、食品添加剂等化学物质的毒代动力学资料仍然很少,一般仅有利用放射性标记方法测量的吸收率和清除率,而关于代谢酶特异性或动力学参数个体差异的信息较为缺乏。

毒代动力学模型是对化学物质 ADME 特征的定量描述,表示为化学物质及其代谢产物在血液、尿液或组织器官中的浓度随时间变化的函数形式。它一般是利用较易获得的体液标本如血液、尿液,测量不同时间点化学物质浓度的变化,体液中化学物质或代谢产物浓度的变化反映了机体对该物质的转运过程,因此能够通过此类数据建立数学模型分析描述剂量-反应关系。毒代动力学模型一般是建立在机体脏器"房室"构成的假设上,它认为化学物质进入体循环的速率为常数,可能是一级动力学(速率与化学物质浓度成正比),也可能是零级动力学(速率为常数,与浓度无关)。大多数房室模型假设化学物质进入中央室(血液和快速平衡组织),随后分布至周边室(通常指平衡缓慢、低灌注组织),而消除则由中央室开始,通常认为是一级反应。房室分析模型的优点在于它可以将血浆浓度-时间关系拟合曲线进行定量描述,血浆浓度-时间曲线下面积(Area Under the Curve,AUC)、清除率(Clearance,CL)和表观分布容积(Apparent Volume of Distribution,V)可用于预测稳态机体的负荷。

这种传统的毒代动力学模型是根据现有试验数据进行的数学拟合,虽然能够量化,但是不能准确反映实际发生在机体内的生理过程。另外,虽然这种传统的毒代动力学模型能够很好地在试验剂量范围内进行推算,但对于预测实验剂量范围之外以致在其他暴露条件下(途径、时间、实验动物种属)化学物质的转归过程来说,其能力有限,而这些情况下的外推对于评估化学物质的剂量-反应关系是必需的,PBTK 则具有很高的可信性。正是这种生物学的或机制层面的信息基础,使 PBTK 模型中实验数据由高剂量到低剂量、由一种暴露途径到另一种暴露途径、由动物到人体的外推更加科学和准确。

如图 3-7 所示,建立 PBTK 模型的基本步骤包括:模型描述,为实验动物的"房室"构成和化学物质的暴露、代谢途径建立概念性或数学性的描述;模型参数化,为模型公式中的生理学、生物化学相关的关键因素确定参数;模型模拟,根据预先设定的暴露条件预测化学物质的吸收、代谢动力学过程;模型评价,对模型预测结果进行对比并分析不确定性、灵敏度、变异性,从而支持、推翻或修改模型描述或模型参数。

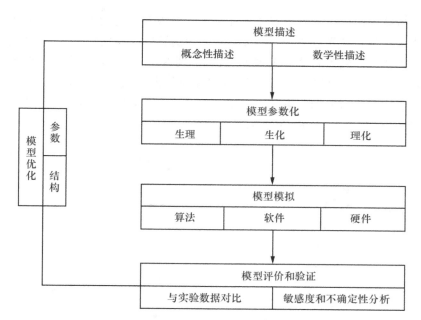

图 3-7 建立 PBTK 模型的步骤模式图

3.3.4 致病性微生物的剂量-反应分析

致病性微生物剂量-反应分析的目的是得出一个存在于微生物暴露水平和不良结果可能发生概率之间的关系。通常,如果某一微生物的风险是可接受的并且允许开展实际试验(人体或动物),那么在可观测范围内就可进行直接的风险评估,而无须进行剂量-反应分析。但由于由单一暴露情况得出的风险水平通常远低于 1/1 000,因此,通过直接试验去评估风险是不切实际的(同时还涉及道德因素),因为这一过程需要大于 1 000 个的试验对象从而确定"可接受"的剂量水平。因此,使用参数化的剂量-反应分析由低剂量(低风险)外推结果是很有必要的。

致病性微生物区别于其他人类健康风险(如化学物质、电离辐射),有两个最关键的特征,任何一个剂量-反应模型如不能考虑到这些因素,则其将缺乏生物可行性。首先,尤其是在低水平时,微生物的分布统计特征表明:当某一人群暴露于致病微生物时必然会得到一个实际剂量的分布。例如,一群人中每人正好消费 1 L 水,其中生物体的平均浓度为 0.1 个/L,那么我们预计(假设为随机,泊松模型,介于剂量间的分布)有 90% 的人[exp(−0.1)]实际上不会饮用生物体,大约 9% 的人[0.1×exp(−0.1)]饮用了 1 个生物体,0.45% 的人将饮用 2 个生物体,0.015% 的人将饮用 3 个或更多的生物体。如果处于剂量间的生物体分布为非随机(如负二项分布)情况,则该百分比将显然是不同的。任何生物学上可行的剂量-反应框架都应考虑到这一现象。

致病性微生物与其他人类健康风险第二个方面的区别是:其具有在易感宿主内合适位置进行繁殖的能力。但事实上,这可能是由致病性病原体与人类间协同过程中所形成的致病微生物的特别性状。虽然有许多详尽的良好食品卫生规范、人体免疫机制以及使用大量抗生素等方法阻碍微生物的侵染,但是致病和疾病过程却表明了这些致病性病原体可以越过这些障碍。微生物致病的时间过程可被表述为其在宿主体内新生与死亡的竞争过程,当新繁殖的微生物所产生的个体负荷足以高于一些关键水平的诱导效应时就会产生致病结果。

微生物病原体的暴露可导致一系列终点值,见图 3-8。一部分个体 P_I 将受到感染,其以微生物体在宿主体内进行增殖而进行感染,通过排泄排出。此外,测量者血清抗体的升高或体温的升高可以表明其是否受到感染。这些感染者中 $P_{D:I}$(术语为发病率)比例的人将会致病。在这些致病者中,将有 $P_{M:D}$ 比例的人会死亡。

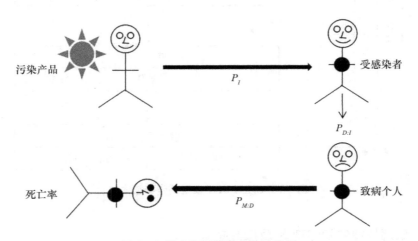

图 3-8　微生物暴露终点值示意图

一些病原体感染的后果相当复杂,包含多种疾病症状和终点值。图 3-8 基于美国总体疾病统计资料,以 $E. coli$ O157:H7 为例进行说明。这一图示分析了病原体的另外一个方面的信息:通常那些较轻终点值(包括感染情况)的发生率可能被低估了,因为发生较轻症状的病人可能不会寻求医疗,从而未被统计在内。

在微生物剂量-反应分析中,主要集中于早期的进程,尤其是感染的过程。对 P_I 与剂量间的关系特点进行表征。从公共健康的观点来看,集中于感染并将其作为最初的研究对象是合理的,因为感染的极小化程度可能会在分析中引入保守成分。

感染通常被定义为:病原菌摄入后突破所有屏障并在靶点快速生长的过程。这一过程的发生可被视为 2 个连续的子进程:

①人体宿主必须摄取一个或多个生物体。

②生物体经过裂变或倍增裂殖进行宿主反应从而造成感染/疾病,所摄入的生物体仅有一部分到达感染所进行的终点。

由平均剂量(可能同时估计了体积和浓度)为 d(子进程①)的暴露水平中所摄入生物体的精确概率 j 被记为 $P_1(j/d)$,概率 k 的存活生物体($\leqslant j$)开始了感染过程(子进程②)被记为 $P_2(j/d)$。如此两个过程被视为独立的过程,那么存活微生物开始感染的整体概率 k 被记为:

$$P(k) = \sum_{j=1}^{\infty} P_1(j/d) P_2(k/j)$$

函数 P_1 包含了在实际摄入生物体数量或其他暴露中个体间的变异情况,函数 P_2 表述了生物体-宿主动态相互作用,即一部分生物体存活并感染宿主的情况。

若只有当一些临界值数量的生物体存活进行感染时,感染现象才会出现,而这一最小数量被记为 k_{min},那么感染概率(如试验对象中暴露于平均剂量 d 的那些对象将受到感染)可被表述为:

$$P_1(d) = \sum_{k=k_{min}}^{\infty} \sum_{j=k}^{\infty} P_1(j/d) P_2(k/j)$$

此处需强调的是,方程中的 k_{min} 与常用术语"最小到达剂量"是不一致的。后者术语是指平均给药剂量,多数情况下只与平均剂量相关。k_{min} 等于 1 时,称为"单独作用假说(Independent Action)";k_{min} 大于 1 时,称为"共同作用假说(Hypothesis of Cooperative Interaction)"。假如 k_{min} 被理解为不是一个单一的数字而可能实际上是一个概率分布的话,那么以上方程则可看作所有可行的剂量-反应模型的通用形式。通过指定 P_1 和 P_2 的功能形式,同时指定 k_{min} 的数值,那么我们就可得出一些具体有意义的剂量-反应关系模型。

二维码 3-6　沙门菌的
剂量-反应分析

■本节小结

本节首先介绍了危害特性描述的定义与剂量-反应关系分析中的一些基本概念,剂量-反应分析的基本步骤,分别针对化学危害物和微生物致病因子的剂量-反应分析进行了介绍,重点讲述了采用未观察到有害作用剂量(NOAEL)法与基准剂量(BMD)法如何得到外源化学物质的每日允许摄入量(ADI)。

❓ 思考题

1. 什么是危害特性描述?它在危害评估中的作用是什么?
2. 通过剂量-反应分析,可以获得哪些有用信息?
3. 为什么说外推是剂量-反应分析中必不可少的部分?
4. NOAEL 法与 BMD 法在计算健康推荐量中的区别是什么?各有何优缺点?
5. 剂量-反应模型模拟的原则是什么?如何对数据进行选择?不确定性来源及特点。
6. 试分析微生物剂量-反应分析和化学危害物剂量-反应分析的异同点。

■ 参考文献

[1] 宁喜斌.食品安全风险评估.北京:化学工业出版社,2017.

[2] 石阶平.食品安全风险评估.北京:中国农业大学出版社,2010.

[3] 肖颖,李勇,译.欧洲食物安全:食物和膳食中化学物质的危险性评估.北京:北京大学医学出版社,2005.

[4] 罗祎.食品安全风险分析化学危害评估.北京:中国质检出版社,中国标准出版社,

2012.

[5]杨兴芬,吴永宁,贾旭东,黄俊明.食品安全风险评估——毒理学原理、方法与应用.北京:化学工业出版社,2017.

（王羿、周茜）

3.4 暴露评估

暴露评估是食品安全风险评估的重要组成部分,是通过量化风险并确定某种物质是否会对健康带来风险的必要过程。膳食暴露评估是整合食品消费量数据与食品中化学物质浓度数据的桥梁,主要通过比较膳食暴露评估结果与相应的食品化学物质健康指导值,来确定危害物的风险程度。本章首先阐述了以人群、家庭、个体为基础的食品消费量数据来源以及不同类型的化学物质浓度数据,然后论述了急性和慢性膳食暴露评估模型的计算,最后总结了点评估和概率评估的关系。

3.4.1 数据来源

在膳食暴露评估过程中,评估数据主要由评估目的来确定。膳食暴露评估可在某种化学物质被批准使用前进行(事前管制),也可对可能已存在于食品供应中多年或自然存在于食品中的化学物质进行(事后监管)。前者评估化学物质浓度的数据可由生产商/食品加工者处获取或进行估计,而后者的数据需通过对市场销售食品进行调查来获取。

膳食暴露评估是指对经由食品摄入的物理、化学或生物性物质进行的定性和(或)定量评估。进行食品危害物的膳食暴露评估时,主要是利用食物消费量数据与食物中危害物含量数据,对不同个体或人群有害因素的摄入量进行估算,是判断风险大小的关键步骤。可计算得到膳食暴露量的估计值;再将该估计值与相关的健康指导值比较来进行风险特征描述。由于各国食品生产、消费习惯以及有害因素污染水平不同,因此膳食暴露评估必须使用本国的膳食消费和有害因素污染水平数据。进行膳食暴露评估所需要的数据取决于评估的目的。在膳食暴露评估中,获取精确的食物中化学物质浓度数据和食物消费数据是很重要的。下面分别论述食物中化学物质浓度数据和食物消费数据的来源、选择原则及数据的不确定性分析。

3.4.1.1 食物消费数据

食物消费量数据反映了个人或群体对固体食品、饮料(包括饮用水)及营养品方面的消费情况,可以通过个体或家庭层面的食物消费调查或通过统计粮食生产近似估计得到。食物消费量数据是风险评估的重要基础,准确的食物消费量数据是开展科学风险评估的关键信息之一。2017年国务院办公厅印发《“十三五”国家食品安全规划》,明确提出把实施食物消费量调查作为提升食品安全风险评估能力的重要内容。食物消费量数据准确与否直接影响风险评估结果以及据此制定的监管措施的科学性和适用性。目前,我国尚未建立起完善的国家食品安全食物消费量数据库,风险评估数据基础薄弱,尤其是敏感性较强的婴幼儿人群的食物消费量数据库,限制了科学风险评估工作的全面深入进行。因此,开展食品安全导向的食物消费量调查工作对建立、完善国家食物消费数据库和促进各级食品风险评估机构工作网络建设具有重要意义。

使用食品消费量数据应考虑不同地区人们的消费模式差异,不同消费模式下消费量调查数据会存在较大差异。影响不同模式下消费量调查数据的因素包括:受访人群的人口统计学特征、地理区域、收集数据的周和季节的天数、易感人群消费模式(婴幼儿、育龄妇女和老人)和个人极端消费模式等。

1. 以群体为基础获得的数据

以群体为基础获得的食物消费量数据,主要是利用国家水平的食品供应量数据来粗略地估计每年国家可用的食品。这些数据也可用于计算人均可获得能量、宏量营养素以及化学物质暴露量,以跟踪食品供应趋势,确定潜在的营养素或化学物质主要来源食品的可获得性及监测受控的食物种类。

食物平衡表(Food Balance Sheet),又称粮食平衡表,是非常重要的一种国家水平食品供应量数据群,反映了一定时期一个国家或地区食物供给的综合情况。它显示出食物的供给来源和使用情况,包括初级农产品和可被人类消费的加工品。食物平衡表是判断衡量国家食物安全状况的重要决策参考,连续几年的年度食物平衡表,能够较为全面地展示一个国家或地区的食物供需情况及人均营养摄入情况,反映一个国家食物供给的总体趋势,揭示食物消费中可能出现的变化(如饮食结构),说明一个国家食物供给是否满足营养需求,能够为政府采取相应的应对措施提供决策依据。虽然世界卫生组织估计,通过食品平衡表估计的膳食消费要比来自家庭调查或国家膳食调查估计的食物消费量高约 15%,但食物平衡表数据在跟踪食品供应趋势、确定潜在的营养素或化学物质主要来源食品的可获得性以及监测受控的食物种类方面仍然是有用的工具。但食物平衡表也存在一定的局限性,如不适用于食品添加剂的膳食暴露评估,不能用于个体营养摄入量或食品化学物质的膳食暴露评估或确定高危人群。

国家食品供应数据主要反映的是粮食供应,而非食物消费,因此对于烹调或加工造成的损失、腐败变质、其他来源的浪费等均不易评估。食物平衡表的编制是一个全球性的难题,主要原因:一是相关数据缺失,尤其是消费和库存数据缺失最为严重;二是数据质量不易把握,特别是各类消费数据由于种种原因,并不尽如人意;三是数据插补和评估的技术仍然有待进一步提高,目前仍没有经济可行、令人满意的技术手段来完善数据。目前,中国尚未建立食物供需平衡表制度,粮食信息中心、农业部都在统计相关数据,但数据多为估算值,没有形成一个权威的定期的信息发布机制,市场化的总服务体系机制还没有建立起来。

2. 以家庭为单位调查的数据

在家庭层面收集关于食物可获得性或食物消费的信息,可以通过多种方法来收集家庭水平的可获得或消费的食品,包括家庭购买食品原料的数据,以及随后食品消费量或食品库存量的变化。这些数据可用于比较不同社区、地域和社会经济团体食品的可获得性,追踪总人群或某一亚人群的饮食变化。但是,这些数据没有提供关于食品中个体成员家庭消费分配的信息。

3. 基于个体调查的数据

基于个体调查获得的食物消费量数据包括计算每人每天各类食物的消费量;将个体消费的食物按种类合并,并计算各类食物消费量;根据调查日数计算平均每天各类食物消费量数据库;与食物中化学物质含量数据匹配。主要有以下几种方法:

(1)食品记录法　又称食品消费日记,是由被调查对象自行记录自己一天或多天内(通常为 7 d)各类食物的消费量信息。调查过程中通过称重法或定量容器法等尽可能精确测量,并由有经验的调查员仔细过滤,对模糊的信息加以澄清。食品记录法可直接测量消费食物的种类和重量,记录准确,常用作"标准方法"来衡量其他方法,且不依赖于调查对象的记忆。但调查对象负担较大,配合度较差,因而要求调查对象具有一定文化程度,否则会因被调查者对在外进食的食物估计较差而对其食物消费情况产生影响。

2016 年《中国居民膳食指南》制定过程中,采用 7 d 记录法进行上海、成都、广州、北京四个城市成年人摄水量与儿童少年摄水量的调查。推荐日均饮水量设定为 1 500~1 700 mL,比上一版的"至少 1 200 mL"精准了不少。

(2)24 h 膳食回顾法 通过询问的方法,使被调查对象回顾和描述过去 24 h 内摄入的所有食物数量和种类,并借助食物模型、家用量具或食物图谱对其食物摄入进行计算和评价。在调查过程中,需要专业训练的调查员帮助,由调查对象回忆完成,也可以通过面访或电话约谈方式进行;通常需要借助工具帮助调查对象回忆,如食物秤、标准容器(杯、碗、勺)、食物图谱、食物模型。由于调查主要依靠应答者的记忆能力来回忆描述他们的膳食,因此不适合于年龄在 7 岁以下的儿童和年龄在 75 岁及以上的老人。

24 h 膳食回顾法所需时间较短,被调查对象负担较小,可获得个体的食物消费量,适合人群调查使用;被调查对象文化程度要求不高;不影响调查对象的饮食习惯。但被调查对象的回顾依赖于短期记忆;要求调查员经过严格培训,否则调查对象间差异很难标准化;对食物重量难以准确回忆估计。

(3)食物消费频度问卷调查法 利用设计好的食物列表,要求被调查对象根据列表估计每一种食物或一组食物在过去一段时间(年、月、周或每天)内消费的频次及平均每次消费的数量。在调查过程中,所调查的食物种类需预先设计好;不同调查食物列表中食物种类或个数及食物消费频次划分不同并且可以回顾不同时间段(过去 1 个月、数个月、一年)食物的消费情况。食物消费频度问卷调查法的特点是:①适合大人群调查;②对调查对象负担小,有较高应答率;③对于消费频率较低的食物调查较为准确;④不会影响饮食行为。但对食物份额大小的量化不准确;编制、验证食物表需要一定时间和精力;较长的食物表、较长的回顾时间经常会导致摄入量偏高且当前的食物模式可能影响对过去的膳食回顾,从而产生偏倚,准确性差。

食物消费频度问卷调查法可以分为定量、半定量及定性调查。定性法:通常是指得到每种食物特定时期内(例如过去 1 个月)所食用的次数,而不收集食物量、份额大小的资料。定量法:需要得到不同人群食物和营养素的摄入量,并分析膳食因素与疾病的关系。要求受试者提供食物的数量,通常需借助辅助物测量。半定量法:研究者常常提供标准(或准确)食物份额大小的参考样品,供被调查对象在应答时作为估计食物量的参考。为了计算这些营养素的摄入量,需要列出含这些营养素丰富的食物。应用估计平均食物份额大小来计算摄入量。

4. 为特定目标设计的研究方法

在特殊情况下,通过设计特定消费者暴露问题的问卷,可以直接确定暴露量或提供关于暴露评估法的一个或多个参数的额外信息。

(1)总膳食研究(Total Diet Study,TDS) 总膳食研究,又称"市场菜篮子研究(Market Basket Study,MBS)",用以评估某个国家和地区不同人群组对于膳食中化学危害物的暴露量和营养素的摄入量,以及这些物质的摄入可能对健康造成的风险。TDS 是能够提供一个国家的人群或在可能的情况下亚人群实际摄取食物中农药残留、污染物、营养物质和(或)其他化学物质平均浓度最准确的方法,是国际公认的最经济有效、最可靠的方法。世界卫生组织近 30

年来一直致力于 TDS 的推广应用,而 TDS 作为一种膳食化学污染物监测手段,已得到越来越多国家的认同。目前定期开展 TDS 的国家已达到 20 多个,包括少数发展中国家。我国已成功开展了 5 次总膳食研究。第五次中国总膳食研究于 2009 年开始,到 2015 年完成,包括脂肪酸、营养元素、污染元素、农药残留、兽药残留、真菌毒素、持久性有机污染物、食品加工过程污染物等项目检测与膳食摄入量评估。

　　TDS 中的浓度数据不同于其他监控或监测体系所得到的化学物质数据,因为其化学物质浓度是在食品已被处理后正常食用情况下测定的。TDS 数据并不是基于以往的综合数据之上,也不考虑食品原材料加工等因素,因为膳食暴露评估是基于食品的可食用部分,如香蕉剥皮后所有附着在外皮上的化学残留物会随果皮被丢弃。另外 TDS 方法也考虑到烹饪对不稳定化学物质和新物质生成的影响。

二维码 3-7　中国总膳食研究介绍

　　(2)单一食品选择性研究　当食品监控/监测结果显示某些食品存在某种特殊污染物时,在典型(代表性)地区选择指示性食品进行研究非常重要。如鱼和海产品中的汞、脂类食品中的持久性有机污染物、添加剂和兽药等危害物都可以通过单一食品进行深入研究。

　　(3)双份饭研究　将被调查对象每天摄入的所有食物留取等质等量的一份进行实验室测定,得到的化学污染物和营养素的含量乘以被调查对象的实际消费数据,即得到每个调查对象的膳食摄入量。双份饭研究适用于小范围人群,多为 20～30 人,常用于个体膳食摄入量的评估,准确性最好。

　　总体来说,总膳食研究和双份饭研究不能确定危害物的来源,不能广泛使用;单一食品选择性研究在烹饪过程中危害物浓度可能会有损失或是进行浓缩,所以进行暴露评估时最好这三种方法同时进行。

3.4.1.2　食品中化学物质浓度

　　食物中化学物质浓度数据的来源主要包括建议的 MLs 或 MRLs、监测数据、总膳食研究(Total Diet Study,TDS)数据、全球环境监测规划/食品污染监测与评估计划(GEMS/Food)数据库、兽药残留消除试验数据、农药监管试验中的最高残留水平和平均残留水平以及科学文献等。最精确的数据是通过测量即食状态食物得到的。

　　食品中化学物质浓度数据的来源主要包括管理限量和田间试验(最高限量和最大残留限量、农药监管试验、兽药残留清除试验),调查报告数据(企业用量调查、食物成分数据),市场监测数据和食物消费数据(总膳食研究和双份饭研究)。

　　1.管理限量和田间试验:基于最坏情形的保守评估

　　最高限量(Maximum Levels,MLs):特定食品中法定允许含有某种物质的最高浓度或允许使用的最大量。最大残留限量(Maximum Residue Limit,MRL),优良农业措施条件下农药/兽药可能在食物中产生的最高残留量。

　　监管的田间试验反映的是最大使用频率和最小使用安全期的农药/兽药的残留水平,包括最高值(High Reside,HR)和残留中位数(Supervised Trials Median Residue,STMR),这些数据在农药/兽药上市之前是必须提交的。监管的田间试验数据是农药/兽药在最坏情况下的残留水平,不考虑从农田—运输—市场或家庭期间可能发生的残留物降解情况,也不考虑食品消费时潜在的残留物的损失情况,因此该数据容易高估农药的摄入风险,一般情况下,不能作为评估实际膳食暴露的首选数据,但是可以在良好农业操作规范(Good Agriculture Practice,GAP)水平上,用来评估建议的 MRLs 对消费者的安全性。

农药安全间隔期,是指从最后一次施药至收获、消耗作物前的时期,即自喷药后到残留量降到最大允许残留量所需的时间。各种药剂因其分解、消失的速度不同,以及作物的生长趋势和季节等不同,具有不同的安全间隔期。安全期过后不是说农药在所喷施的蔬菜上基本没有残留,而是说残留量降到了最大允许残留量以下。在农业生产中,最后一次喷药与收获之间的时间必须大于安全间隔期,不允许在安全间隔期内收获作物。

适用性:化学物质批准使用前的膳食暴露初步评估;化学物质批准使用后的膳食暴露初步评估或标准适宜性评估。低水平或低检出率时的保守评估。

局限性:高估食品中化学物质浓度;易高估摄入风险;很大的不确定性。

如果膳食暴露水平小于 ADI,则安全;若大于 ADI,则需要更准确的数据。

2. 市场监测数据

直接从监测数据中获取食物中化学物质浓度数据比较接近消费时实际的化学物质含量。

根据监测的目的不同,市场监测数据有随机型和目的型两种类型。目的型通常是出于执法目的,为解决某一特殊问题而进行的,这些数据并不能代表市场上所有可获得的食品,因此要慎用抽检监管数据;通常是出于市场监管目的,为了解决某一特定问题而进行的针对性采用。目标样品可能含有较高含量的被评估物质,样品的代表性差,不能代表所有市售食品。

我国目前的监测数据主要来自污染物监测网。我国的监测数据也分为常规监测和针对某一目的进行的专项监测。常规监测是针对消费量大、流通广的食品,由分布在 31 个省、自治区、直辖市及新疆生产建设兵团的监测机构开展的大规模监测。

专项监测是针对我国近期发生的重大食品安全事件涉及的食品,或者为确定污染原因等特定目的,由指定的监测机构开展的专门性监测。样品通常是从接近食用环节的终端市场随机抽取的;考虑了季节、运输、流通等因素。样本量大、代表性好,能更准确地反映消费食物中被评估物质的水平。

由于市场监测食品的种类和数量较少,对于急性膳食暴露评估,使用该数据就会存在明显的缺陷。对于评估允许使用农药/兽药的慢性膳食暴露,由于市场监测数据考虑到转运和储存过程中化学物质发生降解的情况,同时提供了收获后药物的残留以及在食品分配过程使用食品添加剂的情况,因此监测数据要比监管的田间试验数据更有代表性。

美国农业部(USDA)1991 年 5 月启动了农药数据计划(Pesticide Data Program,PDP),这是一项以确定新鲜和加工食品的农药残留水平为目的的监测计划。PDP 采集的食品都是最接近实际消费时的食品,因此美国 EPA 使用 PDP 数据进行农药膳食暴露评估的优化。

3. 调查报告数据(企业用量调查、食物成分数据)

食品添加剂和包装材料:食品企业调查数据,生产商登记使用水平,食品企业实际用量的调查,基于良好生产规范获得的数据以及报道的食品虚假信息。

营养素:食物成分数据,主要包括营养素,还包括非营养素和污染物。

适用性:易获得,成本低,基于国家调查数据或良好生产规范而得,与限量值相比更接近实际的浓度水平。

局限性:多为均值,非实测值,代表性差,不能准确反映化学物质在样本中实际水平和分布特点。

3.4.1.3 暴露评估的电子数据资源

1.食品营养成分数据库

(1)食品数据库 联合国粮农组织网站食品数据库(http://www.fao.org./infoods/index_en.stm),该数据库提供与食物营养成分数据及质量安全有关的数据。

欧洲食品信息资源网(https://www.eurofir.org/)该数据库汇集了来自欧洲、美国和加拿大等全球 26 个国家或地区提供的最佳可获得的食品信息,以及相关生物活性化合物的验证信息。

(2)全球环境监测系统/食品污染物监测规划数据库(Global Environment Monitoring System—Food Contamination Monitoring and Assessment Programme,GEMS/Food) 该数据库包括个体或汇总的有关食品污染物和残留物的数据,并提供核心、中级和全面性的优先污染物/食品组合列表。目前 GEMS/Food 有 5 个地区性的和 1 个全球性的膳食数据库,有 250种原料和半成品食品的每日膳食摄入量。

2.食品营养成分数据库

(1)基于人口方法收集的数据库 联合国粮农组织统计数据库(FAOSTAT):汇编类似统计信息的数据库,目前包括了 250 个以上国家的食品平衡表数据。当来自成员国的官方数据缺失时,则用国家食品生产和使用统计信息估算。

GEMS/Food 区域膳食是 WHO 基于 FAO 的食物平衡表建立的,并以人均食物消费量来表示。目前,全球有 20 多个国家将 TDS 列为常规的污染物监测计划,这些国家 TDS 获得的数据已经纳入 GEMS/Food,并作为国际食品安全风险评估的重要依据。

(2)基于个人调查方法收集的数据库 美国农业部(USDA)食品摄入量不间断调查(CSFII)资料。

美国全国健康和营养问卷调查(NHANES)为美国个人提供的 2 d、1 d 的食品消费量数据资料,同时包括人口和个人测量数据(年龄、性别、人种、民族、体重和身高等)。

3.4.2 膳食暴露的评估方法

联合国粮农组织/世界卫生组织农药残留联合专家会议(Joint FAO/WHO Meeting on Pesticide Residue,JMPR)是国际上最早进行膳食暴露风险评估的机构。1995 年起,JMPR 开始研究农药急性膳食暴露风险评估,并对食品国际短期摄入量(International Estimate of Short Term Intake:IESTI)的计算方法以及膳食暴露评估准则及评估方法进行了修正,并制定了急性毒性物质的风险评估和急性毒性农药残留摄入量的预测。根据食品消费量和污染物数据信息,目前构建的较为成熟的暴露评估模型包括点评估模型、简单分布模型和概率评估模型。

在实际工作中,选择哪种评估方法,需要考虑以下几方面的因素:①危害物的性质及其在食品中的含量水平。如食品添加剂、农药、兽药、生物毒素等不同危害物的风险特征和膳食摄入情况是不同的。②该物质对身体产生不良作用或者有益作用所需要的暴露时间。③该物质对于不同亚人群或个人的潜在暴露水平。④要采用的评估方法的类型,点评估还是概率评估。

3.4.2.1 点评估模型

点评估一般作为膳食暴露评估的保守方法。在点评估模型的数据来源方面,均假设每种食品只有一个消费量水平和一个化学物质浓度水平,如设定食物消费量为消费量或高水平消费量,化学物质浓度为平均水平或法定允许最高水平,将两者相乘并进行暴露量累加。点评估主要包括 3 类方法:筛选法、基于食品消费量的粗略评估法和精确的点评估法。筛选法包括交易数据评估法、预算法、膳食模型粗略估计评估法和改良的点评估法。

1. 交易数据评估法

交易数据评估法是利用一段时间内(通常指 1 年内)某国家用于食品加工的某化学物质,一般指包括调味品在内的食品添加剂的交易量来估算某种化学物质的人均摄入量,该方法主要用于食品添加剂的暴露评估。该法中用到的数据包括某化学物质的产量及其食品加工的用量,而且还要考虑该化学物质的进出口量和含有该化学物质的食品的进出口量。相关数据的来源主要由生产者上报行业协会。

采用该方法得到的平均膳食暴露量往往存在很大的不确定性,因为通常没有关于哪些食品中含有该物质,谁消费了这些食品等可用资料。该方法及其衍生方法也没有充分考虑高消费人群,因此不能充分地说明他们的膳食暴露是否低于健康指导值。

2. 预算法

预算法最初用于评估某些食品添加剂的理论最大膳食暴露量。是指对食品消费量和食品中化学物质的浓度采取最保守的假设,从而得到高消费人群的高估暴露量,这样做才能避免将本身具有安全风险的食品错误地判断为不具安全风险的食品;但是也不能因为这个原因就采用不切实际的食品消费量,食品消费量必须在人的生理极限之内。人们通常会认为筛选法太过保守,但是实际上该方法并不是真正意义上的膳食暴露评估,只是为了确定食品中有必要进行进一步膳食暴露评估的物质。

JECFA 和欧盟都曾采用该方法对食品添加剂进行初步暴露评估,他们采用该方法进行暴露评估时主要考虑以下 3 个方面:①食品和非乳饮料的消费量;②食品和非乳饮料中添加剂的含量;③含有添加剂的食品和非乳饮料的比例。通常,食品和非乳饮料的消费量是指最大生理消费量。例如非乳饮料消费量为 0.1 L/kg 体重(相当于 60 kg 体重个体每日消费 6 L)、食品消费量为 0.05 kg/kg 体重(相当于 60 kg 体重个体每日消费 3 kg)。食品和非乳饮料中添加剂的含量假定为法规允许的或报道的任何食物和非乳饮料中的最大含量。如果某种添加剂的含量在特定种类的食物或饮料(如口香糖)中处于特别高的水平,为了得出更接近实际情况的暴露量估计,可选用其他被认为更具有代表性的食物类别中的最大含量作为被评价添加剂在食物中的最大假设含量;含有添加剂的食物和非乳饮料中的添加剂的添加比例通常假定为12.5%和25%。如果被评价添加剂在固体食物中使用很广,添加比例也可设定为25%。在浓度的定义中,用食品中添加剂的最高含量作为暴露评估中食品添加剂的含量,例如一种食品或饮料中某食品添加剂的含量是所有食品中最高的,那么就使用这个含量来表示其他食品或饮料中该食品添加剂的含量。对于某食品添加剂在固体食品和饮料中的比例如何确定,目前还没有成熟的方法,在食品添加剂的暴露评估中,欧盟一般将固体食品和饮料中的添加比例设定为12.5%和25%(EC,1998)。对于应用范围广的食品添加剂,固体食品中的添加比例可以设定为25%。

FAO/WHO 食品添加剂联合专家委员会(JECFA)和 FAO/WHO 农药残留联席会议(JMPR)也采用筛选法对食品中的化学物质进行评估,但不同物质的具体筛选方法不同。

3. 膳食模型粗略估计评估方法

膳食模型的建立是基于现有的食品消费资料。我们可以建立膳食模型来表示一般人群或特殊亚人群的典型膳食(例如高消费人群的膳食模型)。根据被评估物质的种类我们可以建立不同的膳食模型,例如对包装材料、兽药残留和添加剂我们可以分别建立最大迁移限量模型、最大残留限量模型和理论最高日摄入量模型。

4. 改良的点评估法

该方法根据评估目的和现有数据选择要用的模型。对于化学物质的浓度数据,点评估通常包括所有检测值的平均数、中位数、高百分位数;对于食品消费数据,点评估通常为人群中所有消费数据的平均值或高百分位数。该方法的优点是操作简单,往往可以用电子表格或数据库程序建立模型,但是这类模型包含的信息有限,不利于风险描述工作的开展。

5. 点评估模型

根据膳食摄入的化学物质性质及评估目的不同,点评估模型分为急性暴露点评估模型和慢性暴露点评估模型。

(1)急性暴露点评估模型　国际短期膳食摄入量估计法(International Estimate of Short Term Intake, IESTI)由 FAO 和 WHO 农药残留联席会议提出,在欧盟及国际权威机构制定农药最大残留限量(MRL)标准时得到了广泛应用,是评估急性膳食暴露风险的关键指标。IESTI 以食品为对象,选取某食品(一种食品或一类食品)消费人群的高端消费量和田间监测试验的高残留量来计算 24 h 内膳食暴露量,结果以 mg/(kg·bw·d)进行表示。该模型主要针对一餐或在一天内摄入可能引起急性反应的农药,通过比较其在 24 h 及以内的膳食暴露量与急性参考剂量进行评估。

根据待评估食品类型,IESTI 可分为以下 3 种情形进行评估。

第 1 种情形。检测样品中食品污染物的残留数据,能够反映该食品污染物在一餐饭后的残留水平。如原始农产品或经加工的农产品(谷物、小麦、油料种子及豆类等小粒农作物),食品单位重量小于 25 g,以及肉类、蛋类、肝脏、肾脏等可食动物源食品。评估模型为:

$$\text{LESTI} = \frac{\text{LP} \times \text{HR}}{\text{bw}} \text{ 或 } \text{LESTI} = \frac{\text{LP} \times \text{HR} \times P}{\text{bw}}$$

式中:LP 指食物的大份额消费量或高端消费水平,指每日食用者的第 97.5 个百分点,即能涵盖消费人群中 97.5% 的食用者每天的消费量,单位为 kg。HR 指基于规范田间监测试验得到的可食部分最高残留(Highest Residue, HR),单位为 mg/kg。P 指加工因子,是加工食品中污染物残留浓度与加工前原始农产品中的污染物浓度比值。当初级农产品加工成各种食物,如果汁、汤、油料等时,可利用加工因子反映农药残留量的浓缩或稀释。bw 指消费人群的平均体重。

第 2 种情形。检测样品中食品污染物的残留数据不能反映该食品污染物在一餐饭后的残留水平,所食用的食品本身可能含有比检测样品更高的污染物残留量(整个水果或蔬菜的单位重量大于 25 g)。此时,为解决检测样品中多种食品个体间的残留差异,需引入一个默认的变

异因子(variablity factor,v)。这种情形又进一步分为以下两种情况:

第一种情况。单位食品重量小于消费人群的每日大份额消费量,如桃、李子、大枣等。该情况假设个体1d内消费多于1个单位重量的某食品,且第一个单位重量的该食品残留水平为 HR$\times v$,其余为 HR。评估模型为:

$$LESTI = \frac{U \times HR \times v + (LP-U) \times HR}{bw} \quad 或$$

$$LESTI = \frac{U \times (HR \times P) \times v + (LP-U) \times (HR \times P)}{bw}$$

式中:U 指食品可食部分的单位重量,单位为 kg。v 指变异因子,是单位食品高端残留量与检测样品平均残留量的比率。如单个水果中的最高残留浓度可能要比混合样本高 5~10 倍。欧盟对不同食品之间的残留水平进行了统计,制定了不同单位重量下变异因子的值,见表 3-7。

表 3-7　IESTI 计算中采用的变异因子

单位重量	变异因子
单个食品重量＜25 g	1
单个食品重量(莴苣和甘蓝除外)＞250 g	5
25 g＜单个食品重量(菠菜除外)＜250 g	7
莴苣和甘蓝	3
菠菜	1
加工食品(如榨汁、果酱、果汁等)	1

第二种情况。单位食品重量大于消费人群的每日大份额消费量,如西瓜、大白菜等。该情形假设个体一天内仅消费小于等于1个单位重量的某食品,且消费部分残留水平为 HR$\times v$。评估模型为:

$$LESTI = \frac{LP \times HR \times v}{bw} \quad 或$$

$$LESTI = \frac{LP \times (HR \times P) \times v}{bw}$$

第3种情形。散装或混合的食品,包括经过工业加工的散装或混合农产品,如啤酒、番茄酱、菜籽油、胡椒粉、苹果汁等,和未经加工的散装或混合农产品,如谷物、茶叶、牛奶等。在评估模型中,化学物质浓度以监测试验获得的各检测样品的中位残留水平(Supervised Trials Median Residue,STMR)或加工食品的残留浓度 STMR$\times P$ 作为其残留浓度值。

$$LESTI = \frac{LP \times STMR \times P}{bw}$$

式中:STMR 指第 k 种食物田间监测试验的残留浓度中位数,STMR$\times P$ 由未加工食品的 ST-MR 乘以加工因子得到。

(2)慢性暴露点评估模型　慢性暴露点评估(the Long Term International Estimated Daily Intake,IEDI)是以可能含有某种农药的食物为对象,以每种食物在全人群中的平均消费量

（每人每天消费量均值）乘以相应食物田间监测试验的残留中位数,最后累加得到经各种食物摄入的总暴露量。

$$LEDI = \frac{\sum_{k=1}^{n} \overline{x}_k \times STMR}{bw} \quad 或$$

$$LEDI = \frac{\sum_{k=1}^{n} \overline{x}_k \times (STMR \times P)}{bw}$$

式中:STMR 指第 k 种食物田间监测试验的残留浓度中位数,STMR$\times P$ 由未加工食品的STMR 乘以加工因子得到;n 为可能含有某种化学物质的食物种类;$\overline{x}_k$:第 k 种食物在全人群的平均消费量。

点评估模型的适用范围取决于评估过程中所使用的数据类型和前提假设。点评估模型实施起来比较简单,基于多数人群的安全,比较经济实用。但点评估是基于少量数据进行的,是趋向于最坏情况、最保守的假设,因此评估结果不考虑化学物质在食品中存在概率、不同食品中化学物质的污染水平或食物消费量不同,不能提供化学物质暴露量的可能范围。如 IESTI 采用食物大额消费量和化学物质高残留量进行计算,体现了保护大部分消费人群的原则,简单易行,易于推广;但该模型忽略了观察个体体重差异、个体间消费量、残留物摄入水平等方面的变异,结果比较粗糙,而且会高估暴露的危险度,产生过度保守值。慢性暴露点评估采用全人群消费量均值和化学物质残留中位数进行评估,也不考虑变异性和不确定性,在反映人群平均水平上的暴露也趋于保守。

二维码 3-8　点暴露评估实例计算

3.4.2.2　简单分布模型

简单分布模型又称分布点评估模型,是假定所有食品中的化学物质均以最高残留水平存在,同时考虑相关食物消费量分布的变异。在简单分布模型计算过程中,食物消费量采用分布形式,但忽略了食品中化学物质存在的概率以及不同食品中化学物质浓度水平不相同的状态,一般将其设为最高残留水平。

$$Y_{ij} = \frac{\sum_{k=1}^{P} X_{ijk} C_{k\,max}}{W_i}$$

式中:Y_{ij} 指第 i 个体在第 j 天中某种化学物质暴露量;X_{ijk} 指第 i 个个体在第 j 天摄入第 k 种食物的量;$C_{k\,max}$ 指化学物质在第 k 种食物中的最高残留浓度;W_i 指个体 i 的体重;P 指个体 i 在第 j 天消费食物种类数目。

由于化学物质仍采用高端检测值,简单分布模型的暴露估计值仍然比较保守,只能得出膳食暴露值的上限,但由于其考虑了食物消费量模式的变异,因此其结果比点评估模型更具有意义。简单分布模型已经被 EPA 采纳,作为分层法实施的第一阶段应用于其急性膳食暴露评估过程。

点评估模型和简单分布模型的方法都是趋向于使用“最坏情况”的假设,均假定的是食物中化学物质的高暴露人群。但事实上,人们持续摄入高浓度化学物质的高消费量的情况是很少发生的。当所研究的食物中相关化学物质的浓度整体偏高或偏低时,这种方法就会产生偏倚。当某种化学物质广泛分布于多种食品时,在计算高端消费者膳食暴露量时就会遇到困难。

3.4.2.3 概率评估模型

概率评估模型是对所评价化学物质在食品中存在概率、残留水平(浓度)及相关食物消费量进行模拟统计的一种方法。这种方法需要收集足够的食物中化学物质浓度和食物消费量数据建立数据库,并据此进行评价。对采用点评估得到的暴露量大于 ADI 或 PMTDI 等健康指导值的风险物质,需要对其进行更精确的膳食暴露评估。概率评估能得到更接近现实的估计,但得到的暴露量却不一定比点评估的低。与点评估相比,概率评估能够得到膳食暴露量的分布及不同暴露量的概率。

以农药为例,利用计算机技术,首先对食品中的农药残留分布进行模拟,然后将农药残留分布与食品膳食摄入分布进行整合,就可以得到农药膳食摄入量的分布。概率评估方法主要有贝叶斯法、马尔科夫法和蒙特卡洛法,其中蒙特卡洛模拟是较为常用的方法。通常情况下,法定的市场监督检查并不能提供统计学上有意义的分布特征,如果希望所获得的数据质量有保证,概率方法可能是最合适的方法,通过科学的抽样,将食物中某种化学物质浓度与实际含有该物质的食品消费量结合起来,从而提供了一个真实的暴露评估基础,来估计某物质的暴露量是否超过预定的安全阈值。

建立膳食暴露评估概率模型的方法主要有 4 种:简单经验分布估计法、分层抽样法、随机抽样法和拉丁抽样法。

1. 简单经验分布估计法

由食品消费调查得到的食品消费量的经验分布和相应食品中化学物质浓度的点估计相乘即可得到暴露量分布。反过来,由食品消费量的点估计和相应食品中化学物质浓度的经验分布相乘也能得到暴露量分布。

2. 分层抽样法

分层抽样法是指将食品消费分布和化学物质浓度分布分为若干个层,然后从每个层中随机抽样的方法。该方法的优点是可以获得详细、准确、重现性好的结果;主要缺点是不能对分布中的上下限进行评估。通过将分布分为更多的层可以改善这个问题,但并不能完全解决,且抽样需要重复的次数多,需要计算机软件或相关专门知识。

3. 随机抽样法(蒙特卡洛模拟法)

蒙特卡洛模拟法也涉及从输入分布中随机抽取数据。该技术已经广泛应用到不同的模拟事件中。当数据适当且模拟时重复次数足够多时,就可以得到接近实际情况的模拟。采用该方法时需要注意的是,要用样本中"现实的"的最大观测值对分布进行截尾,以免在模型中出现现实生活中不可能出现的暴露水平。

4. 拉丁抽样法

拉丁抽样法是结合分层抽样和随机抽样的统计方法。为了确保食品污染浓度数据分布和食品消费数据分布范围内各个部分的数据都抽到,也将分布分成许多层,然后从每个层中抽取数据。

概率评估模型分为急性暴露和慢性暴露两种情况。

(1)急性暴露概率评估模型　"理想"条件下概率模型：

$$Y_{ij} = \frac{\sum_{k=1}^{p} X_{ijk} \times C_{ijk}}{W_i}$$

式中：Y_{ij} 指第 i 个个体在第 j 天某种化学物质的膳食暴露量；X_{ijk} 指第 i 个个体在第 j 天摄入第 k 种食物的量；C_{ijk} 指第 i 个个体在第 j 天摄入第 k 种食物中某化学物质的残留浓度；W_i 指观察个体 i 的体重；p 指消费食物种类数目。

不难看出，若获得 X_{ijk} 的同时也能获得相应的 C_{ijk}，则计算结果可直接反映每个个体污染物摄入的真实情况。实际工作中，X_{ijk} 一般可通过膳食调查获得，但相应的 C_{ijk} 获得则需要花费大量的人力、物力和财力进行检测，缺乏可行性。因此，这一模型仅作为某些特殊研究，如双份饭研究的理论性模型，实际中应用并不广泛。

实际应用的概率模型：

$$Y_{ij} = \frac{\sum_{k=1}^{p} X_{ijk} \times C_{i^*j^*k}}{W_i}$$

式中：X_{ijk} 一般来源于膳食调查中的 24 h 膳食回顾；$C_{i^*j^*k}$ 一般来源于对市场上各种食品的常规监测。

在该模型中，膳食消费量 X_{ijk} 和化学物质残留浓度 $C_{i^*j^*k}$ 已经不再具有理论模型所要求的同人同天同种食物的对应关系。从概率分布角度出发，分别将食物消费量和化学物质残留量作为两个独立分布的总体，在获得 A 和 B 两总体特定的分布特征和参数后，可利用计算机模拟在 A、B 两个总体中进行随机抽样并配对相乘，从而获得 Y_{ij} 的概率分布，并计算一系列的统计量，如 P50th、P97.5th 和 P99th 等作为目标人群的暴露量估计值。虽然概率模拟可能有助于提供更有意义的暴露估计，但这种方法的优劣依赖于数据的质量，并且不应该将其视为是一种弥补低质量数据或不合理数据的方法。

化学污染物监测对象比较广泛，包括初级农产品(小麦、小米、大米和玉米等)、熟食(馒头、面包、肉包等)、加工食品(小麦粉、麦片、甜点等)等，统称为商品。一般情况下，化学污染物监测是针对初级农产品的，因此在计算加工食品时需将膳食数据中加工食物消费量转化为初级农产品消费量。利用下式进行调整。

$$X_{ijk}^{*} = X_{ijk} * R_k * E_k * F_k$$

式中：R_k 为食谱调整因子，是根据加工食品食谱组成进行调整，如 100 g 肉包折合为肉和面粉的量；E_k 是食物可食部分比例，如一个苹果的可食部分一般为 80%；F_k 为食物加工因子，如蔬菜进行清洗后农药残留将减少 90%。上述参数需要有实验室数据支持，如无相关信息，保守估计默认为 1。

(2)慢性暴露概率评估模型　除了会产生急性毒性外，食品中危害物还可能会通过膳食进行长期低剂量的摄入而导致机体发生慢性中毒。当考虑慢性暴露时，单种食物污染物的残留变异可以被忽略，进而采用单种食物污染物浓度的平均值来代替。然而由于经济原因及实际操作的可行性,获得人群长期的膳食摄入量是不现实的。一般来说,各国在进行膳食摄入调查时,往往仅进行 2～7 d 的 24 h 膳食回顾,这导致在进行膳食长期暴露时,会产生较大的误差。在具有良好代表性的大规模膳食调查中,如国家或地区的营养健康调查,人群的个体间变异可近似反映人群的饮食习惯,而个体内变异则仅仅反映个体在调查天数内膳食结构的短期波动,这样在采用适当的统计模型扣除个体内容变异后,使用反映个体间变异信息计算出的人群对化学污染物残留的摄入量,则可近似作为人群的长期暴露量,从而把短期横断面调查获得的暴露量近似"拉伸"为长期暴露量。

$$Y_{ij} = \frac{\sum\limits_{k=1}^{p} X_{ijk} \times C_k}{W_i}$$

式中:Y_{ij} 指第 i 个个体在第 j 天某化学物质的膳食暴露量;X_{ijk} 为第 i 个个体在第 j 天摄入第 k 种食物的量;C_k 为第 k 种食物中某化学物质的平均残留浓度;W_i 是第 i 个个体的体重。

3.4.2.4　点评估和概率评估的关系

FAO/WHO 和我国管理部门多采用点评估方法进行膳食中化学物质的暴露评估,其优点是简单易行,易推广到大范围应用,且能保护绝大部分人群。但该模型计算过程中,仅采用某一固定值进行评估,无法量化个体水平消费量和食品中化学物质水平的变异,且无法对参数估计的不确定性作出说明,因此属于筛选性方法。概率评估是将个体作为研究对象,通过对可获得的全部数据进行模拟抽样,得到人群的暴露量分布,得到的信息量远远大于点评估,且结果更符合实际。但是概率评估计算过程中,需要一定规模的样本量,而且由于个体变异较大,需要模拟足够多的次数才能使最终结果稳定,因此带来严重的计算负荷。

图 3-9 概括了点评估模型和概率评估模型的特点。点评估质量较差,不确定性最大,但花费小;概率评估质量较高,不确定性最小,但花费巨大。在膳食数据方面,点评估主要基于模式膳食、地区膳食和国家膳食等群体膳食水平,概率评估主要以家庭个体为单位。在化学物质数据方面,点评估多用标准监测的最大值,概率评估使用全部监测数据。考虑要进行某种危害物的暴露评估时,首先考虑点评估法,如果点评估获得的人群对危害物的摄入量低于安全参考值

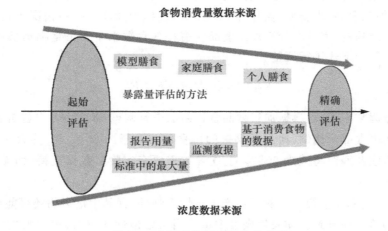

图 3-9　点评估和概率评估的关系

（每日允许摄入量、急性参考剂量等）时，则不需要进行概率评估；但如果高于安全参考值，说明膳食摄入量的浓度高于安全值，这时需要更精细的概率评估模型。

本节小结

本节主要概述了膳食暴露评估数据的来源、膳食暴露评估的常用方法及基本原则。对食品消费量数据要求及基于人群、家庭和个体水平的消费量数据收集方法等进行了阐述；对点评估和概率评估方法的具体应用原则、两者的优缺点及之间的关系进行了重点阐述。

思考题

1. 膳食暴露评估的概念、原则和一般方法。
2. 基于不同目的的膳食暴露评估数据的选择有何差异？
3. 食物消费量数据有哪些收集方法？
4. 食品化学物质浓度数据有哪些收集方法？
5. 膳食暴露评估的基本步骤和方法有哪些？
6. 如何进行膳食暴露点评估？
7. 膳食概率评估常用模型有哪些？
8. 点评估和概率评估都有哪些优缺点？

参考文献

[1] 石阶平.食品安全风险评估.北京：中国农业大学出版社，2010.

[2] 罗祎.食品安全风险分析化学危害评估.北京：中国质检出版社，中国标准出版社，2012.

[3] 宋勇军.FAO 食物平衡表编制方法及其对中国的启示.农业展望，2018，03：69-72.

[4] 宋雯，陈志军，钱永忠，等.中国农产品膳食暴露评估模型构建初探.中国农学通报，2013，30(9)：311-316.

[5] 李朝赟.乐果残留膳食暴露点评估和参数模型概率评估方法之比较.南京：东南大学，2011.

[6] 隋海霞，贾旭东，刘兆平，等.食品中化学物质膳食暴露评估数据的来源、选择原则及不确定性分析.卫生研究.40(6)：791-794.

[7] 赵慧宇，杨桂玲，叶贵标，等.急性膳食风险评估在农药残留限量标准制定中的应用.浙江农业科学，2018，59(9)：1600-1602，1606.

[8] 余健.膳食暴露评估方法研究进展.食品研究与开发，2010，31(8)：224-226.

[9] 罗祎，吴永宁，袁宗辉，等.菠菜中毒死蜱残留量的暴露评估.食品科学，2008(11)：547-549.

（周茜，张小村）

3.5 风险特征描述

3.5.1 概念

国际食品法典委员会（Codex Alimentarius Commission，CAC）对风险特征描述（risk characterization）定义是：在危害识别、危害特征描述和暴露评估的基础上，对特定人群健康产生不良作用的风险及其程度进行定性和（或）定量评估，包括描述和解释风险评估过程中产生的不确定性。

通常，对于有阈值的化学物质，风险特征描述通常将计算或估计的人群暴露水平与健康指导值进行比较，描述一般人群、特殊人群或不同地区人群的健康风险。对于没有阈值的物质，JECFA 建议采用暴露限值（Margin of Exposure，MOE）法进行风险特征描述，即利用动物试验观察到的毒效应剂量与估计的人群膳食暴露水平之间的暴露限值进行评价。

3.5.2 风险特征描述的分类

CAC 将风险评估类型分为定性的风险评估和定量的风险评估两类。在食品安全领域，在分类标识的基础上，也有专家提出半定量风险评估的概念，但半定量风险评估也常被划入定性风险评估的范围。

3.5.2.1 定性的风险特征描述

定性的风险特征描述是指采用文字或描述性的级别说明风险的影响程度和这些风险出现的可能性，比如采用"高""中""低"等文字描述风险的概率和影响。

在数据缺乏或缺乏进行定量评估的数学或计算方面条件时，没法开展定量评估，因此通常进行定性风险评估。定性的风险评估常用于筛查风险，以决定是否进行进一步调查。

3.5.2.2 定量的风险特征描述

定量的风险特征描述是指使用数值描述风险出现的可能性和后果的严重程度，通常用均数、百分数、概率分布等来描述模型变量。因此，定量的风险特征描述在处理风险管理问题时更加精细，也更有利于风险管理者做出准确的决策。

3.5.3 基于健康指导值的风险特征描述

3.5.3.1 健康指导值

健康指导值是指人类在一定时期内（终生或 24 h）摄入某种（或某些）物质，而不产生可检测到的对健康产生危害的安全限值。健康指导值包括每日允许摄入量、耐受摄入量、急性参考剂量等。

健康指导值一般从人群资料或实验动物的敏感观察指标的剂量-反应关系得到。制定健康指导值时如果采用的是从实验动物外推到人（假定人最敏感）或从部分个体外推到一般人群时一般要采用安全系数。如果根据动物资料外推到人，通常以 100 倍的不确定系数作为起点。如果数据不

二维码 3-9　健康指导值

充分,应进一步增加不确定系数。

3.5.3.2　每日允许摄入量

每日允许摄入量(Acceptable Daily Intake,ADI)是指人或动物每日摄入某种化学物质(食品添加剂、农药等),对健康无任何已知不良效应的剂量。

ADI常根据"未观察到有害作用的剂量"(NOAEL)来制定,通常以每千克体重摄入物质的毫克数表示。人的ADI值通常由动物资料外推而来,其计算公式为:

$$ADI[mg/(kg \cdot bw \cdot d)] = \frac{NOAEL[mg/(kg \cdot 动物\ bw \cdot d)]}{安全系数}$$

由于人和动物对化学物质感受性的不同,根据经验数据,一般取100～500作为安全系数。例如某食品添加剂对动物未观察到有害作用的剂量(NOAEL)为4 mg/kg,则此食品添加剂的人体ADI为4÷100=0.04 mg/kg。如果一般成人体重以60 kg计,则此食品添加剂的成人最高摄入量每日不应超过0.04×60=2.4 mg/(人·d)。

1.食品添加剂

联合国粮农组织(FAO)和世界卫生组织(WHO)联合食品法规委员会将食品添加剂定义为:食品添加剂是有意识地少量添加于食品,以改善食品的外观、风味和组织结构或贮存性质的非营养物质。

我国对食品添加剂定义为:为改善食品品质和色、香、味,以及为防腐、保鲜和加工工艺的需要而加入食品中的人工合成或者天然物质。食品用香料、胶基糖果中基础剂物质、食品工业用加工助剂也包括在内。可见,食品添加剂不是食品的基本成分。因此,食品添加剂在用于食品之前,应进行系统、严格的风险评估,以确保其在食品中使用后人类摄入的健康安全性。

食品添加剂在使用过程中要特别注意最大使用量和最大残留量这两个指标。最大使用量是指食品添加剂使用时所允许的最大添加量;最大残留量是指食品添加剂或其分解产物在最终食品中的允许残留水平。比如,氨基乙酸在预制肉制品中的最大使用量为3 g/kg(表3-8)。

表3-8　氨基乙酸(甘氨酸)在相关食品中的最大使用量(GB 2760—2014)

食品分类号	食品名称	最大使用量/(g/kg)
8.02	预制肉制品	3
8.03	熟肉制品	3
12	调味品	1
14.02.03	果蔬汁(浆)类饮料	1
4.03.02	植物蛋白饮料	1

2.农药残留

农药残留是指农药使用后一个时期内没有被分解而残留于生物体、收获物、土壤、水体、大气中的微量农药原体、有毒代谢物、降解物和杂质的总称。

常见的农药有有机氯类、有机磷类等。其中,有机氯类农药难以降解,残留性较强。有些农药容易在植物机体内残留,比如异狄氏剂、六六六等;有些农药则易于在土壤中残留,比如艾氏剂、狄氏剂等;而有些农药易溶于水,如异狄氏剂等。这些残留性的农药在土壤、植物和水体中可能会保持原来的化学结构,也可能在土壤、植物和水体中以其化学转化产物或生物降解产物的形式残存。

鉴于农药残留对人体健康有很大危害,对农药的施用应进行严格管理。各国家应根据农药及其残留物的毒性评价,制定本国的农药安全使用规范,以保障本国公民身体健康。

3.兽药残留

联合国粮农组织和世界卫生组织(FAO/WHO)食品中兽药残留联合立法委员会将兽药残留定义为:动物产品的任何可食部分所含兽药的母体化合物和(或)其代谢物,以及与兽药有关的杂质。兽药残留既包括原药,也包括药物在动物体内的代谢产物和兽药生产中所伴生的杂质。其中,抗生素类、呋喃类、抗寄生虫类、磺胺类和激素类等药物是动物源食品中引起兽药残留量超标的主要兽药。

食用兽药残留超标的食品,会对人体健康产生不良影响。比如,当体内蓄积的兽药浓度超过一定临界值,人体可能会产生多种急慢性中毒。另外,有些兽药本身就具有致畸、致癌、致突变等作用。还有一些药物(如青霉素、四环素等)能使个别人群发生过敏反应甚至休克。因此,兽药残留量超标无疑会对人类健康产生潜在的危害。

二维码 3-10　允许使用,不得
在动物性食品中
检出的兽药

因此,相关企业及个人应严格按照《食品安全国家标准　食品中兽药最大残留限量》的相关规定合理使用兽药,未经农业农村部批准的兽药和《食品动物禁用的兽药及其他化合物清单》所列药物均不得使用。

3.5.3.3　耐受摄入量

耐受摄入量(Tolerable Intake,TI)是指没有可估计的有害健康的危险性对一种物质摄入的容许量,是对某一物质摄入的安全限值。比如,当不小心摄入化学性危害物时可能会对人体产生不良作用,并对人体健康造成危害。

化学性危害物通常以危害特征描述步骤推导以获得健康指导值,以获得的健康指导值作为参考值进行风险特征描述。如果待评估物质的膳食暴露量估计值低于健康指导值,一般认为其膳食暴露量不会对人群健康产生可预见的风险。相反,如果膳食暴露量超过健康指导值,我们对健康风险进行判定和描述时应更加慎重。与此同时,我们还要考虑到健康指导值在推导过程中存在一定的不确定性。因此,要综合考虑所有可能的相关信息,谨慎地进行风险特征描述。

3.5.4　遗传毒性致癌物的风险特征描述

3.5.4.1　遗传毒性致癌物

遗传毒性致癌物是指能与 DNA 反应,引起 DNA 损伤而致癌的化学致癌物。常见的致癌物有:①直接致癌物,这类物质绝大多数是合成的有机物,例如,内酯类、活性卤代烃类、硫酸酯类、亚胺类等。②前致癌物,该类致癌物分为天然和人工合成两大类。天然物质主要有黄曲霉毒素等,人工合成的主要有杂环或多环芳烃类、双环或多环芳香胺类、单环芳香胺类、喹啉类等。③无机

二维码 3-11　身边最近的
一级致癌物

致癌物,比如,放射性元素铀、镭、氡等。

有遗传毒性的致癌物,应将其膳食暴露水平降至尽可能低的水平。因为这类物质在任何暴露水平下,都可能会对人体健康造成不同程度的风险。

3.5.4.2 ALARA(As Low As Reasonably Achievable)原则

JECFA 建议在对有遗传毒性致癌物进行风险特征描述时,应采用 ALARA 原则,即在合理的条件下,应将这些有遗传毒性致癌物的膳食暴露量水平降至尽可能低的水平,以最大限度保护消费者健康。

3.5.4.3 低剂量外推法

对于有些致癌物,可在实验条件下获取高剂量下的剂量关系,然后利用该剂量关系进一步推测低剂量条件下的剂量-反应关系,从而假设致癌物在低剂量的反应范围内,剂量和癌症发生率的剂量-反应关系,以估计这些致癌物膳食暴露的肿瘤发生风险。

3.5.4.4 暴露限值(Margin of Exposure,MOE)法

暴露限值法是根据动物或人群试验所获得的剂量-反应曲线上分离点或参考值与估计的人群实际暴露量的比值——MOE 值的大小反映膳食暴露的风险水平,化学物质膳食暴露的健康损害随 MOE 值的增加而增大。

但目前还没有一个国际公认的对人类健康产生显著危险的 MOE 值。英国致癌化学物质委员会和欧盟认为,MOE 值大于 10 000 可认为待评估化学物质的致癌风险较低。加拿大卫生部则认为 MOE 值小于 5 000 属于高风险,5 000～500 000 为中风险,高于 500 000 为低风险。

3.5.5 微生物危害因素风险特征描述

微生物风险评估主要是评估特定食品中污染的有害微生物。通过综合流行病学、临床和实验室监测数据,确定有害微生物及其适宜的生长环境,了解微生物对人类健康的不良影响及作用机制。同时,还应关注微生物污染的食品及在世界各国所致食物中毒的发生情况等。

微生物风险评估的危害特征描述应对微生物可能对人体健康造成的不良影响进行评价。同时,对影响微生物生长繁殖的食品基质特性进行描述。根据剂量-反应关系,确定机体摄入微生物的数量与导致健康不良影响(反应)的严重性和(或)频率。

二维码 3-12　常见的食源性致病微生物

对食品中微生物风险进行暴露评估时,常根据食品的消费量和消费频率以及致病菌在食品中的污染水平,按照定性和定量的评估方法进行。定性评估一般使用阴性、低、中、高等词汇描述;定量评估则通过定量模型,估计食物中致病菌的污染水平以及人群暴露量。

3.5.6 联合暴露风险评估

3.5.6.1 化合物的联合作用形式

化合物的联合作用形式主要有以下 4 种:

(1)协同作用:联合化合物的总作用强度大于混合物中每种成分在相同暴露水平下产生的

单独作用之和。比如,混合物中某一化合物能改变另一种化合物的代谢,引起两种化合物毒代动力学的交互,这种交互可以产生高毒代谢产物,从而使联合化合物的毒性增强。

(2)剂量相加作用:联合化合物中各成分的产毒作用机理相同时,混合物的毒性效应往往呈相加作用,即混合物的总作用等于各成分暴露水平与其效力乘积的总和。

(3)反应相加作用:联合化合物中各成分产毒作用机理不同,但其毒性效应相同,混合物毒性效应往往呈相加作用。

(4)拮抗作用:联合化合物的毒性小于混合物中任一成分的单独毒性,也就是说,混合物中某一成分能使其他化合物的毒性降低。

以混合物形式存在的毒性物质,一般应根据受试混合物的 ADI 值进行安全性评价。对于毒理学资料不充分的化合物,可采用类别 ADI 进行安全性评价。

3.5.6.2　类别 ADI

如果毒性作用类似的几种化学物质用于或出现于食品中时,通常对该组化合物制定类别 ADI 以限制其总摄入量。如果某种化合物缺乏相应的毒理学资料,而与其结构相似、作用特点一致的一类物质具有充足的毒理学信息时,也可以采用类别 ADI 进行安全性评估。

3.5.6.3　毒性当量因子(TEF)法

如果一组化合物具有共同的作用机制,则可以在这组化合物中确定一个"指示化合物",然后将各组分与指示化合物进行比较,计算相当于指示化合物浓度的暴露量,从而可根据指示化合物的健康指导值进行安全性评估。

3.5.7　亚人群的风险

在风险评估中,还要考虑不同亚人群的风险,比如,孕妇和婴幼儿就是最敏感的亚人群之一,即便在较低的暴露水平下,他们仍然可能会存在一定的风险。因此,对特定的亚人群,应进行个案分析,建立针对不同亚人群的健康指导值。

3.5.8　风险评估报告的编写指导原则(国家食品安全风险评估专家委员会技术文件)

风险评估报告编写的一般原则:①报告撰写应遵循所在国家风险评估报告编写指南所规定的格式。②报告应基于国际公认的风险评估原则即危害识别、危害特征描述、暴露评估、风险特征描述四步骤撰写。③报告不以"我"或"我们"等第一人称表述,而应使用"国家食品安全风险评估专家委员会"。④报告的措辞力求简明、易懂、规范,专业术语必须与国际组织和其他国家使用的风险评估术语及相关法律用语一致。⑤报告应尽可能使用科学的定量词汇描述,避免使用产生歧义的表述。⑥报告应客观的阐述评估结果,并科学的做出结论,必要时可引用其他国家及国际组织已有的评估结论。

一个完整的报告应该由封面、项目工作组成员名单、致谢、说明、目录、报告主体和相关附件等 7 部分内容组成,并应按此顺序排列。同时,报告说明需包含:①任务来源和评估目的。②评估所需数据的来源及数据的机密性、完整性和可利用性等阐述。③报告起草人、评议人及与待评估物质相关的各利益相关者间的利益声称。④报告可公开范围。⑤报告生效许可声明,如本报告经专家委员会主任委员签字认可后生效。

3.5.8.1　化学危害物的风险评估报告

一般背景资料

（1）待评估物质的理化/生物学特性：对可能引起风险的危害因素（化学污染物、食品添加剂、营养素、微生物、寄生虫等）的理化和（或）生物学特征进行描述。

（2）危害因素来源：食品中危害因素的来源、食物链各环节（从农田到餐桌）的定性或定量分布、食品加工对危害因素转归的影响等描述。

（3）吸收、分布、代谢和排泄：如被评估物质为化学物质，需简要描述其在体内的吸收、分布、代谢和排泄过程。

（4）各国及国际组织的相关法律、法规和标准：对世界范围内针对待评估物质已有的相关法律、法规、标准等进行介绍，如该物质是否允许在食物链的某一环节使用、规定的使用范围、使用量及相关监管措施（如限量标准）等。

对化学性物质危害识别的描述应简明扼要，允许引用其他文件中使用的类似内容。通过对已发表国际组织技术报告、科技文献、论文和评估报告资料的整理，获得与待评估物质相关的 NOEL、NOAEL、LO（A）EL 等参数，以定量描述危害因素对动物的毒性和人群健康的危害，具体为：

（1）动物毒性效应：通过待评估物质对动物毒性资料（如急性毒性、亚急性毒性、亚慢性毒性、慢性毒性、生殖发育毒性、神经毒性和致畸、致突变、致癌作用等）的分析，确定危害因素的动物毒性效应。

（2）对人类健康的影响：危害因素与人类原发或继发疾病的关系。危害因素可能会对人类健康造成的损害。造成健康损害的可能性和机理。

对已有健康指导值的化学污染物，则综述相关国际组织及各国风险评估机构（如 IPCS、JECFA、JMPR、JEMRA、欧盟 EFSA、德国 BfR、美国 FDA 和 EPA、澳洲 FSANZ、日本食品安全委员会等）的结果，选用或推导出适合评估用的健康指导值（如 ADI、TDI 等）；如果自行制定健康指导值，则应对制定过程及依据进行详细阐述。

该部分主要包含以下内容：

（1）基本描述：食物载体的名称、来源、数量及代表性；危害因素的检测方法、检出限及定量限；危害因素在食品中的浓度及污染率数据；食物消费量和有关暴露频率的数据；暴露评估计算方法描述（如确定性评估、概率评估）；数据处理方法（地域分层方法、人群分组方法、食物分类方法等）。

（2）暴露评估结果应包含膳食暴露水平[单位为 $mg/(kg \cdot bw)$ 或 $\mu g/(kg \cdot bw)$]和各类食物贡献率（单位为%）两部分，在报告中用文字和图表相结合的方式表述。

以总结的形式对危害因素的风险特征进行描述，即将计算或估计的人群暴露水平与健康指导值进行比较，描述一般人群、特殊人群（高暴露和易感人群）或不同地区人群的健康风险。如果有可能，应描述危害因素对健康损害发生的概率及程度。

不确定性分析：任何材料和数据方面的不确定性（如知识的不足、样品量的限制、有争议的问题等）都要在该节进行充分地讨论，并对各种不确定性对结果可靠性的影响程度进行详细说明。

其他相关内容：根据需要，对本报告中易被误解和易误导受众群体等问题进行详细说明。

结论：根据评估结果，以准确、概括性措辞将评估结论言简意赅地表述出来。

建议采取行动/措施：①根据评估结果和结论，从不同的角度对风险管理者、食品生产者和消费者分别提出降低风险的建议和措施。②若因资料和数据有限未能获得满意的评估结果，应提出进一步评估的建议和需进一步补充的数据。

参考资料：若评估报告中引用了文献和文件，在评估报告的最后要提供引用文献和文件的出处。

3.5.8.2 微生物危害因素的风险评估报告

一般背景资料

(1)待评估物质的理化/生物学特性：对可能引起风险的危害因素（化学污染物、食品添加剂、营养素、微生物、寄生虫等）的理化和(或)生物学特征进行描述。

(2)危害因素来源：食品中危害因素的来源、食物链各环节（从农田到餐桌）的定性或定量分布、食品加工对危害因素转归的影响等描述。

(3)吸收、分布、代谢和排泄：如被评估物质为化学物质，需简要描述其在体内的吸收、分布、代谢和排泄过程。

(4)各国及国际组织的相关法律、法规和标准：对世界范围内针对待评估物质已有的相关法律、法规、标准等进行介绍，如该物质是否允许在食物链的某一环节使用、规定的使用范围、使用量及相关监管措施（如限量标准）等。

微生物风险评估中的危害识别部分主要确定特定食品中污染的有害微生物（微生物-食物组合）。即通过对已有流行病学、临床和实验室监测数据的审核、总结，确定有害微生物及其适宜的生长环境；微生物对人类健康的不良影响及作用机制、所致疾病特点及发病率、现患率等；受微生物污染的主要食品及在世界各国所致食物中毒的发生情况等。具体为：①特征描述：微生物的基本特征、来源、适宜的生长条件、影响其生长繁殖的环境因素等。②健康危害描述：该有害微生物对健康不良影响的简短描述，确认涉及的敏感个体和亚人群，特别要注重对健康不良作用的详细阐述，以助消费者更好理解对健康影响结果的严重性和意义。③传播模式：病原体感染宿主模式的简单描述。④流行病学资料：对文献记载所致疾病暴发情况的全面综述。⑤食品中污染水平：简单描述被污染的食品类别和污染水平。

微生物风险评估的危害特征描述应包括以下内容：①对健康造成不良影响的评价：发病特征评价，包括所致疾病的临床类别、潜伏期、严重程度（发病率和后遗症）等。病原体信息：微生物致病机理（感染性、产毒性）、毒力因子、耐药性及其他传播方式等阐述。宿主：对敏感人群、特别是处于高风险亚人群的特征描述。②食品基质：影响微生物生长繁殖的食品基质特性如温度、pH、水活度、氧化还原电位等以及对食品中含有促进微生物生长繁殖特殊营养素等的描述；同时对食品生产、加工、储存或处理措施对微生物影响的描述。③剂量-反应关系：机体摄入微生物的数量与导致健康不良影响（反应）的严重性和(或)频率；以及影响剂量-反应关系因素的描述。一般情况下，对每一种致病菌-食品（农产品）组合，风险评估中危害识别和危害特征描述常同时叙述，但危害识别更注重于对病原体本身的阐述，而危害特征描述则侧重于对食品（农产品）特性和致病菌剂量对消费者影响的阐述。

根据食品消费量和消费频率、致病菌在食品中的污染水平，对人群暴露水平进行定性和定量评估。定性评估一般适应于数据不充分的情况，对食物中致病菌水平、食物消费量、繁殖程度等参数可使用阴性、低、中、高等词汇描述；定量评估则通过选择病原体-食物组合、食物消费量和消费频率资料、确定暴露人群和高危人群、流行数据、选择定量模型、食品加工储存条件对微生物生长存活的影响以及交叉污染可能性的预测等分析,估计食物中致病菌污染水平、人群暴露量(关注人群中的个体年消费受污染食物的餐次)及对健康的影响。

如果评估对象为微生物,就需要计算在不同时间、空间和人群中因该微生物导致人群发病的概率,以及不同的干预措施对降低或增加发病概率的影响等。

3.5.8.3　风险评估的不确定因素

风险评估过程本身也存在很多不确定性,这些不确定性主要来源有:

(1)评估数据本身的局限性。比如在化合物的暴露评估中,食品中化合物浓度的数据,这些数据可能来源于食品企业,也可能来源于监管机构的调查、检测,这些数据可能因检测水平、随机误差等存在一定的局限性。

(2)评估模型带来的不确定性。比如,暴露评估模型选择点评估,尽管使用了更少量的数据,但其更加"保守"。如果选择概率评估模型,则需要更多的人群膳食数据。同时,模型的参数选择也会对评估结果产生影响。

(3)当试验结果是从动物试验按照一定的安全系数推导到人群,而试验动物和人体的代谢存在差异时,种属间的毒代动力学差异带来的不确定性。因此,进行风险评估时,要充分考虑现有数据的适应性以及数据质量,以尽可能减少风险评估过程中不确定性因素。

■ 本节小结

风险特征描述是在危害识别、危害特征描述和暴露评估的基础上,对特定人群健康产生不良作用的风险及其程度进行定性和(或)定量评估,包括描述和解释风险评估过程中产生的不确定性。

一般来说,对于有阈值的化学物质,风险特征描述通常将计算或估计的人群暴露水平与健康指导值进行比较,描述一般人群、特殊人群或不同地区人群的健康风险。对于没有阈值的物质,建议采用暴露限值(Margin of Exposure,MOE)法进行风险特征描述,即利用动物试验观察到的毒效应剂量与估计的人群膳食暴露水平之间的暴露限值进行评价。

编写风险评估报告要遵循国家风险评估报告编写指南所规定的格式,其中,基于化学危害物的风险评估报告和基于微生物危害因素的风险评估报告既有区别,又有相同点。同时,要注意风险评估本身存在的不确定性。

② 思考题

1. 风险特征描述的分类及定义是什么?
2. 健康指导值有哪些,其定义是什么?
3. 对于有遗传毒性致癌物的风险特征描述常用的方法和原则有哪些?
4. 化合物的联合作用形式有哪些?
5. 风险评估报告的编写原则有哪些?
6. 风险评估的不确定性因素有哪些?

■ 参考文献

[1] 中华人民共和国国家标准管理委员会.食品安全国家标准:食品添加剂使用标准.北京:标准出版社,2014.

[2] 中华人民共和国国家标准管理委员会.食品安全国家标准:食品中农药最大残留限量.北京:标准出版社,2019.

[3] 中华人民共和国国家标准管理委员会.食品安全国家标准:食品中兽药最大残留限量.北京:标准出版社,2019.

[4] 杨杏芬,吴永宁,贾旭东,等.食品安全风险评估—毒理学原理、方法与应用.北京:化学工业出版社,2017.

[5] 宁喜斌,周德庆,董庆利,等.食品安全风险评估.北京:化学工业出版社,2017.

[6] CAC/MISC 5,GLOSSARY OF TERMS AND DEFINITIONS,RESIDUES OF VETERINARY DRUGS IN FOODS,1993.

[7] 陆昌华,尹文进,谭业平,等.肉品安全风险评估.北京:中国农业出版社,2017.

[8] 伊布•克努森,英奇•赛伯格,福尔默•埃里克森,等.新资源植物性食品的风险评估与风险管理—概念与原理.上海:上海交通大学出版社,2017.

[9] 国家食品安全风险评估专家委员会,国家食品安全风险评估专家委员会技术文件,2010.

(张小村,卢丞文)

3.6 风险评估的应用与决策

3.6.1 食品加工过程的风险控制

《中华人民共和国食品安全法》第十七条规定了由国家建立食品安全风险评估制度,运用科学方法,根据食品安全风险监测信息、科学数据以及有关信息,对食品、食品添加剂、食品相关产品中生物性、化学性和物理性危害因素进行风险评估。国务院卫生行政部门负责组织食品安全风险评估工作,成立由医学、农业、食品、营养、生物、环境等方面的专家组成的食品安全风险评估专家委员会进行食品安全风险评估。食品安全风险评估结果由国务院卫生行政部门公布。风险评估的结果是制定管理决策的重要科学依据。《中华人民共和国食品安全法》第二十一条也明确规定了食品安全风险评估结果是制定、修订食品安全标准和实施食品安全监督管理的科学依据。经食品安全风险评估,得出食品、食品添加剂、食品相关产品不安全结论的,国务院食品安全监督管理等部门应当依据各自职责立即向社会公告,告知消费者停止食用或者使用,并采取相应措施,确保该食品、食品添加剂、食品相关产品停止生产经营;需要制定、修订相关食品安全国家标准的,国务院卫生行政部门应当会同国务院食品安全监督管理部门立即制定、修订。

上述这些规定是我们开展食品安全加工过程风险评估与控制的法律依据。

3.6.1.1　食品安全风险评估的制度与管理

《中华人民共和国食品安全法》规定有下列情形之一的,应当进行食品安全风险评估:

(1)通过食品安全风险监测或者接到举报发现食品、食品添加剂、食品相关产品可能存在安全隐患的;

(2)为制定或者修订食品安全国家标准提供科学依据需要进行风险评估的;

(3)为确定监督管理的重点领域、重点品种需要进行风险评估的;

(4)发现新的可能危害食品安全因素的;

(5)需要判断某一因素是否构成食品安全隐患的;

(6)国务院卫生行政部门认为需要进行风险评估的其他情形。

法规要求,企业应当建立并执行原料验收、生产过程安全管理、设备管理等食品安全管理制度;应当就原料、生产关键环节和运输交付等事项制定并实施控制要求;生产过程中发生不符合控制要求的,要求即查明原因并采取整改措施;应如实记录食品生产过程的安全管理情况,记录的保存期限不得少于 2 年。

为保证问题食品的可追溯性,法规要求食品批发企业的销售记录和凭证保存期限不得少于产品保质期满后 6 个月,没有明确保质期的,保存期限不得少于 2 年。同时,餐饮服务提供者应当制定并实施原料采购控制要求,不得采购不符合食品安全标准的食品原料;发现待加工食品及原料有腐败变质、油脂酸败、霉变生虫等情况的,不得加工或者使用。

法规还特别明确了县级、市级人民政府统一组织、协调食品安全监管工作的职责,规定县级人民政府应当统一组织、协调本级食品安全监督管理、农业行政等部门,在本行政区域内依法进行食品生产经营者的监督管理工作以及食品安全突发事件应对工作;对发生食品安全事故风险高的食品生产经营者,应当重点加强监督管理。

2009 年《中华人民共和国食品安全法》的实施,大大推动了风险分析框架的应用。2015 年《食品安全法》更加强调了风险分析框架,在具体条款的修改中全面体现了风险监测、风险评估、风险管理和风险交流,基本上与国际接轨。2019 年《食品安全法》完善了食品安全风险监测、食品安全标准等基础性制度,强化食品安全风险监测结果的运用,规范食品安全地方标准的制定,明确企业标准的备案范围,切实提高食品安全工作的科学性。在风险评估方面,2009 年原卫生部按照《食品安全法》的要求,成立了第一届由医学、农业、食品、营养等方面的专家组成的食品安全风险评估专家委员会。至今为止已完成了 30 项化学和微生物危害的优先评估项目,其中膳食中碘摄入、膳食中铝摄入、膳食中反式脂肪酸摄入、鸡肉中沙门菌、即食食品中单增李斯特菌等的评估结果,在相关标准制定中发挥了重要的作用。

中国当前在食品安全方面存在的问题还很多,有的还是很严重的。从对消费者健康的危害来讲,食源性疾病是最重要的食品安全问题。食品安全领域中的另一个突出的问题是食品的掺假或欺诈。中国消费者对食品安全的过度担心十分突出。为了继续提升中国食品的质量和安全性,一是食品生产经营者要做到从农田到餐桌的全产业链安全保障。其中,要特别强调龙头企业有责任带动上下游中小企业,做到上下游联动,不出现漏洞。二是政府要加强部门合作,做到全产业链的一体化无缝监管。

3.6.1.2 食品生产过程的风险控制

为有效地控制食品加工过程中的风险,应从产品源头,产品加工过程,产品运输,贮藏和销售过程等方面来进行决策分析,得出控制食品安全的有效措施。

1. 源头控制

食品原材料的来源和品质是保证食品安全的首要条件,因此采取措施控制原材料的来源,保证品质,防止原料被污染,是保证食品安全的首要措施。例如,通过给奶牛接种疫苗,可防止布鲁氏菌污染牛奶;在农产品生产中正确实施良好的农业操作规范和卫生实践,控制原材料产品的安全性。采用田间危险分析和关键控制点分析原则来分析调查土地近几年的使用状况和污染危害、肥料的使用限制、灌溉水质的安全性、农药的使用过程、采收过程中的卫生操作以及容器的使用等。其中,对土地水源的危害分析与控制是控制重金属残留的关键;生物技术的使用可以增强植物对疾病的抗性,使农药用量减少,这对本身可分泌毒素的植物的生产十分重要。通过生产技术可改善土壤的酸碱度,进行土壤改良剂的研发。有效地控制农药的使用,解决原料农药残留水平问题。对多数化学污染(如 PCBs 和毒素)来说,要将污染程度控制在安全水平内,唯一可行的方法是通过环境措施阻止污染;而用清洁水灌溉农田则是减少甲型肝炎病毒传播的重要措施。但在对微生物污染的防治上并不总是有效的,因为土壤里包含了成千上万的细菌、病毒、原生动物(包括病原菌),因此一些潜在的病原微生物常附着在植物、动物和鱼类等高等生物体上,成为它们的附生部分。

2. 产品加工过程控制

尽管实施了良好的农业操作规范,仍然会有一些原料被病原微生物污染。在许多发展中国家,炎热和潮湿的天气常是霉菌生长和毒素产生的原因。食物链后期不当的加工步骤,如运输、贮藏、分销和配制等,也可能增加污染水平。应用先进的食品技术是阻止食源性疾病的必要措施。

食品加工技术中,控制微生物腐败及安全危害的传统方法包括冷冻、热烫、巴氏消毒、灭菌、灌装、腌制、糖渍、添加防腐剂等。其中属于物理方法的是热处理、冷冻、辐照、紫外处理、高压处理等;属于化学方法的包括腌制、添加添加剂等。对于前者,只要加工时将存活的病原菌控制在允许范围之内,并且加工后没有二次污染,食品就是安全的。对于后者,只要化学物质持续在食品中保持活性,就能有效控制食品污染。

3. 产品运输、贮藏、流通和销售过程中的控制

在产品运输、贮藏、流通和销售的环节,主要是食品安全管理体系包括卫生实践,以及预防风险的关键控制点分析原则的应用。食品安全管理体系包含了对器具、设备、程序、过程、工具、组织测量、分析与评估和人员的管理控制,确保产品的化学和微生物等的安全。

食品完成加工与包装过程后,在运输、贮藏和销售过程中,不安全因素主要是由微生物引起的。在这一过程中,食品中的微生物会随着温度等环境条件的变化而变化,从而影响食品的安全性。关于微生物的变化规律,主要是采用预测食品微生物学来进行分析。所谓预测食品微生物学是结合微生物学、数学和统计学等学科,通过建立模型来描述和预测微生物在特定环境条件下的生长和消亡的规律的一门学科。通过建立动力学模型来模拟微生物生长的范围和速率,从而预测发生食品安全事件的可能性。

预测微生物学起源于罐头工业中,采用 D 值描述微生物死亡率。然而,这种求解复杂数学问题的能力需要电脑技术的革新,后者极大地推动了预测模型的发展。用于预测微生物存活和生长的模型有可能成为食品生产中用于评价、控制、记录和保证食品安全的一套完整、有力的工具。预测微生物学已经成为食品安全管理中不可或缺的工具,它是微生物定量风险评估(Quantitative Microbial Risk Assessment,QMRA)和 HACCP 的有力依据。

预测微生物学的主要目的在于用数学方法描述微生物体在特定生长条件下在食品中的生长情况。影响微生物生长的主要因素有 pH、水分活度、空气、温度、有机酸的存在(如乳酸)等。采用一定范围内可代表商业生产中所存在目标微生物的细菌菌种,收集预测模型的原始数据。理想状态下,这些菌种中应包括那些引起疾病暴发事件、生长最快和最经常出现的菌株。虽然在生物反应器中可以获得大量有关微生物生长的参数,但这些参数并不能直接应用于食品工业。在食物中,环境因素更容易变化和波动,而且经常需要处理多菌株混合生长的情况。

二维码 3-13　预测微生物学

3.6.1.3　风险评估举例

目前,我国食品安全存在以下 4 个方面的情况:①从消费者健康的危害来讲,食源性疾病是最重要的食品安全问题。为了提高食源性疾病防治水平,必须通过现场与实验室结合的流行病学调查,确定每起食源性疾病暴发的原因食品和致病微生物。应该清醒地看到,当前中国的食源性疾病的病因调查,无论是组织架构,还是技术水平,与国外相比都有很大差距。②在食品的化学污染方面,粮食和蔬菜中的重金属(铅、镉)、粮食和坚果中的霉菌毒素、畜禽养殖中非法使用兽药、蔬菜和茶叶种植中非法使用农药,是我国当前面临的主要问题。产生这些问题的主要原因是环境污染、生产规模小和分散。③食品的掺假或欺诈(Food Adulteration or Food Fraud)是食品安全领域中的另一突出的问题,通常称为假冒伪劣食品。这个问题是世界性的,如 2013 年的欧洲马肉事件。尽管从专业上讲,食品掺假或欺诈不等同于食品安全,因为多数掺假的食品(如用狐狸肉冒充羊肉、用硫黄熏辣椒、面粉中添加柠檬黄冒充玉米粉等)并不会危害消费者健康。然而,由于这种"经济利益驱动"(Economically Motivated Adulteration)的食品掺假或欺诈当前在中国相当普遍,严重影响了消费者对食品供应的信心。④消费者对食品安全的过度担心十分突出。对于媒体或传言的不真实、不科学的"新闻"宁可信其有,而对于科学的解释反而持怀疑态度。因此,食品安全与否,是否存在造成健康危害的风险,需要科学的评估。食品安全风险评估就是基于动物实验和人体摄入水平,利用科学评价,推断发生食品危害的风险的方法。因此,由监管部门负责食品安全风险评估、食品安全标准制定、食品安全信息公布是必不可少的。

以下以某地方海关为例,介绍其在禽肉、蔬菜两大支柱产品的生产中,着力构建科学规范的评估体系,做到用事实和数据说话,用科学理论支撑,完成食品安全风险评估从浅显到深入、从简单到精细、从定性到定量、从零星到系统逐步完善的过程。

危害识别。危害识别就是找出影响食品安全的风险因子。该海关根据出口禽肉生产环节多、流程复杂、容易出现安全性事故的现状,经过分析评价,确定了风险分析的"五要素":①分析国外预警信息，掌握国外技术壁垒新动向；②对海关技术中心检出情况进行分析，了解生产加工全过程的质量状态；③分析产品不合格的原因，找出需要重点控制的关键环节；④分析进口国通关要求，明确进口国的检查方式、监测范围；⑤分析国外官方检查情况，发现监管过程中的"盲区"和"死角"。

通过对近千个数据的统计分析，从几十个危害因素中确定了影响禽肉卫生安全的 4 个风险因子，即高致病性禽流感、辅料和添加剂、有害微生物、产品的生熟度。通过研究风险因子的内在规律和联系，对出口禽肉监控项目及频率进行调整。针对在产品辅料和添加剂风险上重视不足的问题，及时做出调整，将辅料和添加剂纳入监控范围，增加了对鹌鹑蛋、蔬菜、调味品等的农药、兽药残留风险评估，消除了产品的质量隐患。

风险描述。风险描述就是要确定风险的危害程度。该地区年出口蔬菜 70 万 t。为规避出口风险，特别是针对日本的"肯定列表制度"，该海关通过开展风险评估，对辖区出口日本的食品和农产品的种类、数量、生产企业、农药生产流通使用、产品农药残留、土壤残留等开展全面调查，汇总分析数据 10 万个，评估范围涵盖企业源头管理、生产加工和包装储运环节的卫生控制、HACCP 管理、自检自控、微生物和农药残留控制、官方验证情况等，还对生姜、冷冻菠菜、大葱、蒜薹等 19 种敏感产品进行了专题评估，分析产品中致病微生物、添加剂、药残的危害性，并做出详尽准确的描述，使风险评估的理论依据更加充实。

风险管理。根据危害识别和风险描述制定控制风险的有效措施。风险评估的目的是有效控制出口风险，消除质量隐患。该海关通过风险评估，有针对性地制定并采取了以下措施：

一是根据风险评估报告，制定出口食品安全监控计划。先后修改制订了出口禽肉和蔬菜的疫病、农药和兽药残留、微生物监控计划等十几个管理文件，对监控的品种、项目、频率、限量、检测方法等做了详细而明确的规定，增强了监管工作的有效性。

二是进行风险划分，实施新的监管验放模式。通过风险评估分析，区别不同产品和出口国家及地区，采取不同的监管措施。对出口日本的冷冻菠菜、生姜和出口欧盟的花生以及出口韩国的泡菜等高风险产品，参照出口日本菠菜取样规则，对原料、半成品、成品分别取样，批批检验。对中低风险产品实施监控放行。监控项目包括预警内容和种植基地使用的农药，特别是日本禁止使用的 0.05 mg/kg 以下标准和"一律标准"的农药。

三是抓好源头管理，提升出口产品质量安全水平。源头监控是风险管理的关键环节。该海关坚持从源头抓质量，大力推行"公司＋基地＋标准化"模式，扩大备案基地建设规模，提高高风险产品的基地备案标准，严格监控农药和兽药残留及环境污染因子，引导企业建设规模化的高标准种植、养殖基地。同时，认真落实"驻厂员"制度，对 7 家重点禽肉出口企业派驻辅助兽医，做到了从源头到成品的全过程监管。

四是拓宽监管领域，强化对农药和兽药源头的管理。农药和兽药是食品安全风险管理的难点。通过风险评估，该海关将农药和兽药的生产流通一并纳入监控范围，实行了"出口企业＋农药和兽药生产供应厂商＋检验检疫"的农药和兽药使用管理新模式，即出口企业与有资质的农药和兽药生产厂、供应商签订经济责任合同，建立专供渠道；海关对供应厂商和使用的农药、兽药实行备案管理，对主要供应商建立业务登记档案和诚信档案，定期公布国内外官方农药和兽药限量要求和禁用药名录以及用于生产的农药和兽药检测结果，实现信息共享。通过三方互动、联合监控，实现了对出口食品、农产品的农药和兽药源头的有效控制。

二维码 3-14　反式脂肪酸的风险评估案例　　　二维码 3-15　龙舌兰酒中甲醇的风险评估案例

3.6.2　食品安全目标

食品安全目标是风险评估与有效控制识别风险相联系的风险管理工具。对于在食品链特定环节的实际应用,政府部门有责任将风险分析的结果转化为食品安全目标。这些目标应该是具体的,任何相关的食品操作员应通过适当的干预措施去努力实现其目标。

食品安全目标是处于保护消费者的目的,对食品中可考虑接受的微生物危害的最高水平的一种陈述。这个目标应该是:技术上是可行的,包括可量化的数值、可证实的、由政府部门发展并与国际食品贸易所要求的一致。

由政府定义的食品安全目标只是代表了食品操作员基于自己方法的最低目标。政府的食品安全目标可以作为公司的食品安全要求而应用。或者,由于商业因素,公司建立更多的食品安全需求并列入食品安全项目中。要达到食品安全要求,就需要实施良好操作规范(Good Manufacturing Practices,GMP),良好卫生规范(Good Hygiene Practices,GHP),HACCP 质量保证体系。

在整个食品安全控制体系中,食品安全目标处于一个特殊的层次。在一个国家中,整个食品安全体系可以分为食品安全管理和食品安全控制两个层面。食品安全目标之所以特殊,是因为它既不属于微观的食品安全管理,也不属于宏观的食品安全控制,它是一个中观的概念,是连接食品安全管理和食品安全控制的工具。这种特殊的地位可以用图 3-10 表示,食品安全目标可以将食品安全管理和食品安全控制有效地连接起来,起着重要的中介作用。

图 3-10　食品安全目标在食品安全管理体系中的位置

3.6.2.1　食品安全目标的概念

根据实施卫生与动植物检疫措施协定(WTO/SPS 协定),各国政府有权采取强制性卫生措施保护本国人民健康、免受进口食品的危害,同时要求各国政府应通过风险评估确定一个适当的保护水平(Appropriate Level of Propection,ALOP)。ALOP 被定义为"为保护本国人、动物或植物的生命或健康,成员国制定并认为适当的卫生或植物检疫措施的保护水平"。ALOP 反映的是一个公共健康目标,可以表示为与公共健康相关的形式,例如可表述为"某种食品危害引起的每年每 100 000 人的发病数"。美国对于单核细胞增生李斯特菌的 ALOP 为"每年每 100 000 人中有 0.25 例李斯特病"。

目前公认的保证食品安全的有效工具是良好操作规范、良好卫生规范和危害分析与关键控制点。在 HACCP 体系中,食品危害被消除或降低至可接受水平。由于 ALOP 表述为"某种食品危害引起的每年每 100 000 人的发病数",而不是"食品危害的可接受水平",食品企业不知道危害在哪个水平是可以接受的,所以无法直接用 ALOP 作为制定控制食品危害措施的依据。为解决这个矛盾,国际食品微生物标准委员会(International Commission on Microbiological Specification for Foods,ICMSF)借鉴质量管理中的"质量目标(Quality Objective)"概念,于 1996 年提出了食品安全目标(Food Safety Objective,FSO),即"在能够提供适当保护水平的基础上,在食用时食品中微生物危害的最大频率和(或)最高浓度"。

国际食品法典食品卫生委员会采纳了 FSO 概念,并在 2004 年 3 月 29 日至 4 月 3 日美国华盛顿召开的国际食品法典食品卫生委员会第三十六次会议上决定将 FSO 扩大应用范围,扩大的范围包括所有的危害因素;将 FSO 定义修改为"在能够提供适当保护水平的基础上,在食用时食品中危害因素的最大频率和(或)最高浓度"。举例说明:奶酪中的葡萄球菌肠毒素含量不能超过 1 μg/100 g;花生中黄曲霉毒素含量不能超过 15 μg/kg;即食食品中单核细胞增生李斯特菌含量在食用时不能超过 100 CFU/g;奶粉中沙门菌含量应少于 1 CFU/100 kg 等。

FSO 的目的是将 ALOP 或风险可接受(耐受)水平转换成消费者可耐受危害的最大频率和(或)浓度。然后,FSO 可被转换成食品加工过程的执行,这样可确保在消费时食品中危害的水平不超过 FSO。由于风险特征被描述为"每年估计的疾病数量",术语描述类似 ALOP,因此认为在制定 FSO 的过程中风险评估是很重要的,而且风险评估能被用于选择确保达到 FSO 的控制措施。ICMSF 建议 FSO 应用于双重目的,政府制定 FSO 是告诉企业食品中不得超出的最高危害水平,并且建议应在流行病学调查的基础上制定 FSO,即食品中的某一危害水平不能引起不可耐受的公众卫生问题。如果有证据显示存在于食品中的某一危害水平确实不可接受,则应设定通过控制措施可能达到的更低限量,前提是该措施具有技术可行性且花费不高。出于不同目的应如

二维码 3-16 国际食品微生物
标准委员会

何制定 FSO 可能因情况不同而产生变化。

3.6.2.2 食品微生物安全管理

ICMSF 建议国际食品法典食品卫生委员会按以下步骤管理食品中的致病菌:

(1)实施微生物风险评估。

(2)风险管理。

(3)确定食品安全目标。

(4)确认食品安全目标可以通过 GHP 和 HACCP 在技术上实现。

(5)必要时制定终产品微生物标准。

(6)为食品国际贸易制定批产品接收标准。

图 3-11 是 ICMSF 提出的用于管理食品微生物安全的框架。政府部门的风险管理者利用流行病学资料,根据人类疾病与食品微生物的相关性,决定是否需要采取措施预防或减少同类疾病的发生,保护公共健康。专家组根据危害发生的可能性和严重性等信息,进行定量风险评

估。政府部门的风险管理者根据风险评估结果,决定是否需要制定一个食品安全目标。政府部门和食品工业界的风险管理者加强风险信息交流,评估制定的安全目标能否通过当前或改进后的技术、工艺、GHP、HACCP 等实现。如果食品安全目标可以实现,那下一步就要制定能将危害控制以满足食品安全目标要求的标准,包括操作标准、工艺标准和产品标准。如果制定的食品安全目标在技术上不可行,那就应该重新评估食品安全目标或调整工艺或产品;若仍无法实现食品安全目标,那就只能取消该产品或工艺。

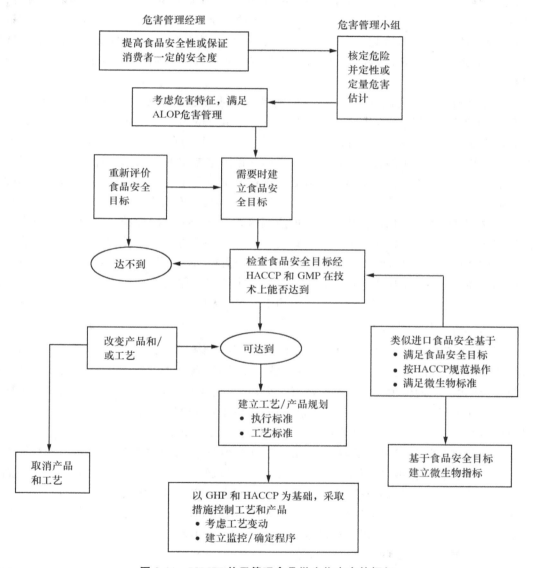

图 3-11　ICMSF 关于管理食品微生物安全的框架

　　ICMSF 提出的这个系统充分体现了食品风险分析的 3 个方面,即风险评估、风险管理和风险信息交流以及 GHP、GMP、HACCP 在食品安全管理中的应用。从图 3-11 中还可以看出,FSO 将食品风险分析与 GHP 和 HACCP 有机地结合起来了。

3.6.2.3　食品安全目标的应用

1. FSO 在食品安全管理中的应用

FSO 是一个相对新的概念,当被纳入风险管理工作框架时具有相当的优势,其表示了食品中微生物危害可达到消费者保护可耐受的最大频率和(或)浓度。在可能的情况下,FSO 应是定量且可验证的。通过与来自风险评估和风险管理过程的信息及管理特定风险的措施相结合,FSO 在现代食品安全管理体系中起着重要作用,可用于制定科学的控制措施。通常,由于缺乏关于危害的相关特性、导致公共卫生不良影响的因素、控制危害的必要条件及在食物链中如何有效实施控制措施的信息,所以 FSO 应具有灵活性。经常会有新发现的或新出现的危害情况发生,例如产肠毒素大肠杆菌。当可获得更多信息时,风险评估应进行更新,FSO 也应随之调整。

对于国际贸易中的食品,FSO 应在国际食品法典委员会工作框架内建立,这同世界贸易组织和《实施卫生与植物卫生措施协议》(Agreement on the Application of Sanitary and Phytosanitary Measures)简称 SPS 协议的概念一致,它为国际贸易食品可接收标准的协调一致提供工作框架。某个国家制定的食品安全标准常常同其他国家制定的不同,其为比较不同食品安全系统提出的相对保护水平提供了科学的基础。这些原则适用于等同性问题、保护水平和非关税贸易壁垒。某个国家的规范不同于另一国家,但二者同样提供安全产品时,它们应促进国际贸易的协调一致,而且,管理当局和食品加工者能应用这些原则制定等同标准。FSO 是食品安全管理的较好方法,因为它致力于保护人类健康且为达到这一目标提供了灵活性。因为交流消费者保护可耐受的危害水平,所以 FSO 不同于微生物标准。FSO 规定了目标,设计了可纳入食品生产和制备的控制措施(例如,GHP、HACCP),并可用于评估企业采纳的管理体系及管理机构采纳的监督体系的适宜性和有效性,因而 FSO 仅限于食品安全,不涉及质量。

2. 制定执行目标和执行标准

为了达到预定的 FSO,需要在食物链的一个或多个步骤采取一个或多个控制措施,对危害进行预防、消除或减少。由于 FSO 是指在最终食用时,食品中危害因素的最大频率和(或)最高浓度,而食品中的微生物在食物链的各个阶段,可由于交叉污染、生长繁殖或死亡等而发生变化。由于 GHP 和 HACCP 是帮助企业在食品操作中控制微生物危害的主要可获得手段,因此有必要确定 FSO 的技术可行性。执行目标(Performance Objective,PO)是指为确保食品安全目标和适当保护水平的实现,食品中有害因素在食物链的某阶段能够允许的最大频率和最高浓度。执行标准(Performance Criterion)是指通过采取一项或多项控制措施,控制食品中有害因素的发生频率和浓度,以满足执行目标和食品安全目标的要求。

为了实现 FSO,必须保证 PO 的实现;而为了实现 PO,必须满足执行标准的要求。FSO 由政府主管部门制定,而 PO 可以由政府或行业制定。PO 可以低于、等于或高于 FSO,主要根据产品的性质和食品链的不同阶段而异。

例如,假设鸡肉中沙门菌的 FSO 为"未检出"。为了实现这个目标,政府或行业部门需要为养殖场准备出栏销售的活鸡制定一个 PO。目前绝大多数国家饲养的肉鸡都带有沙门菌,所以 PO 不可能设定成与 FSO 一样,因此可将出栏销售时 PO 定为"不超过 15% 的活鸡带有沙门菌"。在后续的加工过程中,通过适当的煮制和 GHP、GMP,保证 FSO 的实现。这种情况下,PO 低于 FSO。

又如,假设即食食品的单核细胞增生李斯特菌的 FSO 为<100 CFU/g。由于即食食品中的单核细胞增生李斯特菌在食品出厂后会继续生长繁殖,所以其 PO 应严于 FSO。不同即食食品出厂后至食用前,其所含的单核细胞增生李斯特菌的生长繁殖情况是可以预测的,从而可以制定相应的 PO。比如某即食食品出厂时每吨产品中单核细胞增生李斯特菌的 PO 为<1 CFU/g。如果食品原料被污染,每吨产品中单核细胞增生李斯特菌的量达到 10^6 CFU/g,为了达到 PO<1 CFU/g,需要通过一个或多个措施(如煮制)将细菌数减少 10^6(即 6log,记为 $6D$)(D 值是指在一定温度条件下,将微生物杀灭 90%(即使之下降一个对数单位)所需的时间)。这个 $6D$ 减少量就是执行标准。其他的执行标准例如:低酸性罐头食品肉毒杆菌为 $12D$ 减少量、发酵型肉制品 E. coil O157:H7 为 $5D$ 减少量。

在制定执行标准时,必须考虑某种危害的初始水平及其在产品生产、分销、贮藏、制备和使用过程中发生的变化。例如,烹调牛肉馅时执行标准为沙门菌杀灭达 $6D$,或烹调生鲜或冷冻烤鸡时沙门菌降低至 10% 以下。

执行标准与 FSO 的关系可表示为:$H_0 - \Sigma R + \Sigma I \leqslant FSO$。其中:FSO 为食品安全目标;$H_0$ 为危害的初始水平;ΣR 为总的(累积的)危害减少量;ΣI 为总的(累积的)危害增加量;FSO、H_0、ΣR、ΣI 均以对数形式表示。下面举例说明该公式的应用:(1)发酵性肉制品 E. coil O157:H7 的 FSO 为<10^{-2} CFU/g。假设原料的细菌量为 10^3 CFU/g,在生产过程中可以预防细菌的生长,根据执行标准与 FSO 的关系式即 $H_0 - \Sigma R + \Sigma I \leqslant FSO$,得 $\lg 10^3 - \Sigma R + 0 \leqslant \lg 10^{-2}$,所以 $\Sigma R \geqslant 5$。由此得出总的危害减少量为 10^5,执行标准≥$5D$ 减少量。(2)如果原料的细菌量仍为 10^3 CFU/g,但生产过程中由于二次污染或细菌繁殖导致细菌量增加 100 倍,则有:$\log 10^3 - \Sigma R + \log 10^2 \leqslant \log 10^{-2}$,即 $3 - \Sigma R + 2 \leqslant -2$,所以 $\Sigma R \geqslant 7$,故总危害减少量应为 10^7。为此,需要采取一个或多个措施,将细菌数减少到 $1/10^7$,即执行标准为≥$7D$ 减少量。

3. 制定工艺标准和产品标准

工艺标准(Process Criterion)是为达到执行标准,在一个或几个步骤采用的工艺参数(如温度、时间、pH、Aw 等)。工艺标准是可以用来直接指导食品生产,以控制某种危害,从而达到执行标准的具体工艺参数。例如,在美国,牛奶巴氏杀菌的控制参数为 71.7℃保持 15 s。这个温度-时间组合可以保证杀死牛奶中的贝纳柯克斯体(Coxiella Burnetii)以及其他已知存在于原料奶中的非芽孢致病菌。又如,为了实现即食食品每吨中单核细胞增生李斯特菌 $6D$ 减少量的执行标准,可以分别在 70℃下加热 2 min、在 500 MPa 下高压处理 7.5 min、在 0℃下用 2.7 kGy 或 5℃下用 4.6 kGy 电离辐射处理。这几个工艺参数都是工艺标准。如果这个受控步骤是某个 HACCP 计划里的 1 个关键控制点,那么工艺标准就是该点的关键限值。

产品标准(Product Criterion)由各种确保食品在食用或制备前某种危害不会增加到不可接受水平的因素组成,产品标准包括的因素还被用于评估食品的可接受性。食品中的微生物取决于食品的成分和环境,测定 pH、A_w、温度和气体为判定特定食品的安全性提供了更快速的方法,在特定食品中这些因素是决定食品安全的主要因素。例如,如果已经判定一特定 pH(如 pH≤4.6)或 A_w(如 $A_w \leqslant 0.86$)可确保该食品能符合致病菌(如肉毒杆菌、金黄色葡萄球菌)生长的 FSO,那么认为该食品可以接受。

4. 制定微生物标准

越来越多的人已经意识到,要保证食品安全,通过实施 GHP、GMP 和 HACCP 来预防危害,远比靠终产品检验更有效也更经济。微生物污染往往不均匀,要在一批产品中检出受危害的产品,往往需要抽样量很大,而且也很不可靠。因此,微生物标准一般在以下情况下应用:一是确认控制措施满足执行标准的要求;二是在不了解食品生产企业是否有效实施 GHP、GMP 和 HACCP 以保证食品安全的情况下,决定接收还是拒收某批食品。

原料、半成品的微生物标准可以用于确认原料和生产过程是否符合要求,保证 H。不超过规定限值,确保在既定的工艺标准下,执行标准能够达到,从而实现 FSO。终产品的微生物标准则用于判定某批产品是否满足 FSO 的要求。虽然不可靠,但在不知道某批食品是否在 GHP、GMP 和 HACCP 有效控制下生产的情况下,终产品的微生物检验仍是保证食品满足 FSO 的有效工具。

二维码 3-17 微生物标准
采样方案与检验

微生物标准被用来保证食品安全,与 GMP 保持一致,保证易腐烂食品的质量和(或)特定目的食品或原料适宜性。如果运用合适的话,微生物标准是保证食品安全和质量的有用手段,从而能够增强消费者的信心。

同样,微生物标准也能够给食品工业和监管部门提供食品加工过程控制的指南。通过食品安全标准和质量需求的标准化,国际上接受的标准能够促进自由贸易。

■本节小结

《中华人民共和国食品安全法》是我们开展食品安全加工过程风险评估与控制的法律依据。为有效地控制食品加工过程中的风险,应采取措施控制原材料的来源,保证品质,防止原料被污染,应用先进的食品技术阻止食源性疾病,采用预测食品微生物学对微生物的变化规律进行分析。

食品安全目标是风险评估与有效控制识别风险相联系的风险管理工具。食品安全目标即“在能够提供适当保护水平的基础上,在食用时食品中微生物危害的最大频率和(或)最高浓度”。ICMSF 提出的用于管理食品微生物安全的框架。

执行目标是指为确保食品安全目标和适当保护水平的实现,食品中有害因素在食物链的某阶段能够允许的最大频率和最高浓度。执行标准是指通过采取一项或多项控制措施,控制食品中有害因素的发生频率和浓度,以满足执行目标和食品安全目标的要求。

工艺标准是为达到执行标准,在一个或几个步骤采用的工艺参数(如温度、时间、pH、A_w 等)。产品标准由各种确保食品在食用或制备前某种危害不会增加到不可接受水平的因素组成,产品标准包括的因素还被用于评估食品的可接受性。

? 思考题

1.食品安全目标的定义是什么?

2.简述食品安全管理的流程。

3.食品生产过程的风险控制主要包括哪几个方面?

4.什么是执行目标和执行标准?

5. 什么是工艺标准和产品标准?

6. 我国关于食品安全风险评估研究的状况如何? 与发达国家相比有何差距?

参考文献

[1] 全国人民代表大会常务委员会. 中华人民共和国食品安全法, 2009.

[2] 石阶平. 食品安全风险评估. 北京:中国农业大学出版社, 2010.

[3] 孙秀兰, 李耘, 李晓薇. 食品加工过程安全性评价及风险评估. 北京:化学工业出版社, 2017.

[4] 陈君石. 中国食品安全的过去、现在和将来. 中国食品卫生杂志, 2019, 31(4): 301-306.

[5] 卢江. 中国食品安全风险评估体系建设成效及发展对策. 中国食品卫生杂志, 2019, 31(4): 307-312.

[6] 成黎. 食品原料安全与初加工食品质量安全控制——以新鲜蔬菜的质量控制为例. 食品科学, 2015, 36(5): 266-273.

[7] 张东来, 董庆利. 食源性致病微生物风险管理与控制. 食品科学, 2016, 37(17): 281-288.

[8] 李宁. 我国食品安全风险评估制度实施及应用. 食品科学技术学报, 2017, 35(1): 1-5.

[9] 徐萌, 陈超. 食品安全目标研究及其对我国食品安全管理的启示. 食品科学, 2007, 28(6): 376-380.

[10] Doménech E, Martorell S. Definition and usage of food safety margins for verifying compliance of Food Safety Objectives. Food Control, 2016, 59: 669-674.

[11] Wahidin D, Purnhagen KP. Determining a science-based Food Safety Objective/Appropriate Level of Protection for application in developing countries. European Journal of Risk Regulation, 2017, 8(2): 403-413.

[12] Gkogka E, Reij MW, Gorris LGM, Zwietering MH. Risk assessment strategies as a tool in the application of the Appropriate Level of Protection (ALOP) and Food Safety Objective (FSO) by risk managers. International Journal of Food Microbiology, 2013, 167(1): 8-28.

(卢丞文, 商颖)

第 4 章

风 险 管 理

本章学习目的与要求

1. 了解食品安全风险管理的基本概念、基本原则、程序和实施步骤。

2. 了解风险管理的主要实现形式,熟悉食品安全控制技术操作规范和管理体系相关要求,以及风险分级。

3. 掌握食品安全危害分析与关键控制点等风险管理体系。

4. 掌握食品安全风险评估和风险管理的关系。

党的二十大报告系统阐述了"人民至上"的执政理念,"江山就是人民,人民就是江山""坚持人民至上、生命至上"。有关部门切实加强食品药品安全监管,用最严谨的标准、最严格的监管、最严厉的处罚、最严肃的问责,进一步加强食品安全工作,加快建立科学完善的食品药品安全治理体系,坚持产管并重,严把从农田到餐桌、从实验室到医院的每一道防线。食品安全是天大的事,食品安全关系到消费者的切身利益,这就需要有良好规范的食品安全风险管理体系。本章针对食品安全风险管理,使读者掌握风险管理的概念、一般框架、步骤、制定风险分级方法、风险管理措施的选择及关键因素、实施风险管理决策、监控与评估等内容,在此基础之上,系统地描述了食品安全控制技术规范,引发读者关于如何在我国更好开展食品安全风险管理的思考。

4.1　引言

食品安全风险管理是风险分析体系的重要组成部分。风险分析(Risk Analysis)是一种制定食品安全标准的基本方法,由风险评估、风险管理和风险交流这三个相互独立又密切关联的部分组成。

食品法典中对食品安全风险管理的定义如下:风险管理(Risk Management)是与各利益相关方磋商后权衡各种政策方案,考虑风险评估结果和其他保护消费者健康、促进公平贸易有关的因素,并在必要时选择适当预防和控制方案的过程。国家食品安全风险管理的决策可能由于判别标准及范围不同而有所不同,其总体目标是保护消费者利益以及促进食品国际贸易。

国际食品法典委员会对各国政府开展风险管理提出了以下建议(《食品法典委员会程序手册》第十七版 2008 的第Ⅲ部分):

(1)食品风险管理既要保障消费者健康,又要保障食品贸易的公平性,但应将保护消费者的健康作为首要目标。

(2)风险管理应以风险评估为基础,并适当考虑与保护消费者健康以及促进公平食品贸易相关的其他合法因素。

(3)风险管理应考虑食品链中整个食品企业的生产经营方式与方法、政府食品安全监管模式与能力等实际情况。

(4)风险管理过程应透明、协调一致,使得所有利益相关方更广泛地认识风险管理过程。

(5)风险管理应是一个持续的过程,在对风险管理决策进行评估和审核时应收集所有数据(包括风险监测数据)。应对食品标准进行定期审查,并在必要时予以更新,从而反映出最新的科学知识与风险分析相关的其他信息。

2015 年新修订的《食品安全法》,被誉为史上最严的食品安全法,实际上其最本质就是对于食品安全风险的全面管理。在第一章第一条就确立了食品安全风险分级制度,食品监管部门要根据风险监测评估的结果和食品安全状况确定监督管理的重点、方式和频次以实施风险分级管理,也就是说风险分级管理是一个重要的制度,同时也是一项重要的原则。

4.2　食品安全风险管理的原则

风险管理是指按照风险评估的结果,权衡利弊,选择和执行适当控制措施(政策及法规)的过程。在这个过程中,管理者一方面要考虑风险评估的结果,将这个结果用于或反映在风险管理决策中,增强风险管理过程的科学性和客观性。另一方面,管理者也同时需要考虑政治、经济、社会发展阶段和技术水平上的限制,进行综合考量。除此之外,还必须意识到,所采取的食品安全管理措施并不是完美的,有可能带来新的风险,需要在管理实践中不断完善。

影响食品安全风险管理的因素众多,为了保障食品安全风险管理不偏离正确的轨道,FAO/WHO 在风险管理建议中提出了 8 条原则:

(1)风险管理应采用系统的方法 风险管理应当采用结构化的方法,它包括风险评价、风险管理选择评估、执行管理决定以及监控和审查。在某些情况下,并不是所有这些方面都必须包括在风险管理活动当中。

(2)在风险管理决策中,保护人类健康应该是首要考虑的问题 对风险的可接受程度主要应该依据对人类健康的影响来决定,同时,应该避免在确定风险水平过程中的任意性和不合理性。在选择风险管理措施时,应该保持一定的透明度。

(3)风险管理决策和实施应是透明的 风险管理应该保存风险管理过程(包括决策过程)中所有因素的材料和系统文件,以使得所有相关部门对其原因有清楚的了解。

(4)风险评估策略的确定应该作为风险管理的特殊组成部分 风险评估策略是在风险评估过程中,为价值判断和特定的取向而制定的准则,因此,最好在风险评估之前与风险评估者合作共同制定策略。风险管理应该通过维持风险管理和风险评估的功能独立性,来保证风险评估过程的科学完整性。风险管理和风险评估在功能上独立,能确保风险评估过程的科学完整性,并减少风险评估和风险管理之间的利益冲突。但是,应认识到风险分析是个循环往复的过程,风险评估者之间的相互作用在实际应用中是不可缺少的。

(5)风险管理应当通过保持风险管理和风险评估二者功能的分离,确保风险评估过程的科学完整性,减少风险评估和风险管理之间的利益冲突 应当认识到,风险分析是一个循环反复的过程,风险管理人员和风险评估人员之间的相互作用在实际应用中是至关重要的。

(6)风险管理决策应该考虑到风险评估结果的不确定性 在评价风险性时,应尽可能将风险的不确定性进行量化,并用易理解的方式呈现给风险管理者们,以便他们在决策中,能充分考虑不确定性的范围。如风险评估的结论很不确定,那么可想而知,风险管理者的决策就可能会更加保守。

(7)在风险管理过程的所有方面,都应保持与消费者和其他有关组织之间进行透明的和有效的信息交流 所有有关组织之间相互的信息交流是风险管理过程的有机部分。风险信息交流不仅是信息的传播,更重要的功能是搜集信息,使风险管理决策更为有效。

(8)风险管理应该是一个连续的过程,应不断地参考风险管理决策的评价和审议过程中产生的新信息 在应用风险管理决策之后,为确定其在实现食品安全目标方面的有效性,应对决策进行周期性的评价。为进行有效的评价审查,有必要实行监控和采取其他措施。

4.3 食品安全风险管理的程序

风险管理的程序化方法包括"风险评估""风险管理措施的评估""管理决策的实施"和"监控和评价"。在某些情况下,风险管理活动并不是一定要包括所有这些因素(如法典标准的制定、国家政府实施的控制手段)。

4.3.1 食品安全风险管理的基本措施

食品安全风险管理有 4 个基本措施:风险评价、对风险管理选择的评估、执行风险管理决定、监控和审查(表 4-1)。

表 4-1 食品安全风险管理基本措施

基本措施	主要步骤
风险评价	• 确认食品安全性问题 • 描述风险概况 • 就风险评估和风险管理的优先性对危害进行排序 • 为进行风险评估制定风险评估政策 • 进行风险评估 • 对风险评估结果的审议
对风险管理选择的评估	• 确定现有的管理选择 • 选择最佳的风险管理措施 • 最终的管理决定
执行风险管理决定	• 将风险管理选择的评估过程中确定的最佳风险管理措施付诸实施
监控和审查	• 对实施措施的有效性进行评估 • 在必要时对风险管理和(或)风险评价进行审查

4.3.2 食品安全风险管理方法的实践与应用

1. 在规划国家食品安全战略中的应用

为了应对全球共同面临的食品安全问题,WHO 建议世界各国食品安全战略应以食品安全风险管理方法为指导,以减轻食源性疾病对健康和社会造成的负担为目标。提出建立完善以风险为基础的并能持续发展的食品安全管理体系,在整个食品链采取以科学为依据的并能有效预防食品中微生物与化学物质污染的各项管理措施以及就食源性风险评估与管理等问题加强信息交流与合作作为各国政府食品安全行动方针,并提出需要采取以下各项措施:①加强食源性疾病监测。②改进食品安全风险评估方法。③对新技术食品与成分进行安全性评价。④重视和加强食品法典中的公共卫生问题。⑤积极开展食品安全风险交流。⑥加强国际间食品安全活动的协调与合作。⑦促进和加强食品安全能力建设。

2. 在制定食品标准和技术规程中的应用

食品法典委员会(CAC)是由联合国粮农组织(FAO)和世界卫生组织(WHO)于 1964 年共同组建的,主要负责制定各类食品标准、技术规程和提供咨询意见等方面的食品安全风险管理工作。为了给制定食品标准提供科学依据,FAO/WHO 食品添加剂专家委员会(JACFA)和农药残留联合会(JMPR)根据 CAC 及其所属的各专门委员会确定的风险评估政策和要求,对各种食品添加剂、食品污染物、兽药、农药、饲料添加剂、食品溶剂和助剂等进行风险评估,并确定人体暴露各种食品添加剂、兽药和农药的每日允许摄入量(ADI)、各种污染物的每周(或每日)暂定容许摄入量(PTWI 或 PTDI)的安全水平以及最大残留限量(MRLs)或最高限量(ML)的建议。

JACFA 和 JMPR 主要遵循以下风险评估政策开展有关风险评价:①依靠动物模型确定各种食品添加剂、污染物、兽药和农药对人体潜在的作用。②利用体重系数进行种间比较。③假定试验动物与人的吸收大致相同。④采用 100 倍安全系数作为种内和种间可能存在的易感性差异,用于某些情况下偏差容许幅度的指导依据。⑤食品添加剂、兽药和农药如有遗传毒性作用,不再制订每日摄入量(ADI)值。⑥化学污染物的容许水平为"可达到的最低水平"(As Low As Reasonably Achievable,ALARA)。⑦如对递交的食品添加剂和兽药资料不能达成一致意见时,建议制订暂定 ADI 值。

3. 在分析处理特定食品安全问题时的应用

数年前，法国对从中国进口的海虾实施卫生检验时，常发现海虾感染副溶血性弧菌。由于当时普遍认为副溶血性弧菌可以引起急性胃肠炎，因此凡发现进口海虾感染副溶血性弧菌，一律采取整批销毁的措施，以避免进口后可能对法国公民产生健康危害。以后因在进口检验中发现海虾感染副溶血性弧菌的阳性率有增高的趋势，负责进口食品卫生监督的风险管理人员提出对该问题进行风险评估的要求。

通过评估，风险评估人员和风险管理人员形成了以下共识：①只有产生溶血素的副溶血性弧菌菌株才具有致病性。②可以应用分子生物学技术检测能产生溶血素的副溶血性弧菌。

基于上述结论，负责进口食品卫生监督的风险管理人员对进口海虾感染副溶血性弧菌的管理措施进行了如下调整：①检出带有溶血素基因的副溶血性弧菌菌株的进口海虾，一律实行销毁处理。②未检出带有溶血素基因的或检出带有非溶血素基因的副溶血性弧菌菌株的进口海虾可以进口上市销售。

4. 在处理食品安全危机事件时的应用

1999 年 2 月，比利时一些养鸡场的肉鸡和蛋鸡出现异常病症。经有关部门调查发现，症状与饲料受二噁英污染导致家禽中毒有关。随后，比利时当局通过溯源调查，找到了制备饲料所用油脂的公司和饲料厂，确定了事件波及的范围，向欧盟各成员国进行了通报，并决定销毁已受污染的家禽和禽蛋。

WHO 前总干事 Brundtland 女士指出，20 世纪 50 年代以来，世界各国在食品安全管理上掀起了三次高潮。第一次是在食品链中广泛引入食品卫生质量管理体系与管理制度；第二次是在食品企业推广应用危害分析关键控制点（HACCP）技术；第三次是将食品安全措施重点放在对人类健康的直接危害。在食品安全管理与食源性疾病防制工作实践中，总结形成了食品安全风险分析这一食品卫生学科的新方法和新理论。

4.4 食品安全风险评估和风险管理的关系

食物中所有可能危害健康的物质称危害物，主要来源于植物和动物食品，在生产、加工和制备过程中也会接触多种天然和人工合成物质：如微生物、天然生成的化学物质、烹饪产生的化学物质、环境带来的污染物，还有添加物和杀虫剂等。食品中的危害物对健康产生不良影响的可能性称为食品安全风险。食物之中任何一种危害物都可能对健康产生不良作用，其风险有高低之分。在确定食品是否安全时，必须衡量食品给我们健康带来的益处与受到食品危害的风险大小，称风险分析。20 世纪 80 年代末，国际食品法典委员会逐步将风险分析应用于CAC 标准制定，揭开了风险分析在食品安全领域应用的序幕。1991 年，世界粮农组织（FAO）、世界卫生组织（WHO）提出风险分析的基本原则。食品安全风险分析是指通过对影响食品安全的各种危害进行评估，定性或定量地描述风险的特征，在参考有关因素的前提下，提出和实施风险管理措施，并对有关情况进行交流的过程。其目的是：分析食源性危害，确定食品安全性保护水平，采取风险管理措施，使消费者在食品安全性风险方面处于可接受水平。风险分析的 3 要素包括：风险评估、风险管理和风险交流。

4.4.1 风险评估、风险管理与风险交流

风险评估、风险管理和风险交流是相互独立又相互联系的。其中，风险评估立足科学，风

险管理主要体现为政策措施的制定实施,风险评估和风险管理相对独立,以保证风险评估的科学性和客观性。风险交流贯穿风险评估和风险管理的全过程,有效的信息交换是风险分析过程得以进行的基本保障。

1. 风险评估

风险评估根据某种食品在生产、加工、保藏、运输和销售过程中使用的化学和生物物质,在上述过程中产生的和污染的有害物质,食品中其他有害物质的数量、浓度和毒性对人体健康可能造成的不良影响所进行的科学评估,用相应的风险程度来确定这种食品安全性,也称为食品的安全性评估。一般分为 4 个部分:危害识别:识别存在于食品中某种特定的因素可能对人体健康产生效应;某种特定的因素包括生物性的、化学性的、物理性的等;对人体的健康效应包括已知的、未知的。危害描述:危害因素特征和健康效应的描述,对食品中存在可能对人体产生不利影响的生物、化学和物理因素进行定性或定量评价;对人体健康产生的有害效应的性质进行定性或定量的描述,即进行剂量-效应的分析。食品安全性评估中经常采用毒理学评价方法。通常有 4 个阶段:急性毒性试验、亚慢性毒性试验(90 d 喂养试验、繁殖试验、代谢试验)、慢性毒性试验(包括致癌试验)、遗传毒理学试验。确定某种化学性、生物性等有害物质的毒性过程通常是:动物毒性试验;确定动物最大无作用剂量;确定人体每日允许摄入量;确定一日食物中的总允许量;确定该物质在每种食品中的最高允许量等制定食品中的允许标准。

暴露评估:把暴露人群的可能摄入量和剂量-效应进行比较。风险特征描述:在危害识别、危害描述和暴露评估的基础上,对在特定条件下致使公众发生不利影响的可能性和严重性进行定量或定性评估。得出给定的人群可能产生的不利影响,包括伴随的不确定影响的综合分析。评估过程应由多个学科的技术专家独立进行,整个过程不应受到决策者、有关利益者和消费者的干扰,得出的结论分为定性和定量两种形式,使用于整个人群。

2. 风险管理

风险管理是对已经风险评估的结论权衡可以接受的、减少或降低的危险性,选择适当的政策的过程。由各国政府和地区政府管理者实施其结果,提出一系列的食品安全管理政策、法规和标准等措施。风险管理也应该有 4 个部分,即风险评价、风险管理选择评估、执行管理决定、以及监控与评价。

(1)风险评价　在风险管理的起始阶段,是风险管理者在特殊背景下的独立思考和决策过程,对早期的管理活动应进行风险的预测,在决策前要掌握尽可能多的有关信息,同时要考虑对下一步活动的影响。

(2)风险管理选择评估　项目进行中要反复权衡即将实施措施对食品安全问题影响,要了解风险和其他相关因素的科学数据和信息,在适当水平上考虑保护消费者应采取的措施,在整个阶段,按效率－收益的原则和技术可行性,要积极发挥费用－效益的作用,在整个食物链上的各个环节实行最优化的食品安全控制措施。

(3)执行管理决定　在风险管理过程中,要尽可能地执行最常用的规范性的食品安全管理措施,包括在 HACCP 管理中执行的措施。只要符合实现总计划所规定的目标,食品企业可以灵活地选用一些特别的措施,重要的是,对这些选择执行措施不间断地进行落实。

(4)监控与评价　要加强监测食品安全和消费者健康状况,不断地收集和分析有关的数据。只要当食品安全问题一经出现,食品污染和食源性疾病的监测系统就能识别出来,哪里有证据表明公共卫生目标没有实现,哪里就需要重新设计食品安全措施。

3.食品安全风险的信息交流

信息交流是风险分析不可分割的部分,必须贯穿在风险分析全过程中,最好在一开始,风险信息利益相关者(包括食品生产销售者和消费者)就能参与其中。因为各种利益的相关者对风险评估的各个阶段都了解将有助于保证风险评估的逻辑性,其结果、意义和局限性能够被所有的有关利益者清晰地理解,还可以从这些人那里获得相关信息。例如,企业的利益相关者可能拥有对风险评估人员未公开的关键数据,这些未公开的数据可能是风险评估中的最重要的部分。

风险信息交流应当包括谁向公众发布信息,以及发布信息的方式,风险发布人必须能够简短而明了地概括出风险问题所包含内容。

风险交流的对象、内容和方式简要表述如下:

(1)应在风险分析、风险评价的早期,确定风险评估人员和风险管理人员之间的风险交流计划,为了保证风险交流的最有效性、在早期阶段争取利益相关者的投资,和确保交流是双向的,风险交流应以系统方式进行并从开始时就普遍地收集所应关注的风险问题的所有信息;在风险评估人员、风险管理人员、利益相关者(包括食品生产销售者和消费者)及有关的团体之间,凡与风险有关的信息和意见,应随时进行相互交流;特殊利益集团及其代理人的识别,也应成为整个信息交流计划的一部分。

(2)必须在整个风险分析过程中持续不断地进行信息交流,一旦用现有的信息完全可以决定危害因素,并对风险做出适当的评估,那么就要做好发布这一信息的准备,而后与利益相关者进一步商讨并做出必要的更改、修正和补充,最终形成风险评估和风险分析报告。

(3)风险信息交流对象应当包括国际组织、政府机构、生产销售企业、消费者和消费者组织、学术界和研究机构、以及媒体等。一个特别重要的方面,就是将专家进行风险评估的结果以及政府采取的有关管理措施告知公众或某些特定人群(如老人、儿童、以及免疫缺陷症、过敏症、营养缺乏症患者),以及建议消费者可以采取的自愿性和保护措施等。

4.4.2 风险管理者在委托和管理风险评估中的职责

风险管理者委托和管理风险评估,并评价其结果。首先,风险管理者需要就风险评估的必要性与风险评估者进行充分的交流,内容一般包括:需要解决什么样的问题,风险管理的目标是什么,应采用什么样的方法,目前的局限性或不确定性是什么,如何解决。在上述问题的基础之上,风险管理者负责制定风险评估政策,以及风险评估工作的组织保障。

但一般情况下,风险评估本身是一项相对独立的工作,由科学家独立完成。风险管理者在这个过程中,应保持风险评估与风险管理工作的相对独立,例如,由独立的机构和人员分别实施风险评估与风险管理。即便是同一个机构和同一批人员,也要保障两项任务分开执行。风险管理者必须避免试图引导风险评估以支持风险管理倾向的行为,而风险评估者也必须能够做到客观收集和评估证据,不受风险管理者的影响。

风险管理者在开展与支持风险评估中的职责如下:确保任务的委托与风险评估的所有方面都形成文件且对双方透明;与风险评估者就风险评估的目的与范围、评估政策及所期望得到的产出形式等进行明确的沟通;提供充足的资源,并建立合适的时间表;保证风险评估与风险管理之间"功能分离"切实可行;确保风险评估队伍中专家的合理平衡,不存在利益冲突与其他偏见;在风险评估的整个过程中,能与评估者进行有效的反复交流。

4.5　风险管理的措施

食品安全风险管理目标要依靠食品安全风险管理措施来保障实现。这些措施的选择与风险的类型、风险大小、风险的不确定性以及食品安全管理目标本身都有密切的联系。常见的食品安全管理体系对于强化食品加工和流通过程中的安全至关重要。

4.5.1　食品良好生产操作规范(食品 GMP)

1. GMP 简介

"GMP"是英文 Good Manufacturing Practice 的缩写,中文的意思是"良好生产操作规范",是一种特别注重在生产过程实施对食品卫生安全的管理。简要地说,GMP 要求食品生产企业应具备良好的生产设备,合理的生产过程,完善的质量管理和严格的检测系统,确保最终产品的质量(包括食品安全卫生)符合法规要求。

2. 食品 GMP 的基本内容

(1)环境卫生控制　防止老鼠、苍蝇、蚊子、蟑螂和粉尘,最大限度地消除和减少这些危害因素对产品卫生质量的威胁。保持工厂道路的清洁,消除厂区内的一切可能聚集、滋生蚊蝇的场所,并经常在这些地方喷洒杀虫药剂。对灭鼠工作制定出切实可行的工作程序和计划,不宜采用药物灭鼠的方法来进行灭鼠,可以采用捕鼠器、粘鼠胶等方法。保证相应的措施得到落实并做好记录。

(2)生产用水(冰)的卫生控制　生产用水(冰)必须符合国家规定的生活饮用水卫生标准。某些食品,如啤酒、饮料等,水质理化指标还要符合软饮料用水的质量(GB 5749)。水产品加工过程使用的海水必须符合国家 GB 3097—1997《海水水质标准》。对达不到卫生质量要求的水源,工厂要采取相应的消毒处理措施。场内饮用水的供水管路和非饮用水的供水管路必须严格分开,生产现场的各个供水口应按顺序编号。工厂应保存供水网络图,以便日常对生产供水系统的管理和维护。有蓄水池的工厂,水池要有完善的防尘、防虫、防鼠措施,并定期对水池进行清洗、消毒。

工厂的检验部门应每天检测余氯含量和水的 pH,至少每月应该对水的微生物指标进行一次化验,每年至少要对 GB 5749—2006 所规定的水质指标进行两次全项目分析。制冰用水的水质必须符合饮用水卫生要求,制冰设备和盛装冰块的器具必须保持良好的清洁卫生状况。

(3)原辅料的卫生要求　对原辅料进行卫生控制,分析可能存在的危害,制定控制方法。生产过程中使用的添加剂必须符合国家卫生标准,由具有合法注册资格生产厂家生产的产品。对向不同国家出口产品还要符合进口国的规定。

(4)防止交叉污染　在加工区内划定清洁区和非清洁区,限制这些区域间人员和物品的交叉流动,通过传递窗进行工序间的半成品传递等。对加工过程中使用的工器具,与产品接触的器具不得直接与地面接触;不同工序、不同用途的器具用不同的颜色加以区别,以免混用。

(5)车间、设备以及工器具的卫生控制　对生产车间、设备以及工器具的清洗、消毒工作应严格管理。一般每天工作前和上班后按规定清洗、消毒;对接触易腐易变质食品的工器具在加工过程中要定时清洗、消毒,如禽肉加工车间宰杀用的刀每使用 3 min 就要清洗、消毒一次。

生产期间,车间的地面和墙面裙应每天都要进行清洁,车间的顶面、门窗、通风排气孔道上的网罩等应定期进行清洁。

车间的空气消毒可采用不同方法。紫外线与臭氧都能有效杀菌,但用臭氧发生器进行车间空气消毒,具有不受遮挡物和潮湿环境影响、杀菌彻底、不留死角的优点。并能以空气为媒体对车间器具的表面进行消毒杀菌;药物熏蒸法常用的药品有过氧乙酸、甲醛等。在车间内进行上述几种形式的消毒应该在车间无人的情况下进行。

车间要设置专用化学药品存储柜,即洗涤剂、消毒剂等的存储柜,并制定出相应的管理制度,由专人负责保管,领用必须登记。药品要用明显的标志加以标识。

(6)存储与运输卫生控制　定期对存储食品的仓库进行清洁,保持仓库卫生,必要时进行消毒处理。相互串味的产品,原料与成品不得同库存放。库内产品要堆放整齐,批次清楚,堆垛与地面的距离应不少于 10 cm,与墙面、顶面之间要留有 30～50 cm 的距离。为方便存储货物的识别,各堆垛应挂牌表明本堆产品的品名/规格、批次、数量等情况。存放产品较多的仓库,管理人员可借助仓储平面图来帮助管理。

成品库内的产品要按产品品种、规格、生产时间分垛堆放,并加挂相应的标识牌,在牌上将垛内产品的品名/规格、批次等情况加以标明,从而使整个仓库堆垛整齐,批次清楚,管理有序。

存放出口冷冻水产、肉类食品的仓库要安装有自动温度记录仪,自动温度记录仪在库内的探头,应安放在库内温度最高和最易波动的位置,如库门旁侧。同时要在库内安装有经校准的水银温度计,以便与自动温度记录仪进行校对,确保对库内温度监测的准确,冷库管理人员要定时对库内温度进行观测记录。

食品的运输车、船必须保持良好的清洁卫生状况,冷冻产品要用制冷或保温条件符合要求的车、船运输。为运输工具的清洗、消毒配备必要的场地、设施和设备。

运装过有碍食品安全卫生的货物,如化肥、农药和各种有毒化工产品的运输工具,在装运出口食品前必须经过严格的清洗,必要时需经过检验检疫部门的检验合格后方可装运出口食品。

(7)人员的卫生控制

①生产、检验人员必须经过必要的培训,经考核合格后方可上岗。食品厂的加工和检验人员每年至少要进行一次健康检查,必要时还要做临时健康检查,新进厂的人员必须经过体检合格后方可上岗。

生产检验人员必须保持个人卫生,进车间不携带任何与生产无关的物品。进车间必须穿着清洁的工作服、帽、鞋。凡患有有碍食品卫生的疾病者,必须调离加工、检验岗位,痊愈后经体检合格方可重新上岗。有碍食品卫生的疾病主要有病毒性肝炎、活动性肺结核、肠伤寒和肠伤寒带菌者、细菌性痢疾和痢疾带菌者、化脓性或渗出性脱屑性皮肤病和手有开放性创伤未愈合者。

②加工人员进入车间前,要穿着专用的清洁的工作服,更换工作鞋靴,带好工作帽,头发不得外露。加工即食产品的人员,尤其是在成品工段工作人员,要戴口罩。为防止杂物混入产品中,工作服应该无明扣,并且前胸无口袋。工作服帽不得由工人自行保管,要由工厂统一清洗,统一发放。

③工作前要认真洗手消毒。

4.5.2　危害分析与关键控制点(HACCP)

1. HACCP 简介

HACCP 是"Hazard Analysis and Critical Control Points"的简称,是指危害分析和关键

控制点。是国际食品法典委员会在 1997 年公布的食品安全卫生的管理规则。国家标准 GB/T 15091—1994《食品工业基本术语》对 HACCP 的定义为:生产(加工)安全食品的一种控制手段;对原料、关键生产工序及影响产品安全的人为因素进行分析,确定加工过程中的关键环节,建立、完善监控程序和监控标准,采取规范的纠正措施。

2. HACCP 体系的组成

HACCP 管理系统一般由下列各部分组成:

①对从原料采购→产品加工→消费各个环节可能出现的危害进行分析和评估。

②根据这些分析和评估来设立某一食品从原料直至最终消费这一全过程的关键控制点(CCP)。

③建立起能有效监测关键控制点的程序。

3. HACCP 的七项基本原理

HACCP 是对食品加工、运输以至销售整个过程中的各种危害进行分析和控制,从而保证食品达到安全水平。它是一个系统的、连续性的食品卫生预防和控制方法。以 HACCP 为基础的食品安全体系,是以 HACCP 的七个原理为基础的。HACCP 理论是在不断发展和完善的。1999 年食品法典委员会(CAC)在《食品卫生通则》附录《危害分析和关键控制点(HAC-CP)体系应用准则》中,将 HACCP 的七个原理确定为:

原理一:危害分析(Hazard Anaylsis,HA)

危害分析与预防控制措施是 HACCP 原理的基础,也是建立 HACCP 计划的第一步。企业应根据所掌握的食品中存在的危害以及控制方法,结合工艺特点,进行详细的分析。

原理二:确定关键控制点(Critical Control Point,CCP)

关键控制点(CCP)是能进行有效控制危害的加工点、步骤或程序,通过有效地控制——防止发生、消除危害,使之降低到可接受水平。CCP 或 HACCP 是产品/加工过程的特异性决定的。如果出现工厂位置、配合、加工过程、仪器设备、配料供方、卫生控制和其他支持性计划、以及用户的改变,CCP 都可能改变。

原理三:确定与各 CCP 相关的关键限值(CL)

关键限值是非常重要的,而且应该合理、适宜、可操作性强、符合实际和实用。如果关键限值过严,即使没有发生影响到食品安全危害,而就要求去采取纠偏措施,如果过松,又会造成不安全的产品到了用户手中。

原理四:确立 CCP 的监控程序,应用监控结果来调整及保持生产处于受控企业应制定监控程序,并执行,以确定产品的性质或加工过程是否符合关键限值。

原理五:确立经监控发现关键控制点失控时,应采取的纠正措施(Corrective Actions)

当监控表明,关键控制点偏离了关键限值或不符合关键限值时,应启动相应的程序或采取行动予以纠正。正常情况下,纠正措施应在 HACCP 计划中提前确定,其步骤一般包括两步:

第一步:纠正或消除发生偏离 CL 的原因,重新加工控制。

第二步:确定在偏离期间生产的产品,并决定如何处理。采取纠正措施包括产品的处理情况时应加以记录。

原理六:验证程序(Verification Procedures)

用来确定 HACCP 体系是否按照 HACCP 计划运转,或者计划是否需要修改,以及再被确认生效使用的方法、程序、检测及审核手段。关键在于：①验证各个 CCP 是否都按照 HACCP 计划严格执行；②确证整个 HACCP 计划的全面性和有效性；③验证 HACCP 体系是否处于正常、有效的运营状态。这三项内容构成了 HACCP 的验证程序。

原理七：记录保持程序(Record-keeping Procedures)

企业在实行 HACCP 体系的全过程中，须有大量的技术文件和日常的监测记录，这些记录应是全面的，记录应包括：体系文件，HACCP 体系的记录，HACCP 小组的活动记录，HACCP 前提条件的执行、监控、检查和纠正记录。在实际应用中，记录为加工过程的调整、防止 CCP 失控提供了一种有效的监控手段，因此，记录是 HACCP 计划成功实施的重要组成部分。

在整个 HACCP 执行过程中，分析潜在危害、识别加工中的 CCP 和建立 CCP 关键限值这 3 个步骤构成了食品危险性评价操作，它属于技术范畴，由技术专家主持，而其余步骤则属于质量管理范围。

4. 制定 HACCP 计划的步骤

根据食品法典委员会《HACCP 体系及其应用准则》[Annex to CAC/RCP1—1996，Rev (1997)]的阐述，制定 HACCP 计划的过程有 12 个步骤组成，涵盖了 HACCP 七项基本原理，见图 4-1。

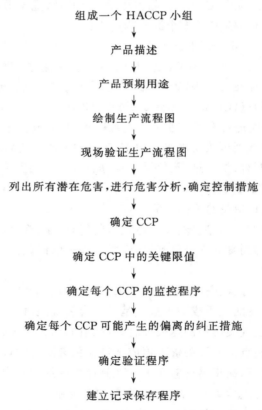

组成一个 HACCP 小组
↓
产品描述
↓
产品预期用途
↓
绘制生产流程图
↓
现场验证生产流程图
↓
列出所有潜在危害，进行危害分析，确定控制措施
↓
确定 CCP
↓
确定 CCP 中的关键限值
↓
确定每个 CCP 的监控程序
↓
确定每个 CCP 可能产生的偏离的纠正措施
↓
确定验证程序
↓
建立记录保存程序

图 4-1 研究 HACCP 计划的逻辑顺序

(1)组成 HACCP 小组 HACCP 小组是建立 HACCP 计划的重要步骤，它能减少风险，避免关键控制点被错过或某些操作过程被误解。

- HACCP 小组的组长资格

有食品加工生产的实际工作经验；

具有微生物学及食源性疾病的基本知识；

对良好的环境卫生、良好操作规范以及工业化生产有科学的理解；

了解与本企业产品有关的各类危害以及控制措施；

了解食品加工设备基本知识；

有效地表达和组织能力，确保 HACCP 小组成员完全理解 HACCP 计划。

- HACCP 小组成员的组成

考虑到危害分析和 HACCP 计划的制定所需要的专业知识，建立 HACCP 小组要有对产品和加工有专门知识的人员和熟悉生产的现场人员；

考虑到整个体系的有效运行需要各个部门之间的配合，建立 HACCP 小组需要包括企业内的各个主要部门的代表，包括来自维护、生产、卫生、质量控制等以及日常操作人员。

- HACCP 小组的特殊人员（专家）

由于危害分析需要有大量的专业技术信息作为支持，企业往往需要有对该行业熟悉的专家来作为危害分析的技术后盾。这样的专家可以是企业内部的，可以是外部的。专家不仅要完成危害分析的技术工作，还要帮助企业验证危害分析和 HACCP 计划的完整性。

- HACCP 小组同外来专家的配合

HACCP 小组应当积极同专家开展配合工作，同时也不能一味地依赖专家来进行 HAC-CP 计划的制定。毕竟外来专家熟悉的是行业层次上所呈现的技术问题，但是任何一家食品企业也都有自己企业的特殊条件、工艺和环境，不能一劳永逸地套用某一个行业模式。这样，对于企业自身的 HACCP 计划的有效制定和运行都是很不利的。

- HACCP 小组的主要职责

HACCP 小组承担着制定 GMP、SSOP 等前提条件；制定 HACCP 计划；验证和实施 HACCP 体系的职责。

（2）产品描述　HACCP 小组的最终目标是为生产中的每个产品及其生产线制定一个 HACCP 计划，因此小组首先要对特定的产品进行描述。描述食品至少应包括以下内容：

- 品名，包括商品名以及最终产品的形式
- 加工流水线
- 食品的成分
- 加工的方法，包括主要参数
- 包装形式
- 销售和贮存方式

（3）确定产品预期用途　产品的预期用途是根据最终消费者对产品所期望的用途而定的。特殊情况下，应考虑高危人群的问题，例如幼儿、老人、孕妇和病人。要了解消费者将会如何使用他们的产品，会出现哪些错误的使用方法，这样的使用会给消费者的健康带来什么样的后果。即食食品、充分加热后食用的食品或其他作为原料使用的食品，因用途不同其危害分析结果和危害的控制方法也是不同的。

（4）绘制流程图　加工流程图是用简单的方框或符号，清晰、简明地描述从原料接收到产品储运的整个加工过程，以及有关配料等辅助加工步骤。

流程图应由 HACCP 小组完成,它能够给 HACCP 小组和验证审核人员提供重要的视觉工具。同一流程图可用于许多使用相似加工环节生产的产品,在对某一特定操作环节实施 HACCP 时,应考虑这一特定操作前后环节的情况。需要提醒的是,流程图从原料、辅料以及包装材料开始绘制,随着原料进入工厂,将先后的加工步骤逐一全部列出。HACCP 小组应把所有的过程、参数标注到流程图中,或单独编制一份加工工艺说明,以有助于进行危害分析。

(5)现场验证流程图　流程图的精确性对危害分析的准确性和完整性是非常关键的。在流程图中列出的步骤必须在加工现场被验证。如果某一步骤被疏忽将有可能导致遗漏显著的安全危害。

HACCP 小组必须通过在现场观察操作,来确定他们制定的流程图与实际生产是否一致,还应考虑所有的加工工序及流程,包括班次不同造成的差异。通过这种深入调查,可以使每个小组成员对产品的加工过程有全面的了解。

(6)列出所有潜在危害,进行危害分析,确定控制措施(原理一)　HACCP 小组应列出所有的危害,即在初级生产、加工、制作、销售乃至最终食用的每个环节中有可能合理预期发生的危害。随后,HACCP 小组应进行危害分析,以确定在 HACCP 计划中各种危害的性质,即危害的消除或将其降低至可接受的水平将对安全食品的生产至关重要。

(7)确定 CCP　见原理二。

(8)确定 CCP 中的关键限值　见原理三。

(9)确定每个 CCP 的监控程序　见原理四。

(10)确定每个 CCP 可能产生的偏离的纠正措施　见原理五。

(11)确定验证程序　见原理六。

(12)建立记录保存程序　见原理七。

4.5.3　其他食品安全管理体系

4.5.3.1　卫生标准操作程序 SSOP

1.定义

SSOP(Sanitation Standard Operation Procedures)是卫生标准操作程序的简称。是食品企业为了满足食品安全的要求,在卫生环境和加工要求等方面所需实施的具体程序,是食品企业明确在食品生产中如何做到清洗、消毒、卫生保持的指导性文件。

2.基本内容

(1)水和冰的安全　生产用水(冰)的卫生质量是影响食品卫生的关键因素。对于任何食品的加工,首要的一点就是要保证水(冰)的安全。食品加工企业一个完整的 SSOP 计划,首先要考虑与食品接触或与食品接触物表面接触的水(冰)的来源与处理应符合有关规定,并要考虑非生产用水及污水处理的交叉污染问题。

(2)食品接触表面的卫生　保持食品接触表面的清洁是为了防止污染食品。与食品接触表面一般包括:直接(加工设备、工器具和台案、加工人员的手或手套、工作服等)和间接(未经清洗消毒的冷库、卫生间的门把手、垃圾箱等)两种。

(3)防止交叉污染　交叉污染是通过生的食品、食品加工者或食品加工环境把生物或化学的污染物转移到食品的过程。此方面涉及预防污染的人员要求、原材料和熟食产品的隔离和工厂预防污染的设计。

若发生交叉污染要及时采取措施防止再发生；必要时停产直到改进；如有必要，要评估产品的安全性；记录采取的纠正措施。记录一般包括每日卫生监控记录、消毒控制记录、纠正措施记录。

（4）洗手、手消毒和卫生设施的维护　手的清洗和消毒的目的是防止交叉污染。一般的清洗方法和步骤为：清水洗手，擦洗洗手皂液，用水冲净洗手液，将手浸入消毒液中进行消毒，用清水冲洗，干手。

卫生间需要进入方便、卫生和良好维护，具有自动关闭、不能开向加工区的门。这关系到空中或飘浮的病原体和寄生虫进入。检查应包括每个工厂的每个厕所的冲洗。如果便桶周围的不密封，人员可能在鞋上沾上粪便污物并带进加工区域。

（5）防止外来污染物造成的掺杂　加工者需要了解可能导致食品被间接或不被预见的污染，而导致食用不安全的所有途径，如被润滑剂、燃料、杀虫剂、冷凝物和有毒清洁剂中的残留物或烟雾剂污染。工厂的员工必须经过培训，达到防止和认清这些可能造成污染的间接途径。

（6）化学物质品的标识、存储和使用　食品加工需要特定的化学物质品，这些有害有毒化合物主要包括：洗涤剂、消毒剂（如次氯酸钠）、杀虫剂（如 1605）、润滑剂、试验室用药品（如氰化钾）、食品添加剂（如硝酸钠）等。没有它们工厂设施无法运转，但使用时必须小心谨慎，按照产品说明书使用，做到正确标记、贮存安全，否则会导致企业加工的食品被污染的风险。

（7）雇员的健康状况　食品加工者（包括检验人员）是直接接触食品的人，其身体健康及卫生状况直接影响食品卫生质量。管理好患病或有外伤或其他身体不适的员工，他们可能成为食品的微生物污染源。

（8）害虫灭除控制　害虫主要包括啮齿类动物、鸟和昆虫等携带某种人类病源菌的动物。通过害虫传播的食源性疾病的数量巨大，因此虫害的防治对食品加工厂是至关重要的。害虫的灭除和控制包括加工厂（主要是生区）全范围，甚至包括加工厂周围，重点是厕所、下脚料出口、垃圾箱周围、食堂、贮藏室等。食品和食品加工区域内保持卫生对控制害虫至关重要。

3. SSOP、GMP 以及 HACCP 的关系

SSOP 与 GMP 是 HACCP 的前提条件。SSOP 是由食品加工企业帮助完成在食品生产中维护 GMP 的全面目标而使用的过程，尤其是 SSOP 描述了一套特殊的与食品卫生处理和加工厂环境的清洁程度及处理措施满足它们的活动相联系的目标。在某些情况下，SSOP 可以减少在 HACCP 计划中关键控制点的数量，使用 SSOP 减少危害控制而不是使用 HACCP 计划。实际上危害是通过 SSOP 和 HACCP 关键控制点的组合来控制的。一般来说，涉及产品本身或某一加工工艺、步骤的危害由 HACCP 来控制，而涉及加工环境或人员等有关的危害通常由 SSOP 来控制。在有些情况下，一个产品加工操作可以不需要一个特定的 HACCP 计划，这是因为危害分析显示没有显著危害，但是所有的加工厂都必须对卫生状况和操作进行监测。

建立和维护一个良好的"卫生计划"（Sanitation Program）是实施 HACCP 计划的基础和前提。如果没有对食品生产环境的卫生控制，仍将会导致食品的不安全，美国 21 CFR part 110 GMP 中指出："在不适合生产食品条件下或在不卫生条件下加工的食品为掺假食品（Adulterated）这样的食品不适于人类食用"。无论是从人类健康的角度来看，还是食品国际贸易要求来看，都需要食品的生产者在建立一个良好的卫生条件下生产食品。无论企业的大与小、

生产的复杂与否,卫生标准操作程序都要起这样的作用。通过实行卫生计划,企业可以对大多数食品安全问题和相关的卫生问题实施最强有力的控制。事实上,对于导致产品不安全或不合法的污染源,卫生计划就是控制它的预防措施。

为确保食品在卫生状态下加工,充分保证达到 GMP 的要求,加工厂应针对产品或生产场所制订并且实施一个书面的 SSOP 或类似的文件。SSOP 最重要的是具有八个卫生方面(不限于这八个方面)的内容,加工者根据这八个主要卫生控制方面加以实施,以消除与卫生有关的危害。实施过程中还必须有检查、监控,如果实施不力还要进行纠正和记录保持。这些卫生方面适用于所有种类的食品零售商、批发商、仓库和生产操作。

4.5.3.2 ISO9000 质量管理体系

1.基本概念

ISO9000 认证标准是国际标准化组织(International Organization for Standardization,简称 ISO)在 1987 年提出的概念,延伸自旧有 BS5750 质量标准,是指由 ISO/TC176(国际标准化组织质量管理和质量保证技术委员会)制定的国际标准。ISO9000 不是指一个标准,而是一组标准的统称。根据 ISO9000－1:1994 的定义:"ISO9000 族是由 ISO/TC176 制定的所有国际标准。"ISO9000 是 ISO 发布之 12000 多个标准中最畅销、最普遍的产品。

ISO 组织最新颁布的 ISO9000:2000 系列标准,现在最新标准为 2008 年执行标准,有四个核心标准:ISO9000:2008 质量管理体系基础和术语;ISO9001:2008 质量管理体系要求;ISO9004:2008 质量管理体系业绩改进指南;ISO19011:2002 质量和(或)环境管理体系审核指南。

2.适用范围及申请认证的条件

ISO 9001:2008 标准为企业申请认证的依据标准,在标准的适用范围中明确本标准是适用于各行各业,且不限制企业的规模大小。国际上通过认证的企业涉及国民经济中的各行各业。

组织申请认证须具备以下基本条件:

(1)具备独立的法人资格或经独立的法人授权的组织;

(2)按照 ISO9001:2008 标准的要求建立文件化的质量管理体系;

(3)已经按照文件化的体系运行 3 个月以上,并在进行认证审核前按照文件的要求进行了至少一次管理评审和内部质量体系审核。

4.6 风险管理的实施步骤

风险管理首先要识别食品安全问题,把当前食品安全风险管理面临的问题用尽可能完备的方式表述为食品安全问题。当明确了食品安全问题后,风险管理者可进一步积累科学资料,对风险轮廓进行尽可能详尽的描述,以指导进一步的行动。这时,风险管理者可以利用的方法包括:风险评估、风险分级或者流行病学分析等,并制定风险控制措施的优先顺序。

4.6.1 步骤一:识别与描述食品安全问题

识别和阐明食品安全问题的性质和特征是风险管理者的首要任务。有时,可能面临的问题已被识别出来,并被业内接受为需要进行正式风险评估的食品安全问题。也有可能出现另外一种情况,例如问题已经很明显了,但在做出决定并进一步实施之前,仍然需要收集掌握更多的信息。

不是所有的食品安全问题都以降低风险为基本目标。当出现新的技术或应用新的食品加工方式时,需要对比了解新技术或产品创新本身的优缺点。又比如对潜在危害物风险的认知和了解。所有这些构成了一类食品安全问题。这样的例子很多,列举如下:养殖动物新方法的评价,食品与饲料种植中使用新农药,食品处理新技术的评价,食品加工安全措施的等同性评价等。解决这些食品安全问题,不但要保障新技术新方法的有效性,还要考察它们会不会影响到现有的消费者保护水平。

食品安全主管机构可通过不同的途径收集了解需要解决的食品安全问题,例如,国内和国际(口岸)进口检查,食品监控计划,环境监测,实验室发现,流行病学、临床以及毒理学研究,疾病监测,食源性疾病暴发调查,新资源食品的技术评价,以及符合现有法规标准难度的技术评价等。值得一提的是,有时食品安全问题会通过学术界或科学家、食品企业、消费者、相关利益团体或媒体暴露出来。另外,还有一些食品安全问题的出现起初不是由于食源性风险,而是由于法律行为以及国际贸易受阻而显现。

对食品安全问题进行简短的初步描述是了解掌握风险轮廓的基础,并为进一步的行动提供必要的先期背景和指导。在这个步骤中,风险管理者通常需要确定初始的公众健康目标。如果面对的食品安全问题非常紧急,必须很快找到应急的解决方法并迅速实施,那么此时进行的风险分析会受到条件限制,可供选择的备选方案也相当有限。对于不太紧急的食品安全问题,风险分析的可选范围会非常宽泛。不过,资源的局限性,以及涉及法律或政治的考虑等其他因素,反倒有助于风险管理者就风险分析的深度和广度做出务实而又适用性较强的决策。

4.6.2 步骤二:描述风险轮廓

进行风险轮廓描述之前,需要针对某一具体问题收集尽可能多的相关信息资料。风险轮廓描述可以采取多种形式,其主要目的是帮助风险管理者为进一步的行动做出决策。所收集信息的范围因具体情况而异,但无论哪种情况,信息的收集都应充足,以保障风险管理者能够以这些信息为线索,决定是否需要进行风险评估及评估的程度。通常,风险管理者不必自己动手完成风险轮廓描述的工作。但是,当面对紧迫的食品安全问题时,风险管理者需要当机立断,这时,风险管理者也应主动参与到风险轮廓描述的工作中。一般情况下,风险轮廓描述主要由风险评估者、以及其他熟悉该问题的技术专家来完成。

典型的风险轮廓描述包括对下述内容的简要描述:当前形势,所涉及的产品或商品,消费者暴露于危害的途径,与上述暴露有关的潜在风险,消费者对该风险的认识,不同风险在不同人群中的分布情况等。通过收集这些风险信息资料,完成风险轮廓描述,风险管理者才能明确工作优先顺序,并确定针对这个风险,还需要进一步掌握哪些科学信息,以及制定相应的风险评估政策。通过描述当前的风险控制方法,包括那些正在其他国家使用的相关方法,风险轮廓描述步骤也能够帮助管理者确定风险管理的备选方法。在很多情况下,风险轮廓描述可被看作初步的风险评估活动,是对风险管理者当前所知的所有可能风险的汇总。

风险轮廓描述可视为开展风险评估必须的前提基础,有助于明确风险评估的目标,也即风险评估需要解决什么样的问题。这些问题的确立通常需要风险评估者与风险管理者进行充分的交流,并与其他外部相关方(例如掌握了潜在危害物信息资料的相关方)进行对话沟通。

风险轮廓描述中可能包含的信息种类包括:

- 食品安全问题的初步陈述
- 描述所涉及的危害及食品
- 危害是怎样和在何处进入食物供应链中的
- 哪些食品使消费者受到危害影响
- 不同人群的食品消费量
- 食品中危害发生的频率、分布情况与水平
- 从可获得的科学文献中识别可能存在的风险
- 风险的价值属性(人体健康、经济、文化等方面)
- 风险分布情况(由谁导致、谁从中受益、谁承担该风险)
- 影响风险管理措施实用性与可行性的商品或危害的特性
- 与问题相关的当前风险管理行为,包括现有的监管标准
- 公众对潜在风险的认识
- 有关风险管理(控制)措施的信息
- 风险评估能(否)解决问题的初步迹象
- 初步识别可能阻碍或限制风险评估的重要数据存在哪些缺失
- 在国际协定(例如 SPS 协定)背景下,该风险管理措施会产生哪些影响

风险轮廓描述应该清晰完整,并做好相应的记录,风险管理者可据此确定对某个具体的食品安全问题,如何采取进一步措施。对于不同的食品—危害组合来说,如果它们的风险轮廓描述之间存在可比性,那么在后续的风险管理活动中,可以根据风险轮廓描述对相应的食品安全问题做出定性分级。

4.6.3 步骤三:建立风险管理目标

风险轮廓描述步骤完成后,风险管理者需要确定风险管理目标。这个步骤,应该与确定风险评估是否具备可行性与必要性的步骤相关联。明确风险管理目标必须在委托风险评估之前进行,因为这个步骤决定了风险评估过程中将要解决哪些问题。需要通过风险评估解决特定食品安全问题的一般风险管理目标举例如下:

- 制定具体的监管标准或其他风险管理措施,将特定的食源性危害风险降低至可接受的程度(如出现的微生物危害)。
- 制定具体的监管标准或其他风险管理措施,用来控制食品中的兽药残留,确保残留物的暴露量不超过每日允许摄入量。
- 对不同的危害—食品组合进行风险分级,建立风险管理的优先排序。
- 针对特定的食品安全问题,对不同的风险管理措施,分析其经济成本与收益,从而选取最合适的控制方法。
- 针对某个需要被优先考虑的危害,先评估其基准水平,然后评估实现公众健康目标的进展状况(例如,10 年内,将由肠道致病菌引起的食源性疾病降低 50%)。
- 对于新的食品生产方法或新的食品加工技术,需要证明其对消费者产生的风险没有明显增加。

• 证明虽然出口国风险管理中所使用的控制系统或方法与进口国之间存在差异,但对消费者产生的风险不会明显增加(即证明等效性),如不同的巴氏杀菌法。

4.6.4 步骤四:确定是否有必要进行风险评估

对风险管理者和风险评估者来说,确定是否有必要开展风险评估需要双方反复权衡,这项工作也是建立风险管理目标的一部分。在这个过程中,需要重点考虑的问题包括:怎样开展评估,需要解决什么样的问题,什么样的方法可能产生有用的结果,哪些数据缺失或哪些不确定性可能导致难以获得明确的解决方案。在风险管理者决定开展风险评估以支持风险管理目标之前,必须对这些事项进行说明。在风险评估的开始阶段,如果能够准确认识到数据缺口,将有助于在风险评估之前或评估过程中,尽可能地收集到这些重要的信息。上述这些工作通常需要科研院所、研究机构及相关企业的合作。

风险评估在下列情形下显得尤为重要,例如当风险的属性大小还不明确时,当风险涉及的社会价值相互冲突时,或者风险受到公众密切关注时,以及风险管理措施会对贸易产生较大影响时。影响风险评估必要性的问题还包括:可获取的资源和时间,采取风险管理措施的紧迫性,以前是否遇到过同类问题,能否获得相应的科技支持。当风险轮廓描述表明,食源性风险影响重大且紧迫时,监管者可以在进行风险评估的同时,决定实施临时管控措施。

4.6.5 步骤五:制定风险评估政策

在风险评估过程中,不可避免地会产生许多主观判断和选择,这些判断和选择将影响到风险评估结果应用于风险管理决策时的效用。有些选择涉及科学价值取向及偏好,例如,在数据不充分的情况下,怎样处理不确定因素,如何去设定假设,或者在描述某种可接受的暴露风险时,应该谨慎到什么程度。

这时就需要在风险评估之前制定风险评估政策,为风险评估过程提供一个公认的框架,或者说基调。食品法典委员会程序手册第 15 版将风险评估政策定义为"关于在风险评估的适当决策点,进行选择的书面指南,以保持流程的科学完整性"。尽管制定风险评估政策是风险管理人员的责任,但这个过程应通过公开透明的流程来实现,并保持与风险评估者的充分合作与交流,并适当听取利益相关方的意见。

风险评估政策一般应形成文件,以确保一致性、明确性和透明度。风险评估政策有助于确定风险评估的范围及其进行方式,通常包含以下几个要素:食物、人口、地理区域和要涵盖的时间段。风险评估政策也可能包括对风险进行分级的标准(例如,评估涵盖同一污染物造成的不同风险,或不同食品中污染物造成的风险)和对待不确定性因素的政策。建立风险评估政策为划分恰当的风险级别和风险评估的范围提供指导。

4.6.6 步骤六:委托风险评估

如果在步骤四做出需要进行风险评估的决定,则风险管理者必须组织完成风险评估。风险评估的性质及其委托的方法可能会有所不同,具体取决于风险的性质,机构环境和可用资源以及其他因素。通常,风险管理者必须组建适当的专家团队来执行任务,然后与风险评估者进行充分的互动,以明确地指导他们要执行的工作,同时保持风险评估和风险管理之间的"功能分离"。

"功能分离"是指在执行工作时,要能分清风险评估和风险管理,将两种工作分开执行。目前很多发达国家有独立的机构和人员来分别进行风险评估和风险管理,但在发展中国家,这两件事可能要由同一个部门或机构负责。无论哪种情况,重要的是在现有组织架构和资源条件下,能够确保将两种任务彼此分开执行(即使它们是由同一个人执行)。职能分离不一定要求建立两套不同的机构和人员,分别完成风险管理和风险评估工作。

如果有足够的时间和资源保障,鼓励组建一个独立的多学科科学家团队进行风险评估工作。如果没有,则监管机构可以依靠机构内部专家资源,也可以从专门的学术机构获得技术资源。最有效的风险评估团队通常是跨学科的,例如在应对微生物危害时,研究小组应该包括食品技术人员、流行病学家、微生物学家和生物统计学家。

粮农组织/世卫组织联合专家机构(JECFA,JMPR 或 JEMRA)进行的风险评估,其主要目标,是为食品法典委员会和各国政府选择针对特定危害-食品组合的风险管理措施提供信息和协助。针对食品中的化学危害,许多国家利用国际组织的风险评估结果,直接采用了法典标准。还有一些国家以国际组织风险评估的结果作为起点,针对化学危害开展本国的风险评估和标准制定。就微生物危害而言,缺乏可供利用的国际风险评估,但现有的那些国际组织评估结果对于建立国家层面的标准提供了重要的帮助。

作为风险管理者,必须保障风险评估活动能够正常进行。为此,无论风险评估的范围和性质如何,无论风险评估者和风险管理者的身份如何,均应遵循某些原则。风险管理者在保障开展风险评估中的职责如下:

- 确保任务委托环节,以及与风险评估相关的所有其他工作都形成文件且透明。
- 与风险评估者就风险评估的目的与范围、评估政策及所期望得到的产出形式等进行明确的沟通。
- 提供充足的资源,并建立可行的时间表。
- 保证风险评估与风险管理之间功能分离切实可行。
- 确保风险评估队伍中专家组成合理平衡,不存在利益冲突和其他偏见。
- 在整个过程中,能与评估者之间进行有效的反复交流。

实际上,"职能分离"意味着风险管理者和风险评估者需要完成不同的工作,他们只能定位在自己的工作上。风险管理者必须避免"引导"风险评估的行为,保持风险评估的独立性,以确保风险评估可以支持风险管理决策。风险评估者必须客观地收集和评估证据,而不受风险管理需要考虑的问题的影响,诸如所采取措施的经济效益、减少风险暴露和教育消费者的成本之类。

如果资源和法律允许或有这样的要求,则可以由独立于食品监管机构之外的科研机构进行风险评估。在较小的国家或资源有限的国家,监管人员就有必要扮演多个角色,由同一批人执行风险管理和风险评估任务。但是,只要通过努力使这两个职能分开,并遵循上述的原则,通常可以确保他们进行的风险评估合理、客观、公正。

4.6.7　步骤七:判断风险评估结果

基于现有数据,风险评估者应尽可能清晰、全面地回答风险管理者提出的问题,并能够识别和量化风险估计中不确定性的来源。在评判风险评估是否完成时,风险管理人员需要:

- 充分了解风险评估及其优缺点。
- 充分熟悉所使用的风险评估技术，以便可以向外部利益相关者进行解释。
- 了解风险评估中不确定性和可变性的性质、来源和程度。
- 关注并确认在风险评估过程中做出的所有重要假设及其对结果的影响。

值得一提的是，许多风险评估还有附带价值，那就是有助于确定下一步的科学研究方向，以填补相应的科学知识空白，例如关于特定风险，或与给定危害—食品组合相关的特定风险的科学知识。

在初步风险管理阶段，当风险评估已经完成，并且可以与感兴趣的各方进行讨论时，在风险管理者、风险评估者和与该问题有利益关联的其他各方之间进行有效的沟通至关重要。

4.6.8　步骤八：对食品安全问题进行分级并确定风险管理优先次序

食品安全监管机构经常需要同时处理众多食品安全问题，不可避免地会出现资源不足以分配的问题，因此，对食品安全的监管者来说，对问题进行分级，排列风险管理的优先次序，以及对所评估的风险进行分级是一项重要的工作。

排序的主要标准，通常是已知的每个食品安全问题给消费者带来的相对风险水平，最合理的风险管理，应将资源用于降低总体食品传播的公共卫生风险。还可以根据其他因素来考虑优先排序的问题，例如，根据不同的食品安全控制措施对国际贸易造成影响的严重程度；根据解决问题的相对难易程度。有时也会迫于公众或政府管理的压力，需要对某些问题或事件给予优先考虑。

4.7　风险管理决策

根据风险管理框架，风险管理第二个主要阶段涉及风险管理选项的识别，评估和选择。通常，在完成风险评估之前无法完全进行风险管理决策，但实际上，风险管理决策的过程从风险分析的早期就已经开始了，随着风险分析的推进，有关风险的信息变得更加完整、更加定量，风险管理决策也在这个过程中不断被修正完善。风险轮廓描述可能包含一些有关风险管理措施的信息，风险管理人员也会对风险评估提出一些具体问题，这些问题的回答也有助于指导风险管理决策。同样，如 4.6 中步骤 3 所述，在紧急食品安全情况下，可能需要选择和实施一些初步的风险管理措施，然后才能进行风险评估。就像风险管理的第一阶段一样，该阶段也包含几个不同的子步骤。

4.7.1　确定现有的管理措施

考虑到已经建立的风险管理目标和风险评估的结果，风险管理人员通常会确定一系列能够解决当前食品安全问题的风险管理方案。虽然确定风险管理措施是风险管理者的职责，但不一定总是由风险管理者完成所有工作。通常，风险评估者、食品行业的科学家、经济学家和其他利益相关者会从其专业知识的角度选择备选方案，在风险管理决策的过程中也起着重要作用。

确定选项的过程在概念上很简单，但通常会受到食品安全风险管理人员实施所选选项的能力限制。尽管风险管理人员在确定可能的控制措施时,应尝试考虑从生产到消费的整个连续过程,但在许多情况下,特定的监管机构仅对该连续过程的一部分具有管辖权,对其他部分鞭长莫及。还有一种情况是,风险评估可能仅限于食品生产链的一小部分,而只有在风险评估范围内的措施才能被确定下来并实施。

在某些情况下,针对与特定食品安全问题相关的风险,只要采取单一风险管理措施就有可能见效。但有时也有可能需要采取多种措施。在某些情况下,除了良好的卫生习惯这一基本风险管理措施以外,更好的风险管理措施选项可能非常有限。通常,在可行的范围内,建议首先在较宽泛的范围内考虑各种可能的选项,然后选择最有希望的替代方案进行更详细的评估。在此阶段,征询专业人士或利益相关方的意见也很重要。

有时,有效控制食品生产链中特定部分的危害会用到通用的各种质量管理体系,例如,在屠宰和处理屠体的许多步骤中,控制屠体粪便污染是一个关键的步骤。如果风险评估已经确定了在处理过程结束时所需达到的控制级别,则可以基于通用管理体系(例如 HACCP)将风险管理选项集成到完整的"食品安全计划"中。

4.7.2　评价可供选择的管理措施

如果解决方案显而易见且相对易于实施,或者仅须考虑单个选项,则对已确定的风险管理选项的评估会变得简单。另外,许多食品安全问题涉及复杂的过程,许多潜在的风险管理措施在可行性、实用性和可达到的食品安全控制效果方面存在差异,这时就需要成本效益分析,并在社会价值之间进行权衡取舍。

评估和选择食品安全管理措施中最关键的要素之一,是要认识到必须在要评估的风险管理方案与所提供的降低风险和(或)消费者保护水平之间建立明确的对应关系。

对于如何选择最佳选项,没有严格的规定。相反,基于手头的具体食品安全问题和确定的风险管理目标,管理措施的选择可以存在多种可能性。在理想情况下,以下信息可用于评估各种风险管理措施选项:

- 将所有备选方案进行定性或定量的列表展示,对比优劣。
- 列出备选方案的可行性和实用性的相关技术信息。
- 分析各种备选措施的效益成本。
- 在国际贸易中,还需要考虑 WTO SPS 的影响。

在这个评估过程中,任何利益相关者团体,包括风险管理者和风险评估者,都可以参与进来,提供相关的信息,并对要考虑的不同因素及其重要性发表各自的看法。

效益成本分析通常很困难,尽管它是某些国家食品安全政策决策的强制性要素。估算特定风险管理方案的收益和成本的大小需要解决以下问题:对食品供应或质量的影响;对进入国际粮食市场的影响;影响消费者对食品供应安全或食品监管系统的信心;其他社会成本和食品安全风险后果。其中许多变量可能难以预测或量化。

经济估计通常具有相当大的不确定性。例如,很难预测市场参与者将如何对基于风险的监管做出反应以及未来市场可能如何变化。科学技术的飞速发展增加了预测收益和成本的不确定性。因此,收益成本分析本身无法确定最佳的风险管理选择,但作为收集和评估数据及数据缺口的系统学科,它可以为决策过程提供信息。通常还需要考虑受决策影响最大的利益相关方的偏好和看法,通常是企业界和消费者。风险管理者需要认真评估在此阶段收到的信息的质量,有时主观的判断在所难免,例如,对于那些应给予特别考虑的因素,如何确定合理的权重。

道德层面的考虑在风险管理措施的选择中也非常重要,尽管它们通常是隐含的,而不是明确的,有些已经被法律固化成为必须遵守的准则。例如,企业有责任提供安全食品;消费者有权被告知与他们食用的食物有关的风险;或者政府需要采取行动保护那些无法保护自己的人。对于风险管理者来说,基于科学和经济分析来解释和维护食品安全决策似乎更为容易,这比道德规范提供了更为客观的基础。但是,对风险管理决策中所包含的道德要素进行审核也是必不可少的,它可以促进风险管理的透明度和相关各方的良好沟通。

在国家与国家之间,以及不同风险之间,评估风险管理方案的过程可能会有很大差异,不具有可比性。理想状态下,这个过程应该是一个开放的过程,行业、消费者和其他有关方面能够在这个过程中对各种方案进行评价,并提出选择首选方案的标准。当然,评价比较多种风险管理方案是一项艰巨的任务,而扩大与利益相关者的沟通范围可能会使这一流程更加难以管理,并且可能会延长完成此过程所需的时间。尽管如此,从提高风险管理方案最终决策的质量和公众接受度的角度来讲,广泛而包容的咨询过程通常是有益的。

在评估食品中微生物危害的风险管理方案时,监管机构应给予企业尽可能多的灵活性,只要确保方案在保护消费者方面有效即可。HACCP 系统非常符合这种灵活的、以结果为导向的方法,可用于控制食品生产链中特定步骤的危害。

食品中化学危害物的风险管理方案通常是通用的,例如确保按照 GAP 使用农药或兽药不会导致食品中残留有害物质,并可以通过设定最低残留限量 MRL 来监控。对于那些并非有意使用的化学污染物,例如二噁英或甲基汞等环境污染物,通常有其特有的风险管理方案,例如在作物收获时施加限定条件,或者是向消费者提供信息,以便于他们可以自主降低暴露水平。然后可以采用诸如"临时可耐受每周摄入量"(PTWI)之类的暴露指南来提供最大安全摄入量的参考值,并可以制定风险管理措施以防止消费者超过该安全暴露上限。针对"可以避免长期不利健康影响的可接受暴露水平",有一些估算的方法,例如 NOAEL(No Observed Adverse Effect Level)或 RfD(Reference Dose)方法,许多化学危害物的风险管理方案就依赖于这些方法。

4.7.3　选择风险管理措施

可以使用各种方法和决策流程来选择风险管理选项。没有一种首选的方法,不同的决策方式可能适用于不同的风险和不同的情况。事实上,通盘考虑并整合上述所有评估信息,就可以选出最恰当的选项,并据此做出风险管理决策。

大多数风险管理决策的首要目标是降低人类的食源性风险。风险管理者应着重于选择那些能够最大程度降低风险影响的措施,并将这些影响与影响决策的其他因素进行权衡,包括潜在措施的可行性和实用性,成本效益分析,利益相关者权益,道德的考量,以及产生次生风险的可能性,例如食物供应量或营养质量下降。

这个选择的过程本质上是定性的,因为所涉及的量值的性质明显不同,风险管理者必须决定赋予每个量值多少权重。因此,选择"最佳"风险管理方案从根本上来说是一个社会科学的考量过程。

4.7.3.1 确定消费者健康保护的期望水平

风险管理决策中确定的消费者健康保护水平通常被称为"适当的保护水平"（ALOP）。在WTO SPS协议中，ALOP被定义为："在建立了卫生或植物卫生检疫措施、以保护其境内人类和动植物的生命或健康的成员国中，被认为是恰当的保护水平。"ALOP有时也被称为"可接受的风险水平"。值得注意的是，ALOP是与当前食品安全状况相关的保护水平，由于当前能达到的消费者健康保护水平可能会发生变化（例如，新技术可能会改变食品中污染物的水平），因此ALOP可能需要更新修订。

根据有关危害物和风险来源的相关信息类别，ALOP的范围可以从一般到特定。一个国家当前的沙门菌感染水平，可看作是一般ALOP的例子。特定的ALOP的例子是美国隐孢子虫病的背景水平，可作为确定饮用水处理水平的基础。

公共卫生目标的表达方式可以是一般性的也可以是具体的，取决于危害物或风险来源的情况。例如，一般的公共卫生目标是减少人类沙门菌感染引发肠炎的发生率。具体的公共卫生目标可以是：减少与食用鸡蛋有关的人类沙门菌感染引发的肠炎病例的发生率。既可以是绝对值（例如，每100 000人口中的病例数），也可以用相对改善（例如，减少病例数的百分比）来设定目标。

对于特定的食源性公共卫生风险，确定和实现ALOP或针对消费者健康保护水平的未来目标显然是核心的风险管理功能，在大多数情况下，与风险管理的可行性和实用性息息相关。充分整合权衡上述所有评估信息，将有助于选择与特定的消费者保护相关的风险管理措施。

ALOP或类似的未来目标的概念，对于在风险管理措施和实际的消费者健康保护水平之间建立联系至关重要。风险管理人员可以使用一系列工具或方法，将实际控制措施和消费者健康保护水平联系起来。在选择风险管理措施时，确定ALOP的方法举例如下：

• 理论零风险法。危害物的风险保持在预先已知的（可忽略不计的）或者（理论零）风险水平。风险评估表明，这样低的暴露水平在一定的概率范围内不会造成伤害。该方法用于对食品中的化学性危害物建立ADIs。例如，杀虫剂毒死蜱具有伤害儿童脑发育的潜在危险，为避免这种风险，JMPR已经建立了毒死蜱的ADI值，农药残留法典委员会以此为基础，为有可能使用毒死蜱的各类食品建立了MRLs。

• ALARA法（As Low As Reasonably Achievable，能达到的合理低水平）。在技术上可能和（或）经济可行的情况下，风险管理措施把危害水平限制在最低水平，但危害仍然存在。例如新鲜或未煮熟的肉类产品中的肠道致病菌，或在符合卫生要求的食品中存在不可避免的环境污染物。

• 阈值法。通过公共政策将风险控制在预先设定的特定水平之下。该方法可用于化学性危害，特别是致癌物。例如在美国，预估某些食品色素终身暴露带来的额外风险为每10万人口癌症发病率增加1例，这些色素因此而被禁用。

• 成本-效益法。风险评估与成本-效益分析同时进行，风险管理者在选择方法时，权衡降低的风险与所需要的经济成本。根据成本-效益方法的定性分析，对于可能引起癌症风险但也能防止肉毒素中毒的防腐剂亚硝酸钠，许多国家在特定食品中限制其最大水平不超过100 mg/kg。

• 风险比较法。比较降低某种风险带来的收益与实施风险管理决策产生的其他风险。例如，为避免甲基汞的危害，人们少吃鱼的益处与可能导致的营养损失；在食品加工过程中水加氯消毒的益处与可能增加的癌症风险。

• 事先预防措施。当现有的信息表明,食品中的某种危害可能对人体健康造成显著风险,但科学数据不足以估计实际的风险时,可以实施临时措施控制该风险,同时着手准备进行更准确的风险评估。例如在欧洲疯牛病流行的早期阶段,禁止在饲料中使用动物源性添加物并禁止牛肉贸易。

对于化学污染物,风险评估的结论通常包括可容许摄入量的估计值,例如可容许的每日摄入量(TDI)或暂定每周耐受量(PTWI)。对于食品添加剂,农药残留和兽药残留,风险评估人员通常确定可接受的 ADI。TDI 或 PTWI 通常基于风险评估人员对剂量水平的估计,该剂量水平下不会对人群健康造成不利影响,因此 TDI 或 PTWI 提供了一种 ALOP,被称为"名义上的零风险"。然后可以选择实施那些能够达到要求的 ALOP 的风险管理措施。例如在农场实施 GAP 以最大限度地减少农药残留,为特定食品设定最大残留限量,并使用最大残留限量来监控食品供应。

4.7.3.2　确定最优风险管理措施

在对风险管理措施做出决策时,风险管理者必须同时考虑两个要素:所需的消费者保护级别,以及风险管理选项的实用性和有效性。通常,大多数风险管理选项的决策流程都以"优化"结果为主要目的,决策者旨在以成本-效益高、技术上可行、并尽可能保护消费者和其他利益相关者权利的方式实现"最佳"消费者保护水平。成本风险收益分析通常需要大量有关风险以及不同风险管理选择的后果的信息。没有一种单一的决策方法适合所有情况,而对于任何给定的食品安全问题,却可能有不止一种方法适用。

在对备选方案进行系统性严格评估的过程中,各利益相关方和风险管理决策者之间充分有效和公开的交流沟通是不可或缺的,这样才有可能产生合理的、被广泛接受的风险管理决策。鉴于非自然科学的价值判断在解决食品安全问题中的重要性,应该让外部利益相关者参与进来,这对于成功完成风险管理决策至关重要。

在可能的情况下,风险管理应考虑从生产到消费的整个连续过程,以便形成最佳的管理决策方案。但这也许会涉及不同的监管机构,而它们的职责各不相同。任何监管措施都必须在法律和国家监管框架的基础上执行。但是在某些时候,采取自愿性措施而不是立法强制实施也能取得良好的效果,例如,食品加工企业通过逐步淘汰铅焊金属罐以降低罐头食品中的铅含量;选择一些教育消费者的方法,以降低某些鱼类及海产品中甲基汞的暴露量。最后还需要注意一点,在当今食品贸易全球化的环境下,监管措施还须考虑国际贸易协定,及其会给国家主管部门带来哪些额外的责任。

4.7.3.3　处理不确定性

不确定性是风险评估和预测风险管理措施影响时不可回避的因素。在制定风险管理决策时,国家食品安全主管部门应给予不确定性以充分的考虑,整个过程公开透明。在预测基于风险评估的结果时,风险评估者最好使用概率来表达与估计有关的不确定性。从风险管理者的角度来看,必须充分了解不确定性,然后才能知道什么时候能够拥有足够多的信息以做出决策。

在大多数情况下,尽管存在公认的不确定性,但决策过程中还是能选出最优的风险管理选项。当不确定性被判断为足以阻碍最终选择时,可以采取临时措施,同时附加新一轮风险管理框架应用周期,收集更多数据以支持进行更明智的决策。

4.8 实施风险管理决策

风险管理决策由包括政府、食品行业和消费者在内的各方共同执行。实施的类型根据食品安全问题本身、具体情况和涉及单位的不同而有所不同。

为了有效地执行控制措施,食品生产者通常使用诸如 GMP、GHP 和 HACCP 系统之类的综合方法来实施完整的食品控制系统。这些方法为风险管理人员确定和选择特定食品安全风险管理选项提供了平台。

无论强制要求还是自愿,企业在食品安全控制体系中都应承担主要责任。不同国家的法律制度都规定了企业应承担的食品安全责任。政府机构可以使用各种验证方式来确保企业遵从行业标准。也有一些政府或监管机构自己实施控制措施,例如物理检查和产品测试,在这种情况下,检查企业是否遵从标准的主要成本将由监管机构来负担。

近年来,很多国家对本国食品安全监管机构的设置进行了新的调整。将所有政府的食品安全监管部门整合到一个单一机构中具有多个优势,例如减少了工作的重复和职责的重叠,改善了政府食品监管措施的实施效果。将以往分散在不同执法部门的立法和执法活动合并,有利于食品安全监管综合应用多学科管理模式,也有利于实施基于风险的"从生产到消费"的监管措施。

4.9 监控和评估风险管理措施和效果

做出风险管理决策并实施后,风险管理过程还不算结束。风险管理者需要验证那些针对风险的管控措施是否已达到预期的结果、是否有与措施无关的意外后果,以及是否可以长期维持风险管理目标。当新的科学数据、或见解、经验(例如在检查和监测期间收集的数据)出现时,应定期对风险管理决策进行审核。在这个阶段,风险管理主要包括收集和分析人群健康数据,以及食源性危害的数据,用以总结食品安全和消费者健康状况。

公共卫生监测通常由国家公共卫生行政主管部门组织实施。它提供了实施风险管理措施后食源性疾病发生率变化的证据,并有助于发现新的食品安全问题。当监测得出的结果表明尚未达到所设定的食品安全目标时,就需要政府和行业重新设计食品安全控制措施。

可用于监测风险管理措施实施效果的数据资料举例如下:

- 国家疾病监测数据库。
- 疾病登记、死亡数据库,以及由此得出的事件发生的时间和空间序列数据。
- 目标人群调查(主动监测),对具体风险及影响因素进行分析和流行病学研究。
- 指向问题食品的食源性疾病暴发事件的调查数据,以及散发的食源性疾病数据。
- 食品生产至消费全过程中各环节化学及微生物危害发生的频率及水平。
- 母乳中的持久性有机物污染出现的频率。
- 来自典型人群样本调查收集到的血液、尿液或其他组织中污染物发生的频率及水平。例如头发与血液中的汞含量。
- 定期更新的食品消费调查数据,特别是由膳食模式导致可能处于风险中的特定亚人群的数据,例如婴幼儿。

• 用微生物(指纹)方法追踪到的、通过食物链导致人类疾病的特定基因型的致病菌菌株。

为了监控特定的危害,食品安全监管机构通常将监测计划应用在食品生产链中的各个环节。例如,国家残留物调查,国家对鲜肉中微生物病原体的监测计划。即使这些监控计划未集成到整个食品控制系统中,它们仍可提供有关有价值的信息。

通常在许多国家,完成人体健康监测不在食品安全监管机构的管辖范围之内,但这项工作是中央政府机构的责任。监测和审查活动应专门针对食源性风险的管理,在基于风险管理的食品安全监管体系中,应为多学科联合研究创造条件。食源性疾病调查,流行病学分析研究,病例对照调查,以及细菌基因型水平的菌株分型可为人类健康监测提供有价值的辅助手段。

在某些情况下,监测的结果可能会导致需要进行新的风险评估,也可能会减少以前的不确定性,或者使用新的或其他研究结果更新分析结果。修订后的风险评估结果可能会导致风险管理流程的重复,可能会改变风险管理目标和选择的风险管理方案。除此之外,公共卫生目标的变化,不断变化的社会价值和技术创新,也都可能导致需要重新评估先前做出的风险管理决策。

二维码 4-1　国务院食品安全委员会专家委员会

■ 本章小结

食品安全风险管理是食品安全风险分析的重要组成部分,其与风险评估以及信息交流共同构成食品安全风险分析。国家食品安全风险管理的总体目标是保护消费者利益以及促进食品国际贸易。风险管理没有固定程序和做法,国际食品法典委员会对各国政府开展风险管理提出了原则性建议。

食品安全风险管理一方面要考虑风险评估的结果,另一方面,也需要同时考虑政治、经济、社会发展阶段和技术水平上的限制。FAO/WHO 在风险管理建议中提出了 8 条原则。风险管理的程序化方法包括"风险评估""风险管理措施的评估""管理决策的实施"和"监控和评价"。在某些情况下,风险管理活动并不是一定要包括所有这些因素。

风险评估、风险管理和风险交流是相互独立又相互联系的。其中,风险评估立足科学,风险管理主要体现为政策措施的制定实施,风险评估和风险管理相对独立,以保证风险评估的科学性和客观性。风险交流贯穿风险评估和风险管理的全过程,有效的信息交换是风险分析过程得以进行的基本保障。

食品安全风险管理目标要依靠食品安全风险管理措施来保障实现。这些措施的选择与风险的类型、风险大小、风险的不确定性以及食品安全管理目标本身都有密切的联系。常见的食品安全管理体系对于强化食品加工和流通过程中的安全至关重要。

食品安全风险管理的实施可分为 8 个步骤。步骤一识别与描述食品安全问题,步骤二描述风险轮廓,步骤三建立风险管理目标,步骤四确定是否有必要进行风险评估,步骤五制定风险评估政策,步骤六委托风险评估,步骤七判断风险评估结果,步骤八对食品安全问题进行分级并确定风险管理优先次序。

风险管理决策涉及风险管理选项的识别、评估和选择。首先需要确定现有的管理措施,然后评价可供选择的管理措施。在选择风险管理措施时,需要确定消费者健康保护的期望水平,确定最优风险管理措施,同时,还需要处理不确定性。

风险管理决策由包括政府官员、食品行业和消费者在内的各方共同执行。实施的类型根据食品安全问题,具体情况和相关各方而有所不同。做出并实施决策后,风险管理者还需验证缓解风险的措施是否已达到预期的结果,是否有与措施无关的意外后果,以及可以长期维持的风险管理目标。

思考题

1. 为什么要对食品安全问题进行风险管理?
2. 简述风险评估和风险管理的相互关系。
3. 食品安全风险管理的一般原则是什么?
4. 食品安全风险管理都有哪些步骤?
5. 除了考虑风险评估的结果以外,食品安全风险管理还需考虑哪些因素?
6. 什么是食品安全目标?
7. 如何确定食品安全目标?
8. 如何执行风险管理决策?
9. 如何监控和评估风险管理措施和效果?
10. 在食品安全风险管理的过程中,如何处理风险评估的不确定性?
11. 常见的通用食品安全风险管理体系有哪些?

参考文献

[1] Food Safety in China: Science, Technology, Management and Rgulation. Edited by Joseph Jen and Junshi Chen. Published by Wiley, New York, 2017.

[2] WHO/FAO. Food safety risk analysis-a guide for national food safety authorities. Rome, 2006.

[3] 丁晓雯,柳春红.食品安全学.北京:中国农业大学出版社,2016.

[4] 樊永祥.食品安全风险分析——国家食品安全管理机构应用指南.北京:人民卫生出版社,2008.

[5] 国家食品安全风险评估中心编著.食品安全风险交流理论探索.北京:中国质检出版社,2015.

[6] 金培刚.食品安全风险管理方法及应用.浙江预防医学,2006,18(5):62-63.

[7] 李慧灵.项目风险管理在食品安全管理中的应用.经营管理者.2012(4):129-130.

[8] 刘为军,魏益民,郭波莉,等.2011.食品安全风险管理基本理论探析.中国食物与营

养,17(7):8-10.

　[9]罗云波.生物技术食品安全的风险评估与风险管理.北京:科学出版社,2016.

　[10]罗云波,吴广枫,张宁.建立和完善中国食品安全保障体系的研究与思考.中国食品学报,2019,19(12):6-13.

　[11]米娜莎.我国水产品质量安全风险分析体系现状与问题研究.青岛:中国海洋大学,2015.

　[12]任筑山,陈君石.中国的食品安全过去、现在与未来.北京:中国科学技术出版社,2016.

　[13]石阶平.食品安全风险评估.北京:中国农业大学出版社,2010.

　[14]吴广枫译.食品质量管理.北京:中国农业大学出版社,2005.

　[15]徐娇,邵兵.试论食品安全风险评估制度.中国卫生监督杂志.2011,18(4):342-350.

　[16]姚建明.基于风险分析原则的食品安全监管体系研究.广州:华南理工大学,2010.

（吴广枫,朱龙佼）

第 5 章

风 险 交 流

本章学习目的与要求

1. 了解风险交流、食品安全风险交流的基本定义、分类及内容。
2. 掌握食品安全风险交流的理论基础和理论模型。
3. 掌握食品安全风险交流的原则、策略与基本流程。

许多食品安全专家、监管人员以及行业协会、生产企业等不能理解为什么在涉及食品安全时，一个客观上较小的风险能引起巨大的社会反响？面对这些特别的现象，食品安全领域工作人员迫切希望了解风险交流的理论基础、原则、内涵，掌握如何准确地把握公众的心理，如何更有效地进行风险交流。针对这些需求，本章首先阐述了风险交流及食品安全风险交流的基本定义及发展历程，接着介绍了食品安全风险交流的基本分类、内容，然后阐述了食品安全风险交流的理论基础，介绍了理论模型，重点对食品安全风险交流的原则、流程进行叙述，本章还将重点介绍风险的客观存在与主观感知之间的差异、公众对风险的感知和判断与专业人员存在的差异及其根源所在，以期帮助读者对食品安全风险交流有一个比较全面的了解。

5.1　食品安全风险交流概述

5.1.1　风险交流定义

风险交流又译为风险沟通（Risk Communication），最初由美国环保署首任署长威廉·卢克希斯于20世纪70年代提出。早期的风险交流更多的是单向的信息传播或宣传工作，其主要目的是告知、教育、说服。但这种方式缺乏信息的反馈，忽略了利益相关方的关切，存在很多弊病。1989年美国国家科学研究委员会（National Research Council，NRC）对风险交流做出了如下定义：个体、群体以及机构之间交换信息和看法的互动过程，这一过程涉及风险特征及相关信息的多个层面。它不仅直接传递风险信息，也表达对风险事件的关切、意见及相应反应，或者发布国家或机构在风险管理方面的法规和措施等。这一定义第一次确立了风险交流中"互动"的特征，从此风险交流不再是简单的单向传播，而包含了信息交换过程。

世界卫生组织/联合国粮农组织（WHO/FAO）出版的《食品安全风险分析——国家食品安全管理机构应用指南》中明确指出，"风险交流是在风险分析全过程中，风险评估人员、风险管理人员、消费者、企业、学术界和其他利益相关方就某项风险、风险所涉及的因素和风险认知相互交换信息和意见的过程，内容包括风险评估结果的解释和风险管理决策的依据"。

5.1.2　食品安全风险交流

中国工程院院士陈君石采用了国际食品法典委员会的定义，认为风险分析由风险评估、风险管理和风险交流3部分组成。风险交流是在风险分析的全过程中，风险评估人员、风险管理人员、消费者、产业界、学术界和其他感兴趣的各方就风险、风险相关因素和风险认知等方面的信息和看法进行互动式交流，内容包括风险评估结果的解释和风险管理决定的依据。

2011年在北京召开的食品安全风险交流国际研讨会上，原卫生部副部长陈啸宏指出，风险交流是将科学的食品安全信息在政府、学术界、食品行业、媒体和消费者之间进行沟通和互动。只有及时准确透明地沟通食品安全信息，才能使公众真正了解并认识食品安全的真实情况，从而增强对食品安全的信心并理性参与。

食品安全问题的频繁发生，引起了人们的顾虑和担忧，尤其是在互联网日益发展的今天，食品安全事件通过社会化媒体传播、扩散，食品安全风险被放大，甚至可能发展成为公共危机事件，造成消费者的恐慌，导致公共信任坍塌，对食品产业及社会经济发展造成严重的影响。因此需要食品安全风险管理将风险控制在公众可接受范围，并考虑通过有效的食品安全风险交流弥合公众认知与科学事实之间的差异,增强公众对食品安全的信任。

食品安全风险交流重要性体现如下:

- 食品安全风险交流可以方便公众更好、更科学地理解风险;
- 食品安全风险交流可以促进食品安全风险监管的有效进行;
- 食品安全风险交流可促进食品安全现代化治理进程;
- 食品安全风险交流有利于重建消费者对食品安全的信心;
- 食品安全风险交流对新修订的《中华人民共和国食品安全法》顺利实施有着重要作用。

二维码 5-1　食品安全风险
交流的作用

简言之,食品安全风险交流就是与目标受众双向交流与潜在的、不确定的、风险有关的信息,其目的是降低风险造成的影响、避免危机的发生。在我国,所谓食品安全风险交流又称大众风险交流,是指针对风险性事件,政府相关部门及时有效地(借助于传统媒体和社会化媒体方式)与大众互动交流与沟通,以争取理解、支持与合作。风险交流有利于风险管理者尽可能多地收集科研、政府相关部门、消费者、生产企业、媒体和其他各方面的信息与意见,有利于管理者获知更多的影响因素和决策信息,避免片面决策,做出更高质量的风险管理决策。

5.1.3　食品安全风险交流的基本分类及内容

5.1.3.1　食品安全风险交流分类

1. 常规性风险交流

(1)定义　常规性风险交流是指基础性的食品安全风险交流,目的主要是增强消费者食品安全相关知识、减少食品安全事件发生的频率、建立各利益相关方之间的信任关系,主要的交流方式有食品安全知识科普性宣讲、论坛、媒体发布食品安全科普帖、企业组织食品安全交流活动等。危机性交流是指在食品安全事件发生后,用来应对危机的交流活动。通过危机性风险交流让公众更加了解目前的情况,客观地去认识风险,然后采取合理的行为去应对面临的风险事故。

(2)形式　常规性风险交流最初的形式是以发布信息和宣传教育展开的,因为我们生存在风险不可避免的大环境中,风险很难在发生之前被识别、被感知,更难以去描述,那些可以用科学的方法去预测的风险也大多以物理化学方程式的表现形式出现,而大部分对人的身体伤害性大的风险一般是不能从外观上直接辨别的。一些表面上似乎合理的食品安全相关的阐述实际上需要专家们的证实或者证伪,消费者和专家在知识层面有了很大的差异。专家拥有相关专业知识、严谨的科学素养、理性的态度,本身应该成为对公众进行相关知识宣传教育的主体,但是在中国食品安全风险交流体系建立之初,专家交流技能没有得到加强以及相关经济资助并未实现,使得最初的食品安全风险交流呈现从上到下的发布式交流形式。

常规性风险交流的第一步,是开展多元化形式的科普宣讲。包括开展食品安全知识讲座、社区发放相关科普手册、出版相关书籍或网络读物。在进行科普宣讲中,要注意以下几点。首先,要用通俗易懂的语言去描述晦涩难懂的科学知识,让公众更容易去理解及掌握。其次,要有针对性,宣讲策略要因不同的公众人群而有所差异。最后,不仅要对消费者进行宣讲教育,对媒体从业人员也要进行教育,使媒体发布信息时更加专业、规范。宣讲教育虽然使消费者积累了食品安全相关知识,有了一定的科学辨别能力,但仅仅这样是远远不够的。

常规性风险交流的第二步,是利益相关方的沟通、反馈。食品安全各利益相关方还要定期进行沟通、对话。在对话过程中,政府食品安全管理机构可以传达自身的管理策略、实行方式,征求消费者意见。食品企业可以通过此平台宣传其风险防控的措施,食品可追溯系统,让消费者了解其食品生产模式。媒体在此过程中,了解政府、企业、消费者食品安全风险的认知程度。

常规性风险交流的第三步,是消费者参与。中国食品企业的产品质量差别较大,且食品安全监管部门办公人员少、监督管理经费投入有限。在食品安全治理任务繁重而政府资源有限的情况下,如果只靠国家来进行食品安全治理无法达到有效的需求目标,消费者必须参与,以此来应对监管资源有限与食品安全治理任务繁重的矛盾。再通过基础性科普知识教育和利益相关方的沟通对话,消费者增强了食品安全风险的正确认知,通过形成的正确认知能够缩小食品安全风险信息的不对称性,使得消费者从被动接受信息的一方转为主动寻求信息、渴望理性表达的一方,从而参与到食品安全风险交流中来。在食品安全风险交流消费者参与过程中,要保持信息供给的连贯性,这样可以鼓舞更多的消费者参与。同时,在参与过程中与媒体保持不断的互动,逐步建立起消费者与政府以及消费者与企业的信任关系。但是,目前这种信任关系相当脆弱,一旦发生食品安全风险事件,这种信任关系又很容易被摧毁。因此,在常规性风险交流的基础上,构建危机性风险交流机制也是不可或缺的。

2.危机性风险交流

(1)定义　危机性风险交流是针对已经发生的食品安全风险事故的,集中于此事件,对公众做出客观合理的解释,倾听公众意见及建议,降低公众的恐慌心理以及其他危害因素。常规性风险交流信息是在已经知道一些消极的影响因素后,去降低这些消极因素的影响,是面对已知去解决问题。而危机性风险交流是处在相对紧急的情况下展开的,对风险程度和风险危害都存在不确定性。常规性风险交流有相当长的一段时间进行信息收集,而危机性风险交流只有很短的时间来开展。常规性风险交流是针对每个消费者的,针对所有群体的,而危机性风险交流一般是专门针对特定人群和特定地区的。因此,相对于常规性风险交流而言,危机性风险交流的时间要求及时性更强,操作难度更大,任务更加艰巨。

(2)形式　危机性风险交流又可以根据不同的阶段划分为前危机阶段、危机初始阶段、危机发酵阶段、危机解决阶段、后危机阶段。前危机阶段,食品安全危机交流的主要任务是展开预警工作,需要政府相关的风险评估机构做出专业合理的应急措施,辨别出可能存在的风险,然后,通过相关风险交流渠道传递给公众,提醒各利益相关方对潜在的食品危机事故做好准备。由于中国在食品安全治理方面仍然处于不成熟的时期,在危机初始阶段,食品安全危机交流要开展有针对性的应急交流措施,对已经受到危害或身边人受到危害,激愤性情绪高涨的人群进行及时沟通,缓解其精神上的不满情绪。风险交流部门要及时召开新闻发布会,积极与公众开展对话,为公众提供话语权,提升公众的存在感,降低其激愤性情绪,恢复其战胜食品安全危机的信心。在危机发酵阶段,食品安全危机交流要采取更多的措施,连续报道,使公众在第一时间知道事故发展动态,同时专家提供有针对性的科普辟谣,及时更正一些误导性新闻。在危机解决阶段,政府食品安全风险交流部门要积极主动地与公众开展交流活动,阐述危机发生的原因、过程以及在过程中政府工作的开展和不足、想要达到的目标和已经完成的任务,要与公众展开真诚无欺瞒的交流。在制定下一步解决方案时,充分考虑公众意见,鼓励公众参与,促进公众用实际行动来化解身边的危机。在后危机阶段,食品安全风险危机交流的重点是,如何将此次危机转为契机。即在对整个交流过程整理分析的基础上,做出风险管理和评估报告,将经验教训分享给公众,以便日后借鉴时更容易与公众开展沟通交流。

5.1.3.2　食品安全风险交流内容

食品安全风险交流内容是指在风险评估人员、风险相关人员、企业、专家学者、消费者、媒体及其他关心风险交流的人员针对风险的认知情况、风险的等级、风险所涉及因素及危害程度等的一些看法和意见。

1.风险的性质

风险的性质包括危害的特征和重要性、风险的大小和严重程度、情况的紧迫性、风险的变化趋势、危害暴露的可能性、暴露的分布、能够构成显著风险的暴露量、风险人群的性质和规模、最高风险人群。

2.利益的性质

利益的性质包括与每种风险有关的实际利益或者预期利益、受益者和受益方式,风险和利益的平衡点,利益的大小和重要性、所有受影响人群的全部利益。

3.风险评估的不确定性

风险的不确定性包括评估风险的方法,每种不确定性的重要性、所得资料的缺点、评估所依据的假设。

4.风险管理的选择

风险管理的选择包括控制风险和管理风险的行动、可能减少个人风险的行动、风险管理的费用和来源、执行风险管理后仍然存在风险。

5.1.4　食品安全风险交流现状、问题、挑战

5.1.4.1　国外食品安全风险交流现状

欧洲食品安全局(European Food Safety Authority,EFSA)在欧洲的食品安全风险交流中处于核心位置,采取不同的方式与风险评估者、风险管理者、政策制定者、非政府组织(NGO)、学术团体、媒体、消费者等多元主体进行风险交流,通过其网站发布相关的风险评估报告,并借助该平台与其他主体进行互动沟通。欧洲食品安全局关于食品安全风险交流工作的具体交流策略及方法在《欧盟食品安全风险交流战略》中有详细介绍,其明确表示食品安全风险交流是消费者和交流者之间双向的相互交流,需要相关的利益主体积极参与。欧盟食品安全局在消费者风险交流参与方面,主要强调3方面内容。第一,加强信息透明度,目的在于让公众更加理解食品安全风险的科学意见,减少因信息不透明导致不科学信息广泛传播的发生;第二,加强信息的简明性,目的在于使食品安全风险交流信息更加可读,便于公众理解;第三,保证信息传达的一致性,旨在使得整个欧盟提升风险交流的连贯性和一致性,在欧盟强有力的食品安全风险交流战略指导下,消费者食品安全风险交流活动得以顺利开展,风险交流效果得到有效提升。

日本政府为了促进食品安全风险交流的有效进行,开展了一系列工作。2003年发布《食品安全基本法》,提出成立日本食品安全委员会,对国家的食品安全情况进行监管,同时主导食

品安全风险评估及交流相关事宜。日本重视多元主体的食品安全风险交流,实施了以强化食品行业相关主体之间信息交流为特征的食品安全交流工程项目(Food Communication Project,FCP)。食品安全交流工程项目坚持"消费者至上"原则,有效地减少了企业与消费者之间的信息障碍,企业得以和消费者直接沟通,不仅能在第一时间获得最真实的反馈信息,从消费者角度看待食品生产以及其他方面存在的问题,从而进行自我反思与业务改良,还可以在交流过程中让消费者深入了解企业食品生产机制、安全保障体系、经营理念等相关信息,与消费者建立信任关系。日本在食品安全风险交流方面还十分重视食品安全教育。食品安全教育是指对各年龄层的公民补充和食品相关的教育,从而增加公众对食品、健康以及食品安全的认识,日本关于食品安全教育的食品研究经过多年发展已经形成一定体系。

美国从20世纪80年代就开始对风险交流进行研究,在食品安全风险交流方面的研究主要是注重生物科学技术性交流、转基因食品风险交流,以及重视交流方式的研究。美国食品药品监督管理局(Food and Drug Administration,FDA)建立了风险交流咨询委员会(Risk Communication Advisory Committee,RCAC),为FDA对所管辖的食品、药品等的风险交流提供咨询建议。美国学者认为,消费者应该一直参与风险性质的交流讨论,这些对话通常涉及政府、行业和公民之间的合作,而且是开放、包容和协商性的。对话可采取会议、工作组、重点群体或者社区论坛等形式,旨在使不同利益相关者参与风险讨论。

5.1.4.2　国内食品安全风险交流现状、问题及挑战

食品安全风险交流工作需要政府、企业、媒体、非政府第三方、消费者的共同参与。为促进食品安全风险交流工作的有效开展,新修订的《中华人民共和国食品安全法》在进一步完善风险监测和评估基础上确立了风险交流的制度,多项条款涉及食品安全风险交流。此外,2011年10月成立了中国国家食品安全风险评估中心(Chinese National Center for Food Safety Risk Assessment,CFSA),负责食品安全风险评估和风险交流工作,设有风险交流部,目前通过科普宣教、专家讲座、主题交流、官网回应、新浪微访谈等形式开展工作。同时,地方政府也积极开展食品安全风险交流工作,各省区市成立食品安全官网,部分城市进行了科普宣教、应急交流等工作,但不够系统化,尚处于宣传和传达信息阶段,没有形成交流机制。

目前,中国政府机构的食品安全风险交流主要有5种方式和渠道。第一种是传统的信息发布,包括新闻发布会、新闻通稿、食品安全预警信息发布、食品监督抽检信息发布等。第二种是通过投诉举报渠道和公开征求意见的方式收集食品安全线索和消费者诉求,比如,最常见的12315投诉电话、各地方各监管部门的监督举报电话。第三种是提供信息咨询,比如,全国卫生12320的电话咨询中有不少就是食品安全方面的。第四种是健康教育活动,例如,每年食品安全宣传周的宣教活动、"食品安全进农村、进社区、进校园"等活动。第五种是以新媒体为主的交流渠道,比如,著名学者的博客和微博、食品安全国家标准审评委员会秘书处微博、全国12320微博等。12320有时还会通过短信平台传播疾病预防知识。

中国的民间组织有参与食品安全风险交流的强烈意愿,但缺乏一个真正有实力的声音。果壳网等民间网站汇聚了来自不同专业的志愿者,在科普方面也有许多值得借鉴的举措,一批食品安全科普作者也具备很强的风险交流意识和能力,但由于缺乏政策扶持,规模和影响力还很有限。民间组织也拥有开展知识宣传的资金和动力,但它们主要是以提高销量、扩大市场份额等利益追求为目的,真正以公众健康为出发点的交流活动极少。除了对日常交流的忽视,在危机交流方面也存在明显短视。企业普遍重视危机公关而不是危机交流,极少有企业建立信

息透明公开制度,甚至有些企业故意隐瞒食品安全相关信息或者提供不实信息,导致消费者对企业的信任度日益下降。媒体在食品安全风险交流方面没有实现应有的作用,专业性、准确性、科学素养不足,虽然与前几年相比情况有所改善,但是中国媒体从业人员的科学素养仍然有待提高。新兴媒体,例如微信、微博并没有很好地起到食品安全风险交流的作用,反而给消费者提供了一个以讹传讹的平台。综上所述,中国的食品安全风险交流和发达国家有一定差距,需要食品安全利益相关方共同努力,真正发挥食品安全风险交流的作用。

5.2 食品安全风险交流系统研究理论基础及理论模型

食品安全风险交流是一门涉及多学科的新兴科学,其理论范围涵盖心理学、新闻传播学、公共管理学等多个领域,分析食品安全风险交流的理论基础对深入研究食品安全风险交流理论,有效开展食品安全风险交流实践活动具有重要意义。

5.2.1 食品安全风险交流系统研究理论基础

5.2.1.1 食品安全风险交流的基本理论基础

食品安全风险包括客观风险和主观风险,客观风险是不以人的意志为转移的实际存在的风险,而主观风险则是人们受自身的风险意识、性格特征、偏好、价值观念等因素的影响主观上产生的对风险的感受,是人的一种心理观念,是人对客观风险的主观认识与知觉。公众在个人能力、知识储备等方面存在有限性,因此不能非常客观准确地评价食品安全风险,在问题并不是特别严重的情况下,消费者往往会因为心理因素或社会因素扭曲或放大食品安全风险,对潜在的安全问题更加敏感和担忧,进而引发恐慌心理和非理性行为,甚至造成食品安全信任危机。斯洛维克曾经提到,"社会经济和科学技术的高速发展,客观上使我们的日常生活环境中的风险正在不断增加,并对人们构成了越来越大的威胁"。因此,食品安全风险交流的目的之一,就是调节公众的风险认知,引导公众更加理性地采取应对措施和行为,既保证公众在风险情境中的安全,也维持整个社会的安定。

1. 食品安全风险认知

(1)风险认知 风险认知是个体基于直观判断和经验对外界环境中的各种客观风险的主观感受和认识。风险认知影响着个体面对风险事件的态度和行为,构成了公众应对突发风险的心理基础。风险认知一直属于心理学的研究范畴,1960年鲍尔(Bauer)首次将风险认知的概念从心理学中延伸出来,引入消费者行为学的研究中。鲍尔(Bauer)指出,消费者对风险的主观认知,而非风险本身决定了消费者的行为,即使在消费者能正确计算购买决策的风险时也是如此。由于风险认知具有较强的主观性,种种直觉性的、掺杂着过多个体主观情感的认知加工过程使得个体无法准确、客观地解读外围风险信息,于是认知偏差普遍存在于个体对突发事件的认知过程中。

风险认知领域的大量研究结果表明,风险认知是从不同类型的潜在消极后果中产生的。根据食品安全风险认知多维度模型,食品安全风险认知可以看成是消费者对不安全食品可能带来的若干损失类别的预期的总和。多数学者认为,消费者风险认知具有六个维度,即身体损失、性能损失、金钱损失、时间损失、社会损失和心理损失。在风险认知的具体影响因素方面,风险的熟悉程度、恐惧感和风险暴露程度是风险认知的 3 个公共因素。

（2）公众与专家的认知差异　由于专业背景等方面的限制，人们对风险的认知差异是客观存在的。在食品安全风险认知过程中，公众并不按照"风险发生概率×后果严重性"的公式来科学地计算风险或衡量风险，而是倾向于依赖个人主观的判断来评估风险。专家依据科学知识对风险进行评估，尝试对食品安全风险给予科学解释，公众却对食品安全风险发生的概率不太关心，而是对这些风险对人身安全和身体健康造成的影响格外关注。

玛丽亚·内斯特尔（Marion Nestle，2004）指出，对于食品安全风险可接受性的判断，专家和消费者分别以"科学的观点"和"价值观的观点"为出发点，因而存在差异。专家的"科学观点"认为，食品安全风险是可以通过具体方法进行计算或测量的，是科学和客观的。但这种科学的方法往往忽略"食品对人们的无形价值或者对食用者的意义"。而公众则更倾向于从价值观的角度进行评判，其行为表现出非理性和非逻辑性，与专家的观点往往不一致。公众经常会质疑风险评估的合理性，而专家和决策者则会抱怨公众不能客观理性地认知风险并做出积极反应，见表 5-1。

表 5-1　"以科学为基础"和"以价值观为基础"评估食品安全风险的可接受性观念比较

以价值观为基础的观点	以科学为基础的观点
病例数量	自愿或被迫
疾病的严重程度	可见或隐性的
住院治疗人数	已知的或不确定的
死亡率	熟悉的或外来的
风险的成本	天然的或人工的
风险的利益	可控的或不可控的
减少风险所需付出的成本	温和的或严重的
平衡利益与风险	分配是公平的或不公平的
平衡风险与利益及成本	平衡风险与恐惧及公众的义愤情绪

（3）负性情绪与风险认知　风险认知这种对于风险事件的直觉感知，能极大地影响人们的情绪，而情绪又会进一步影响人们的认知和决策。食品是人类赖以生存和发展的基础，对于食品安全问题公众通常会比其他公共卫生事件有更多的愤怒情绪和恐慌。这些负性情绪和心理焦虑状态就像在心理上形成了一种强烈的噪声背景。心理噪声模型表明，个体的心理噪声会干扰人们的认知能力，使个体无法正确理解风险相关信息，无法客观解读风险事件，从而进一步加剧心理的焦虑和恐慌，造成恶性循环。当公众处于负性情绪之中，风险交流时提供具体的科学理论或实验数据显然无法取得良好效果，因此在食品安全风险交流中安抚公众的负性情绪，对公众的食品安全风险担心给予强有力的心理支持就显得尤为重要。

（4）负面信息主导模型及框架效应　心理学者研究表明，在危机事件中，公众存在负面信息主导的心理特征，即负面信息比正面信息或中性信息更能吸引人们的注意，无论信息源的可信程度如何，人们总是更倾向于相信一些负面的信息。人们对负面信息的记忆也更为持久，反应也更强烈。在决策过程中，人们也会赋予负面信息更高的权重。而当公众产生了负面预期以后，又会更多地关注甚至主动搜寻与自己预期相符的信息，于是会有更多的负面信息进入人们的视线和脑海。而认知心理学中的"框架效应"表明，决策行为受到方案文本的表述框架性质的影响，如果决策方案的表述方案是正面的，人们倾向于肯定的方案，如果表述框架是负面的，人们更倾向于冒险的选择。心理学家卡曼尼和特威尔曾做过一个实验：他们假设发生了一场传染病，有 600 人可能被传染并导致死亡，并设计了两组救助方案供实验对象选择，实验方案表述的框架不同，导致了人们的不同决策选择，见表 5-2。

表 5-2 不同的表述框架对决策的影响

方案	方案表述内容	选择率
决策一		
方案 A	200 人可以获救	72%
方案 B	600 人获救概率为 1/3，无人获救概率为 2/3	28%
决策二		
方案 C	将会致 400 人死亡	22%
方案 D	无人死亡概率为 1/3，600 人全部死亡概率为 2/3	78%

2. 信任模型

信任是衡量风险交流有效性至关重要的指标，在风险感知、风险沟通以及风险管理中起着重要的作用。研究表明，信任在某些情况下可以替代知识，当人们无法根据客观的信息和可靠的相关知识来知觉和判断风险的严重性和发展趋势时，人们可能会通过对相关机构的信任来对风险进行间接认知。信任是有效交流的前提，缺乏信任的沟通不仅不会带来好的结果，还有可能带来反向的解读与认知。同时，建立和维护信任，也是风险交流的目标和结果。信任的产生，一方面，与信任者的"内在信任倾向"有关；另一方面，与被信任者为人感知的值得信任的因素有关。其中，被信任者的值得信任度可以通过 3 个因素衡量，①能力：是否具备解决问题的专业技术和知识；②善意：一方相信另一方并非仅考虑自身的利益，而且会考虑其交易对象的利益；③正直：被信任者是否具有强烈的正义感、是否言行一致、是否会遵守约定，诚实行事。社会心理学角度的信任研究，则强调的是在互动、交换过程中理解信任，分为认知型信任与情感型信任。

二维码 5-2 五维度信任模型

建立和获取信任是一项复杂的工作，现实中信任的建立和维系是相当困难的，而破坏信任却往往易如反掌。当食品安全风险事件发生以后，信息的缺乏会引起公众的高度焦虑，因此，对于建立和维系信任而言，加强食品安全风险交流，保持信息的公开和公正非常重要。而在交流中，不仅要求相关主体在技术层面上具有相关的专业知识和能力，而且要在情感上显示对公众的重视，提高与公众的关注点相似性。

5.2.1.2 食品安全风险交流的传播学基础

传播学中的"传播"一词的英文是 Communication，其含义包括"通信""会话""交流""交往"等，传播是人类传递或交流信息并由此发生社会联系和社会互动的行为。从传播学的角度，食品安全风险交流可以看成是围绕食品安全问题所进行的传播，这个过程涉及传播者、受传者、讯息、媒介反馈等多个要素。①传播者是传播行为的发起者，而受传者则是讯息的接收方和反应者。受传者并不是完全被动的信息接受者,而是在充分发挥积极性的基础上,能动地对信息进行选择和处理,并通过反馈活动影响传播者。传播者和受传者在传播过程中可以发生角色的转换或交替。②讯息是指相关的信息和意见,由相互关联有意义的符号组成。符号的类型很多,语言、文字、动作、表情、体态、图片等都可以起到符号的作用,英国学者特伦斯·霍克斯认为,"任何事物只要它独立存在,并和另一事物有联系,而且可以被'解释',那么它的功能就是符号"。在传播的过程中,传播者通过符号化活动来"建构"意义,而受传者则通过符号解读来理解意义。③媒介是传播内容的载体,反馈则是受传者对接收到的讯息的反应或回应,是受传者能动性的体现。

传播是一个复杂的过程,传播过程由 5 个部分构成,即谁(Who)、说了什么(Say What)、通过什么渠道(by Which Channel)、向谁说(to Whom)、取得什么效果(With What Effects),后来被人们称为"5W"传播模式。几乎与此同时,美国的信息学者 C. 香农和 W. 韦弗在对传播过程进行研究中提出噪声的概念,认为讯息在传播过程中会受到各种障碍因素的干扰,产生衰减或失真,噪声也是传播过程中不可忽略的重要因素。随着对传播过程研究的不断深入,学者们进一步提出了多种传播过程模式,如施拉姆的"循环模式"、德弗勒的互动过程模式、赖利夫妇的传播系统模式等等为传播学的发展做出了巨大贡献。

传播作为一种社会实践活动,其类型也是多种多样的,不同类型的传播相互区别,具有各自的结构和功能特点。在此,我们主要介绍人内传播、人际传播和大众传播 3 种类型。

1. 人内传播

人内传播是个人的知觉和思维活动,是一种主我和客我的交流活动,也是最基本的人类传播活动,任何一种其他类型的传播必然伴随着人内传播环节。

2. 人际传播

人际传播是个人与个人之间的信息传播活动,是社会生活中最直观、最常见的传播现象。人际传播是社会成员交流信息的重要通道,是实现社会协作的重要纽带,同时也是个人及时了解环境变化,实现自我认知和相互认知的途径。传播学者施拉姆提出人际传播是通过符号化讯息的编码和解码进行互动并建立联系的过程。在这个过程中,任何方都是传播主体,参加传播的每一方都在不同阶段扮演着编码者、译码者和释码者的角色,双方在平等的基础上交流互动,并相互影响,见图 5-1。

人际传播对于双方来说都是一种自我表达活动,自我表达是否准确,表达方式是否合适,直接影响人际传播的效果。语言(包括声音语言和文字语言)是人际传播的核心媒体,人们通过语言进行交流,但有时候语言也会成为传播的障碍,歧义、语义模糊、忽视词汇的明示义和延伸义等等都可能会对语言的理解带来影响。同时,要实现语言传播的效果,还要考虑语言的文化性。

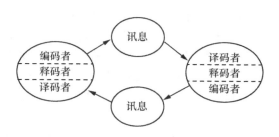

图 5-1　施拉姆的人际传播过程

当然,语言并不是唯一的媒体,动作、表情、体态以及服装、发型等都会对传播效果带来影响。此外,有效的人际传播还取决于双方人际关系的性质,人际关系确定了人际交流发生的基本语境,影响人们对交流讯息的理解和反应,但同时人际关系又通过沟通和互动建立起来,是一个动态的过程。食品安全风险交流工作常常需要面对个人或群体进行沟通,这需要理解不同相关利益方的诉求,把握他们包括言语行动在内的行为规则和行为逻辑,关注符号化讯息的编制,同时要考虑通过交流建立政府、专家、公众、媒体之间的理解、支持和信任关系。

3. 大众传播

大众传播是一个由职业工作者(记者、媒介)向社会公众提供信息和传播信息,由公众选择、使用、理解和影响信息的过程。与人际传播不同,大众传播的传播者是职业的、有组织的整体或个人,而且传播的受众非常广泛。大众传播的产生是人类传播技术和社会发展的结果,具有传播信息、引导舆论、教育大众和提供娱乐的功能。布莱士(1889)曾提出,报刊是事件的报道者和讲解员,法国学者塔尔德(1901)认为,报刊是将分散的公众连成一个有机整体的纽带。

在现代社会中,大众传播是人们获得外界信息的主要渠道,广播、电视、报刊等大众传媒以传递信息、报道事实、传播社会上发生的事件为己任,但它们并不是有闻必录,也不是如同镜子一样,按照本来面目反映社会现实,而是在遵循一定的新闻价值标准,将社会事实转换为新闻事实。新闻媒体扮演着"把关人"的角色。只有符合群体规范或"把关人"价值标准的信息内容才能进入传播渠道。1950年,传播学者怀特将这一概念引入新闻研究领域,提出了新闻筛选过程的"把关"模式,见图5-2。

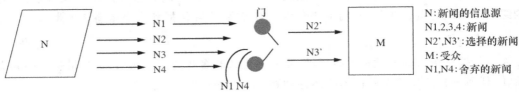

图 5-2　怀特的"把关"模式新闻筛选过程

影响整个事件能够成为新闻的因素是多种多样的,而当媒体过于强调满足受众收视快感的"新闻价值"而忽略科学性,则可能放大食品安全风险。

1988年,美国学者卡斯帕森等提出了"风险的放大框架",试图解释为什么一个风险事件的最终影响会超过它的初始效应。风险的社会放大理论基本论点是灾难事件与心理、社会、制度和文化状态的相互作用,其方式会加强或衰减对风险的感知并塑形风险行为。反过来,行为上的反应造成新的社会后果或经济后果。风险事件带来的影响不仅由事件本身的物理影响所决定,而且由感知风险因子、媒体报道和信号价值所决定。风险的社会放大理论表明,风险信号的传播并不是简单的传递过程,而是一个风险信息经过社会及个体"放大站"加工被放大或缩小的过程。"放大站"包括个人、风险管理机构、大众媒体、社会团体等。研究者普遍认为,媒体的社会放大作用最为明显。可见,大众媒体既是重要的信息源,又是重要的影响源。大众传播的过程不仅传递信息,而且是对现实世界及其意义的一种重构或"建构",并影响着人们对现实世界的认识和理解。

5.2.1.3　食品安全风险交流的公共管理基础

党的二十大报告强调"提高公共安全治理水平。坚持安全第一、预防为主,建立大安全大应急框架,完善公共安全体系,推动公共安全治理模式向事前预防转型。"公共管理是以政府为核心的公共部门处理公共事务、提供公共产品和服务的活动。公共管理活动的主体是专门为保护和增进公共利益而建立的,是以公共利益而不是以自身利益最大化为出发点和归宿的部门,公共利益优先是通过公共权利或政治权威来体现的。另外,公共管理者承担了社会资源权威性分配者的职责,社会利益是多元的,社会价值也是多元的,公共管理尤其是政府治理的理性往往是多元理性,需要考虑各种利益和价值的平衡。食品安全风险交流是多元主体之间信息互动沟通的过程,涉及政府、企业、第三方机构等组织机构的参与,因而交流必然受到各种制度化组织因素的影响。公共管理领域中关于组织理论的研究成果,同样适用于食品安全风险交流工作的解释和分析。

5.2.2　食品安全风险交流理论模型

风险交流是一个特殊的沟通过程,虽然学者们都强调这一过程应该是个双方相互作用的过程,但事实上,对于众多的风险事件,尤其是公共性的风险事件,处于沟通双方的主体地位并非是等同的,公众一方总是处于接受信息、询问信息的位置。公众的风险认知受到哪些因素的影响,交流的效率和效果受到哪些因素的制约等问题,就成为风险交流的核心问题之一。在这一部分,通过探讨风险交流过程中涉及的 3 个基本模型,以期为风险管理者们科学地分析公众风险认知的形成,不同信息对风险认知的影响提供一个基础,帮助更好地思考和评价风险交流过程的有效性。风险认知的结构模型主要探讨了影响人们风险认知的不同因素;负面特性主导模型则提醒我们相对于正性事件,负性事件能引发人们更多的关注和更强烈的心理反应;心理噪声模型发现负面情绪会影响公众理性知觉的能力。

5.2.2.1　风险认知结构模型

风险认知结构模型是指研究者通过运用心理测量的手段而获得的公众对风险事件认知的结构模型。这一模型致力于探索哪些因素会影响人们对风险的知觉和判断。对于风险事件的知觉能够极大地影响到人们的情绪状态(如生气、焦虑、害怕等),从而进一步影响到个体的态度和行为,因而风险认知在风险交流的过程中起着非常重要的作用。

美国心理学家综述前人的研究后,认为至少有 15 种风险认知因素对人们的风险认知造成影响(表 5-3)。从这些风险认知因素的分析中我们看到,风险认知状态受到风险事件特征和公众个人特征的双重影响,因此,对公众心态的解释必须考虑到来自客观和主观两方面的制约。

表 5-3　影响风险认知的 15 种因素

因素	解释
自愿性	当个体将风险事件知觉为被迫接受,要比他们将风险事件知觉为自愿接受时,认为风险更大
可控性	当个体将风险事件知觉为受外界控制,要比他们将风险事件知觉为受自己控制时,认为风险更难以接受
熟悉性	当个体不熟悉风险事件,要比他们熟悉风险事件时,其风险更难以接受
公正性	当个体将风险事件知觉为不公平,要比他们将风险事件知觉为公正时,其风险更难以接受
利益	当个体将风险事件知觉为存在着不清晰的利益,要比他们将风险事件知觉为具有明显益处时,其风险更难以接受
易理解性	当个体难以理解风险事件,要比他们容易理解风险事件时,更难以接受
不确定性	当个体认为风险事件难以确定,要比科学已经可以解释该风险事件时,其风险更难以接受

续表 5-3

因素	解释
恐惧	那些可以引发害怕、恐惧或焦虑等情绪的风险，要比那些不能引发上述情绪体验的风险更难以接受
对机构的信任	那些与缺乏信任度的机构或组织有关的风险，要比那些与可信的机构或组织有关的风险更难以接受
可逆性	当个体认为风险事件有着不可逆的灾难性后果，要比认为风险事件的灾难性后果是可以缓解的，其风险更难以接受
个人利害关系	当个体认为风险事件与自己有着直接关系，要比认为风险事件对自己不具直接威胁时，其风险更难以接受
伦理道德	当个体认为风险事件与日常伦理道德所不容，要比认为风险事件与伦理道德没有冲突的时候，其风险更难以接受
自然或人为风险	当个人认为风险事件是人为导致，要比认为风险事件是天灾，其风险更难以接受
受害者特性	那些可以带来确定性死亡案例的风险事件，要比那些只能带来统计性死亡案例的风险事件更加让人难以接受
潜在的伤害程度	那些在空间和时间上能够带来死亡、伤害和疾病的风险事件，要比那些只能带来随机和分散效应的风险事件更加令人难以接受

对这 15 种影响风险认知因素的归纳分析，有利于我们在实践中判断哪些风险事件可能引起公众的强烈反应。例如，相比于一些其他技术风险，食品安全事件为何受到人们的广泛关注，成为一个社会热点问题呢，是因为食品风险在"个人利害关系"这一因素上有着很高的分数。因为每个公众每一天都需要进行食品消费，一个食品安全事件发生后，公众自然而然地认为这和个人利害相关，每个人都可能成为"潜在受害者"，大家的关注程度就会更高，情绪反应就会更加紧张和强烈。

此外，我们在实践中常见的一些现象都能从这 15 种影响因素的角度予以思考和解释，举例如下。

自愿性：公众如果感觉到风险事件是被迫接受的，他们就认为风险更大，也更容易产生不满情绪。例如英国前科学部长洛德·森斯博瑞（Lad Sainsbury）在英国科技节中的发言谈道："公众对一些科学观念的不信任，并不是因为公众不理解这些科学问题，而是因为公众感觉他们是被强迫接受改变，这些改变之前没有征询过公众意见，且这些变化似乎不能给大家带来好处"。

熟悉性：不为公众所熟悉的新风险总是能引起人们更多的担忧和更高的风险认知水平。例如，人们对转基因食品的安全性总是疑虑重重，即使有些转基因食品采用了属内转基因技术（如从其他品种的马铃薯提取基因转入某种马铃薯）这和杂交技术非常接近，但公众能接受杂交水稻作为主食，却不愿意接受转基因食品商业化，尽管转基因技术更为安全。这主要是因为相比于有较长历史的杂交技术，人们对转基因技术非常陌生，对它的担忧更多。

可理解性：仍然以杂交技术和转基因技术为例，除了熟悉性的作用外，可理解性也应该有一定的影响。杂交技术的培育方式是人们更容易知觉和理解的，但是转基因技术则没有那么直观、那么容易理解。人们对难以理解的事物持有更多的不信任、更多的恐惧和焦虑，这也是很正常的。

总而言之，我们可以使用这 15 种影响风险认知的因素来分析公众为什么对于某些风险事件有强烈的反应。所有的应对行动,都应当从理解公众的担忧和诉求入手,才能得出有针对性、有作用的应对方式,从而达到更好的风险交流效果。

针对中国目前的食品安全状况和公众心理特点,研究发现公众对食品安全事件的心理表征可以分为认知维度和情绪维度。认知维度包括行业信任、风险估计、负面影响、责任归因4个子维度;情绪维度则是单一的负性情绪(图5-3)。风险估计和负面影响代表了公众对于食品安全事件发生的概率和可能带来的不利影响的分析。行业信任和责任归因说明公众希望相关企业和监管部门采取妥善的行动来处理事件,并避免事件再次发生。负性情绪则显示出食品安全事件对公众产生了威胁和压力,导致愤怒、不满、憎恶、担忧、恐惧、悲伤、惊诧等情绪的强烈唤起。

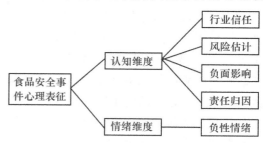

图 5-3　食品安全事件心理表征

5.2.2.2　负面特性主导模型

在信息爆炸的今天,我们被海量的信息所包围,在食品安全事件暴发时,公众往往接收到多方面、多层次的信息,其中有正面信息,也有负面信息。令政府官员和专家们困惑的是:媒体总是更喜欢报道负面信息,公众总是更容易相信负面信息。事实上,负面信息确实更吸引人们的眼球,请看如下两则报道(表5-4)。

表 5-4　负面信息与中性信息

谁绑架了中国乳业标准	乳品质量安全统一标准下半年将出台
"中国乳业标准全球最差"。在经历了三聚氰胺风波之后逐渐平静下来的乳业,日前又因为正在实施的乳品安全国家标准被业内专家炮轰为"全球最差标准""倒退25年",中国乳业再一次被推上了风口浪尖。6月15日,实施一年后的乳业新国标遭到"中国奶业第一炮筒"、广州市奶业协会理事长王丁棉"全球最差,是全球乳业的耻辱"的猛烈炮轰,被质疑为"历史的倒退"。 随后,此言论遭到众多机构、学者、专家的坚决反对,一场关于"中国乳业新国标"的激战正酣。 事实上,从2004年乳业发布"禁鲜令"之后,由乳业标准引发的争议几乎从来没有停止过。每一次乳业标准的酝酿和出台,多少都会在业内引发争议。而反观近十年来,中国乳业在经历"阜阳劣质奶粉""回炉奶""还原奶""三聚氰胺风波"等事件后,已经步履维艰,消费者对国产乳制品的信心也每况愈下。乳业标准的公允性遭到质疑,是否将成为压倒骆驼的最后一根稻草?伤不起的中国乳业,又该拿什么去挽回国人的信心和信任?(资料来源:节选自《中国商报》2011年7月22日C04版)	新华社北京3月2日电(记者周婷玉、徐博)卫生部副部长陈啸宏2日在国务院新闻办新闻发布会上说,今年下半年我国将出台统一的乳品质量安全国家标准。按照《食品安全法》的要求,卫生部将全面清理现行食品质量标准、卫生标准和行业标准,解决标准缺失、重复和矛盾等问题。另据了解,乳品质量安全国家标准的修订工作已经启动,卫生部联合农业部、国家标准委等有关部门成立了乳品质量安全标准工作协调小组,将分4个阶段对乳品质量安全标准进行完善,预计今年下半年完成。 陈啸宏还透露,卫生部正在组建食品安全国家标准审评委员会,筹建国家食品安全标准技术机构,亟须引入食品科学、农业、化学、工艺、环境等多学科、专业领域广泛的人才。(资料来源:节选自《新华每日电讯》2009年3月3日第002版)

作为读者的您,首先关注到的是负面信息还是中性信息呢?您更愿意深入阅读的是哪一条信息呢?大部分读者首先关注的是负面信息,也更乐意继续了解下去,大众媒体为了迎合读者的口味和需求,自然也更乐意报道负面信息,以提高自身的影响力和吸引力。

为什么负面信息如此吸引人们的注意力呢?进化心理学家们认为,人们对于负面信息更加关注源于生存竞争的压力。在远古时代,人类必须对环境中的危险保持较高警惕才能生存下去,因此人类的大脑和神经系统对于危险信号会更加敏感。一般而言,负面信息总是比正面信息意味着更高的危险,因此人们会更快注意到负面信息,并花费更长的时间来关注它,这是人类经历长久进化后的本能反应。

心理学者研究发现:在危机事件中,公众存在负面信息主导的心理特征,这是指负面信息更容易吸引人们的注意,人们对其记忆也更为持久,反应也更加强烈;在决策过程中,人们也赋予负面信息更高的权重;甚至人们倾向于认为负面信息更可信。

总而言之,心理学研究已经证实:在风险事件中人们确实具有负面信息主导的心理特征。当一个食品安全事件被曝光时,人们对负面的信息更敏感,即使政府在应对过程中努力提供正面信息,仍不能完全抵消负面信息的作用。

5.2.2.3　心理噪声模型

心理噪声模型探讨严重的风险事件给个体带来的强烈的心理冲击,就像在心理上形成了一种强烈的噪声背景。在这样的心理噪声下,个体的知觉能力会受到干扰,并在相应的风险认知水平上表现出来。这个模型将注意的焦点集中在压力对人们信息获取以及信息选择过程的影响上。研究者认为,当人们处于压力之下,他们会感到自己受到了威胁,同时他们感知信息的能力和有效性也都会受到极大的损害。由这种强烈的感觉所形成的情绪唤醒和心理焦虑状态形成了心理噪声。当个体被暴露在与消极心理特征相联系的风险情境中时,个体的心理噪声会影响个体理性的释放。

心理噪声的性质主要由情绪决定。当个体面临突发性灾害时,会感受到某种形式上或者程度上的威胁,容易产生害怕、担忧、恐惧等负面情绪。个体在这样的情绪背景下进行风险交流,极容易对信息的选择和认知产生偏差,个体的注意广度也会受到干扰,对性质不同的信息会发生辨别错误。一些公众在"非典"疫情高峰期的表现应该就是心理噪声模型的现实例子。

人们对与食品相关的风险和新的食品工艺技术的知觉通常是建立在如焦虑、担心和害怕等情绪的基础之上。我们容易理解,人们的理智和情感并不见得是全然同步的。当食品安全事件发生时,它引起的情绪状态会强烈地影响人们的态度和行为。

例如:因为含三聚氰胺奶粉而受害的婴儿的母亲可能在开始时产生紧张恐慌情绪,在孩子确诊后则产生焦虑、内疚、无能为力的感受,对厂商甚至国家监管部门感到愤怒,有些人会因为过度震惊而否认事情的真实性。随着时间推移,一些母亲能平静勇敢地面对未来的治疗;另一些母亲则长期处于忧虑中无法走出。在压力、忧虑、愤怒等情绪下,人们很难理智、客观地评价风险,从而产生很多极端反应。可以想象,当自己很可能成为一个食品安全事件的受害者时,人们在这种威胁下会感到压力,甚至产生应激反应。此时,情绪对人们的影响极大。

当食品安全事件发生时,监管部门并不是在和具备完全理性的公众交流,而是和处于负性情绪中的公众交流。并且食品安全的风险交流人员应该认识到:公众产生这样的负性情绪和应激反应并不是不正常的,而是人性的正常反应。安抚公众的负性情绪也是食品安全风险交流中的重要环节,这时候食品安全风险交流需要传递的不仅是知识和事实,也应该包括同情、理解、关怀和支持,才能更好地让公众恢复理性,合理地看待食品安全事件,理智地应对风险。

5.2.3　食品安全风险交流的理论意义

食品安全风险交流作为风险分析框架的重要组成部分,在风险评估、风险管理过程中应当起到黏合剂、润滑剂的作用。不仅如此,它也是实现社会共治目标的必然要求,因为共治的前提是共识,而风险交流是形成共识的重要手段。结合我国的实际情况,食品安全风险交流工作主要有以下四大目标。

1. 促进公众对风险信息的知晓与理解

风险交流的首要作用是促进各利益相关方对风险信息的知晓与理解,尤其是公众,当然也包括政府监管者、研究者、企业行业、媒体、消费者组织等。食品安全所涉及的科学领域众多,前端有环境、农业,后端有健康、疾病,即使食品安全专家之间也存在"隔行如隔山"的现象。相比而言,公众的知识面相对更狭窄,直接面对不熟悉的专业领域会产生各种误读和误解,容易出现过度反应或者其他非理性态度和行为。风险交流就是用通俗的语言解释专业问题,使公众能够知晓并理解风险信息;它能够在科学家、管理者、媒体和消费者之间架起桥梁,弥合各方风险认知的差异。

2. 促进监管措施的有效施行

促进监管措施的有效施行属于风险管理,而风险管理需要依据风险评估。监管者并非技术专家,直接面对评估结论也会感到困惑,他们需要理解其科学内涵才能做出正确决策,这就需要风险交流。监管措施出台前的风险交流至关重要,各利益相关方若及时交换信息和意见,可以提高风险管理水平,提高决策的可行性、合理性。生产经营者、消费者和其他利益相关方都需要充分了解决策的依据以及管理措施的意义,并与监管者充分交换意见,这可以有效降低措施出台后的摩擦与矛盾,有利于这些措施的顺利施行。

3. 提高公众的食品安全信心

当前食品安全的舆论现状很大程度上是因为公众对食品安全体系失去信心、缺乏信任,而风险交流是重建信心、重塑形象的关键手段。只有通过长期不懈的负责任的行动,以透明开放的工作态度,配合良好的风险交流手段,才能重建消费者信心,从根本上改善舆论环境。比如通过各食品安全监管部门间的有效风险交流,提高信息一致性,避免出现立场冲突,损害了政府的公信力;通过加大政务信息公开力度,破解信息不对称造成的信息真空;鼓励公众和媒体走进企业,打破食品工业的神秘感,增强彼此的认识等等。

4. 促进食品产业、行业和贸易的健康发展

食品产业和行业的发展最终要惠及全体消费者,但它离不开良好的舆论环境和消费环境。由于风险交流长期缺位,消费者信心缺乏,已经对行业发展带来很不利的影响。

5.3 食品安全风险交流的原则与策略

常言道:不依规矩无以成方圆,尽管风险交流的内容和形式多样,也鼓励风险交流者广开思路,但需要遵循一些原则。

5.3.1 风险交流的基本原则

5.3.1.1 维护和建立信任(权威性)

信任是一切风险交流工作的基石,很多其他的风险交流原则、技巧都是为了建立和维护信任。信任具有易碎品的特点,它的建立和维系需要耗费长期的努力,破坏却可能只在一瞬之间。建立和维系信任是风险交流的首要原则,缺乏信任的沟通不仅不会带来好的结果,反而会带来反向的解读和认知。当人们对风险不了解的情况下,信任有时可以替代知识,即人们有可能不是因为了解风险而仅仅因为信任某个机构而接受某种风险。

公众对于机构的信任包含能力和动机两个维度,交流机构要获得公众信任,一方面要在技术层面上显示出自己对职责的胜任力,提升能力信任;另一方面要从情感层面上显示自己对公众利益的重视,提升动机信任。为提升动机信任,交流机构应特别注意与公众保持关注点一致,系统性地与公众进行反馈和对话。风险交流者需要考虑受众对自己所在机构或相关机构的看法,如果机构信任度低,可以由公众信任的部门发布相关的风险信息,如无直接利益关联的高校、研究机构、医疗机构等。

5.3.1.2 及时充分(时效性)

及时是指一旦发生突发性食品安全事件,应当尽快予以澄清,尽早给予正面回应。充分指的是交流机构应向受众提供充分的信息,既包括充足的信息量,也包括足够的信息频率。不要指望一次传播就有效,特别每当形势出现重大变化或取得重大进展时(如出现死亡病例、实验室检测结果出炉和采取新的应对措施等),应当尽快更新信息。

事件曝光后,如果专家、决策者尤其是管理部门保持沉默,公众的求知欲会驱使流言、猜测和伪科学填充这一信息真空,很容易让错误信息先入为主地占领舆论阵地和公众认知。如果相关机构没有及时更新事件进展信息,会让公众误解为机构不重视、不作为、故意遮掩,容易在受众群体中滋生恐惧、怀疑、抵触和不满情绪,进一步扩大事态,最终使得后续的风险交流工作更加困难。所以,当发生食品安全事件时,相关机构应及时发布相关信息,消除恐慌和疑虑。

5.3.1.3 公开透明(透明性)

公开性原则是指食品安全风险交流过程要具备一定的开放程度,使得各利益相关方能够参与进来,能够知情,没有关键信息的隐瞒现象,其中,公开性原则是透明性的前提。因为消费者和企业、政府之间存在信息不对称,而这种不对称是所有不信任的根源,消除不信任的最有效措施就是信息公开透明化。我国政府尽管在信息公开方面已经取得很大的进步,但还是不能满足风险交流工作的需要,以各种理由"不宜公开"的情况还比较常见,使风险交流者面临"无米下锅"的窘境。普通民众所要求的公开透明并不是真的要完全理解复杂的专业内容,而是期待一种开诚布公、自觉接受公众监督的态度。

因此,相关机构应尽可能地保持公开透明,通过坦诚、平等的对话,树立开放透明的形象。

除了按照相关法律要求做好政务公开,还应当有针对性地做好决策过程、决策依据等内容的公众交流,满足公众合法的知情权。

5.3.1.4　基于科学(科学性)

基于科学包含两个层面的含义:①交流内容基于科学,提供科学、准确的信息;②交流方法和技巧基于科学,提高交流的效率。风险交流是一项复杂的系统工作,与受众的认知和决策方式有着密切的联系。我国食品安全风险交流相关机构,应该加强风险交流的基础研究,一方面在人员队伍上增加心理学、传播学、决策和行为科学知识的人员,使其参与风险交流设计和信息构建;另一方面,开展一系列研究项目,了解交流受众的认知状况和规律,在交流策略方面指导交流活动,帮助机构树立起科学、可靠、权威的形象。

5.3.1.5　基于受众需求(针对性)

基于受众需求包含交流内容和交流方法两部分,即交流的主题和内容应为公众的核心关注点,并采取符合公众认知模式和规律的方式回应公众关切。

对于受众了解得越充分,风险交流工作成功的可能性越大;相反不能与公众的信息需求紧密结合、自说自话,交流工作不但会流于形式,还会招致公众的冷嘲热讽和舆论批评,甚至引起公众的抵触情绪。风险交流者应将受众视为风险决策中的平等伙伴,在构思风险信息时克服单方面关注自己认为重要的东西而忽视受众眼中重要的东西的倾向,实实在在地了解受众需求,包括:了解利益相关方现存认识(已知道什么,不知道什么),判断他们最关注的信息点,以及确定受众做出知情决定需要哪些信息,使最终的风险决策更合理、更有效、更经得起时间的考验。同样,风险交流者还需要根据受众的文化背景、生活轨迹、理解水平等来选择适当的表达方式和交流渠道,增加受众接触到这些信息的频率,确保风险信息能够及时传达给受众。具体如何掌握受众需求将在下一章节做更详细的介绍。

5.3.1.6　利益相关方共同参与(参与性)

利益相关方共同参与是指利益相关方在风险分析框架内,对风险评估与管理决策提出意见和建议,并与评估者、管理者交换看法的过程,不仅体现知情权,更体现参与权,具体形式包括听证会、焦点小组、咨询小组、自助组织等。利益相关方参与的好处在于,各方都能直观了解风险状况,清楚风险管理的依据、目的、意义,及其可能性和合理性,有利于共识的形成。如果交流目标之一是让风险决策符合受众需求,那么利益相关方参与可能是最佳方案。

利益相关方参与已经成为共识交流与制定危机预案最主要的方式。我国食品安全国家标准的制修订以及一些重大的政策措施出台前也有很多征求社会意见的环节,环境评价中也有类似要求。研究表明,公众更愿意支持那些通过利益相关方参与产生的风险决策,即使他们自己并没有参与该过程。利益相关方参与是风险交流方式中最费时、费力、费钱的,因此主要用于时间跨度较大风险交流项目。在危机交流或其他时间紧迫的风险交流活动中,很难临时组织这类活动。

5.3.2　风险交流的表达原则

5.3.2.1　语言准确精练、通俗易懂

语言准确是指避免在表述语言中出现容易引起歧义或是模糊的内容,精练是指用简单语言表达复杂的风险信息。对于风险交流者来说,用专业语言给内行讲是本分,而用通俗语言给外行讲是本事。风险交流者要充分认识到交流对象的人群属性和认知特点。交流受众往往是

缺乏科学素养的普通人,而大量的信息、复杂的逻辑关系容易使受众丢失主线,造成错误判断。受众对"黑天鹅"事件,即陌生的、突发的小概率风险事件,容易产生过高的风险认知。例如,2012年白酒塑化剂事件刚被曝光时,受众首次接触"塑化剂"一词,对塑化剂的风险认知远超其客观的风险水平,对白酒行业产生了严重影响。而另一方面,受众对"灰犀牛"事件,即熟悉的、确定的大概率风险事件,容易产生过低的风险认知。例如,高油高盐饮食带来的风险常被受众忽略。风险交流信息绝不能变成考验受众逻辑思维能力的智力测验。简单的逻辑关系可以让受众行为更果断、态度更坚决、不容易受其他信息干扰,有利于风险交流活动的开展。因此,风险交流者对信息的加工应当在保证科学准确的前提下,降低阅读难度,不高于小学六年级阅读水平为宜,最好让科学信息变得故事化、生动化,更容易被受众接受。要相信一点,只要你会表达,公众就能够理解任何技术信息。也许你的受众对风险的认识永远达不到你的高度,但是这足以让他们做出知情决定。

5.3.2.2 承认不确定性

在风险交流活动中,我们提供的信息永远不可能是铁板钉钉的。这是因为科学研究在进步,任何结果都不会是最终定论,而且风险本身就是一个概率,就是不确定的东西。风险评估也是基于统计学假设的估计,天然就有不确定性。因此,在提供风险信息时应适当留有一定余地,不要为了平息事态和安抚公众而使用"肯定""确定""不可能"等绝对化描述,同时,也需要与受众交流这些不确定性,包括数据是如何收集的,如何分析评估的,结果如何解释等等。适当的承认不确定性会增加风险信息的可信性,有利于提升机构诚实可信的形象。

当然风险交流者也不能一味强调不确定性,那样只会让受众觉得我们无能。正确的做法是开诚布公地告诉受众我们不知道什么,但同时要强调我们知道什么以及我们正在做什么来解决这些不确定性。比如受众最喜欢提的一个问题就是"我们到底有没有事",通常我们只能给出个带有附加条件的结论,例如"该暴露水平对成人是安全的,但对婴幼儿的研究很少,因此我们暂时无法给出准确结论,有关专家正在加紧研究。"这样的结论公众可能并不满意,但我们绝不能说"对成人是安全的,对婴幼儿也应该是安全的"。这个武断的结论也许暂时能平息公众的疑虑,但如果随后的研究发现了对婴幼儿的安全隐患,结果可想而知。

5.3.2.3 客观描述为主

客观描述风险,尽量让公众觉得你提供的是客观事实而不是主观观点,这能够使我们的陈述显得更有底气、更具说服力。

为体现客观性,第一,风险交流者在提供结论的同时,应提供充分、可靠的依据;第二,如果能用数据表达,应尽量用数据说话;第三,应当慎重使用较模糊的概念,除非情势确实有太多不确定因素。因为模糊概念会让受众产生诸多疑问,容易让受众觉得我们在有意贬低或夸大风险水平,如果深究下去可能令我们陷于被动。比如某污染物的暴露水平对消费者健康的影响不大,那么"不大"到底是多大?类似的词语还包括显著的、微乎其微的、可以忽略的等,尽管有些人为了吸引眼球会用夸张或模糊概念造势,但风险交流者应当杜绝这类行为,一旦被受众发现会极大地损害我们的信誉并对专业能力产生怀疑。此外,语言表述应以说服力为目标而不是实现目标的方法。交流者在表述中应特别注意避免说服意图过强,当说服意图十分明显,又不拿出确凿证据支撑时,受众就会产生抵触情绪或熟视无睹。要始终记住,风险交流的目标是要提供科学、客观的风险和收益信息,由受众自己进行权衡决定,而不是强迫他们接受我们的观点、替代他们决定。

5.3.2.4　富于同情心和责任感

富于同情心和责任感是指交流者应能够倾听和察觉受众对风险的感受和关切,并认识到自身所肩负的减少食品安全信息不对称问题的责任,积极回应关切。在风险交流中,交流者关切的态度常常比事实更重要。

食品安全是人们生存的基本权利之一。公众对食品安全问题的情绪化反应是可以理解的。作为风险交流者,不论代表政府、企业或其他机构都应该能够换位思考,表示理解并表达感同身受,拉近与受众的心理距离。对于食品安全风险,我们是很容易做到这一点的,因为本质上我们也是食品消费者。公众最反感的就是他们觉得人命关天的事,而机构人员却不以为然。同时,还要特别注意避免表现得比较强势,言语中透露着居高临下、咄咄逼人和歧视性,例如"你是哪个单位的""说了你们也不会懂"等。我们要保持耐心、做出倾听的姿态并鼓励受众充分表达意见与关切。有些人觉得受众的诉求不好回应,那就不回答或者转移话题,过一阵子也就过去了,而实际上,受众的关切并不会消失,只要有"相关链接"他们又会再次提出来,直到我们给出回应。当被迫进行回应的时候,我们可能已经是面对有抵触情绪的受众了。因此,最好的办法就是对受众提出的某种关切,尽快给出正面回应。

5.3.3　媒体沟通原则

当今社会是一个多媒体时代,报刊、杂志、电视、广播以及互联网这些媒体已经渗入生活的方方面面,近年来,随着科技的发展,又涌现出一批传播

二维码 5-3　主要新媒体形式

方式更具"交互性的"新媒体,如微博、微信、门户网站、论坛、问答社区、电子邮件、即时通信、网络新闻发言人等(见二维码 5-3)。

很多人关于风险的信息和认知也是来自这些地方,从这一角度讲,公众眼中的事实和真相是由媒体呈现的。在风险交流领域,无论管理者、科学家、医学专家、评估人员或交流人员都将媒体视为信息的来源和信息发布的渠道,同时也是重要的翻译者和看门人。

5.3.3.1　主动联系媒体

掌握话语权,需要风险交流机构主动联系媒体、建立一种建设性的合作关系。尽管风险交流人员是记者们梦寐以求的重要信息源,但如果表现的凌驾于媒体之上,仅仅利用他们满足自己的工作需要,只会疏远媒体并最终导致风险交流人员丧失话语权。

与当地主流媒体建立合作关系的方式多样,可以选择性地主动与具有较大影响力的媒体开展战略合作,向他们提供有价值新闻线索或选题建议,以期提高媒体报道的客观性、科学性,也可以一定程度上引导舆论的方向。鼓励有条件的机构开设官方网站,并通过该渠道主动发布食品安全相关信息,搜集公众意见与关切。鼓励各机构根据自身条件选择性地开通新媒体渠道,包括微博、博客、移动平台等,并安排专人负责新媒体渠道的运营维护和内容组织。各相关机构的官方微博应当加入本系统官方微博矩阵,形成互动、转发的日常协作联络机制。

另外,与媒体接触的人员应当对风险信息有足够的了解,对媒体的工作方式、工作思路也有一定了解。他不仅要能够准确回答技术上的问题,还能够用媒体受众容易理解的方式表达。如设置专门的新闻发言人或媒体事务代表,或聘请专业的媒体顾问或事务所来解决。

5.3.3.2　满足媒体需求

满足媒体需求是构建良好媒体关系的重要步骤。媒体是信息的翻译者和看门人,如果风险

交流人员不满足其信息需求,他们会通过其他渠道获取,信息的科学性和客观性难以得到保障。

媒体追求不寻常性、高影响性、故事性和趣味性,因此,无论是撰写信息还是在接受采访前都应进行充分的事前准备,考虑一下可能会涉及的问题和回答方式及提供给媒体具有新闻价值的信息;新闻的时效性限制决定了媒体人员普遍存在很强的时间紧迫感,很多时候只允许风险交流人员有一次机会向他们提供风险信息材料。

5.3.3.3 把握交流口径

把握交流口径不仅仅指政府同一机构所传递的信息必须前后一致,还包括不同机构所传递的信息也应一致,也许在细节上有的更详细,有的稍简略,但最核心的信息必须相同。在风险交流活动中,前后信息不一致将加重公众的担忧和疑虑、极大地影响交流效果并破坏双方的信任关系。在公众看来,政府机构都还没有达成一致,说明他们对风险的了解相当有限,不值得信赖。如舆情涉及多部门或多个利益相关方,建议发布信息前与各方磋商统一口径,尤其当存在学术争议时。在发布新闻稿之前,应当核对之前发布的与之相关的信息,确认同一份新闻稿中不会出现口径矛盾。

5.3.3.4 及时纠正媒体发布的错误信息

如发现风险交流信息在传播过程中出现偏差,应当尽快与相关媒体或记者联系,及时纠偏。记者通常都不会将新闻稿发回受访者进行核对,即使我们提出这样的要求,也不一定能得到满足。但是我们在被采访的时候可以询问这篇报道的主旨是什么,另外我们也可以要求记者复述我们讲的话以确保他们没有听错。当错误的、不准确的或误导的信息已经发布出来,我们需要及时地将这一情况告诉记者要求其更正信息,但是不要指望他们会对已经发布的消息进行自我更正。

5.4 食品安全风险交流基本流程

食品安全风险交流可分为日常交流和危机交流两部分。日常交流的目的侧重于告知、教育、促进风险决策达成共识等。危机交流的目的侧重于满足公众的信息需求,尽快警示公众并为他们提供降低风险的可选方案,引导舆论避免恐慌蔓延。危机交流与日常交流在很大程度上是相通的。两者的不同之处在于:日常交流关注少、影响力弱,适合系统布局设计交流方案;而危机交流关注高、需求旺、紧迫性强,需要风险交流工作更为迅速地展开。本章分别介绍了日常和危机风险交流的流程,有助于交流工作有的放矢、相关机构人员协调配合和快速应对。

5.4.1 日常交流基本流程

日常食品安全风险交流工作中的六大共性环节,分别是明确交流的目的和目标、开展受众分析、构建信息、选择合适的交流方式、制定时间进度和评估交流效果。

5.4.1.1 明确风险交流的目的和目标

制定风险交流预案的第一步是明确目的和目标。风险交流的目的通常是比较宽泛的描述,一般有以下 9 类:①提高对某一具体事物的知晓率和认知度;②增加风险决策的透明度、一致性和可操作性;③对风险管理措施的充分理解;④提高风险分析框架的总体效力;⑤有效的信息传播和健康教育;⑥构建信任关系并巩固消费者对食品安全的信心;⑦强化各利益相关方之间平等互利的工作关系;⑧促进各利益相关方参与风险交流活动;⑨就食品相关问题在各利益相关方之间广泛的交换意见,包括知识、信息、关切、态度、认知等。而风险交流的目标通常指我们预期达到的特定的可衡量的某种状态。如果你的风险交流目的是让某小学的学生养成饭前洗手的习惯,那么交流的目标可以是 3 个月后该学校学生饭前洗手的比率上升到 90%。

风险交流的目的和目标一经确立,即可以用正式书面形式确定下来,并将此书面信息传达给所有与此工作有关的人,而且尽可能地使这一信息向上传达。一方面它有助于让所有围绕风险交流工作的人达成共识,另一方面让领导知道你要做什么和为什么要这么做,有利于获得他们的支持。

5.4.1.2　受众分析

基于受众需求是风险交流的基本原则,而受众分析是实现这一原则的具体方法。下面具体介绍受众分析中主要关注的问题。

1. 确定受众群体

受众分析的第一步是明确谁是风险交流的受众。如果要开展一项健康教育活动,警告并引起消费者关注某一风险信息,同时改变他们的行为,那么首先需要了解哪些人群处于风险之中、受到风险的影响,掌握基本的人群特征,是某城市的居民(地域聚集性)还是 14 岁以下的青少年(年龄特征),或者是全国的肥胖人群(生理特征),或者是从事室内工作的人群(职业特征)。不同的人群特征很可能影响后续交流渠道和信息表达方式的选择。这一步骤帮助风险交流者对受众有了一个大概的认识。

2. 受众分析内容和相应交流对策

所有风险交流活动都应该做一些最基本的受众分析,了解那些对风险交流活动产生直接影响的受众特征,比如阅读理解能力、主要信息获取渠道、抵触情绪等。对于危机交流做到这个层次可能就够了。受众分析的主要内容以及相应的交流对策参见表 5-5。

表 5-5　受众分析主要内容及相应交流对策 1

受众分析内容	相应交流对策
对这一风险的熟悉程度	对于新的风险(如反式脂肪酸),交流重点一方面是要引起受众的警觉,同时还要及时提供科学、准确、详细的信息进行解释说明,避免因科学认知不足而导致恐慌;对于交流者熟悉的风险(如重金属),交流重点是对他们现有的观念进行补充、更新或校正
对机构的熟悉程度和信任水平	如果很多人都不知道风险交流机构的存在,那就应当经常露面并反复介绍机构的职责;如果受众熟悉且信任机构,则继续保持这种关系;如果受众不信任机构,则可能需要请受信任的人或机构发布风险信息
教育程度和阅读理解能力	如果受教育程度低、阅读理解能力差,就要用简单的语言,语句和段落的结构也要简化;如果学历较高、阅读能力强,则可用更复杂的概念和语言
获取信息的渠道	受众从哪个渠道获得信息,风险交流就要到那个渠道去开展。如学生人群的信息渠道很大程度来自社交网络、微博;北京交通广播的受众很多是司机
群体规模和聚集性	如果群体较大,且比较分散,适合使用电视、报纸等大众传媒;如果群体很小,聚集性高,可以用更亲民的方式,例如大讲堂(公众会议)、无领导小组讨论等

续表 5-5

受众分析内容	相应交流对策
对风险交流的预期,受众想获知哪些内容,有哪些认知差异	针对认知差异和受众关切的问题进行回应,使交流符合或超过他们的预期。例如,在"不锈钢炊具锰超标"事件中,公众与专家的主要认知差异在于是否可能导致"帕金森氏病",交流就应针对这一问题给予回应
期望在风险交流中扮演的角色	了解受众是否有参与相关会议、旁听、提问或是讨论等方面的意愿,并认真考虑是否能满足他们或部分满足他们的诉求。在不违反法律法规和机构要求的前提下,尽可能让他们以期望的方式参与整个过程
是否有抵触情绪	如果有,先了解他们的诉求并予以回应;如果没有,要避免交流不当激化情绪。除了一些常见的忌讳以外,特别注意两类常见错误:一是本位主义、把自己凌驾于受众之上激怒受众,例如"你在替谁说话";二是缺乏基本的人文关怀,例如"活熊取胆无痛很舒服"
文化背景(民族习俗/宗教信仰)	受众是否有民族习俗、宗教信仰、文化禁忌?如穆斯林的饮食习惯(不食猪肉)和汉族大不相同,在交流中应避免因言语不当冒犯对方

当交流机构人、财、物、时间等资源比较充足,可以再进一步分析受众的社会、经济、文化背景特征和人口学特征等,例如年龄、性别、民族、地域分布、职业、收入水平等都属于这一层次。如果只是需要引起受众对风险的关注和重视,做到这一层次的受众分析即可,见表 5-6。

表 5-6 受众分析主要内容及相应交流对策 2

受众分析内容	相应交流对策
年龄范围、年龄层的分布	媒体传播领域现在常提到"分众化"概念,即特定年龄层人群倾向于从固定的某种渠道获取信息。年轻人群的信息主要来自网络;电视的收视人群主要来自老年人群体。针对年龄层选择适宜的交流渠道
群体的流动性/封闭性	如果是相对固定的社群,可以在之前已发布过的信息基础上进行补充完善。如果是流动性大的群体,每次交流面对的都是不同的人,提供的信息要做到系统、完整、全面
生活轨迹,常去的地方	要在受众熟悉和喜欢的场合发布信息或举行会议,例如,如何清洗能最有效地减少蔬菜上的农药残留?将宣传材料发放到蔬菜批发市场是效果不大的,张贴在农贸市场、超市果蔬区的必经之处、散发到居民小区的信息栏都是不错的选择
以往参与风险交流的经历(是否参加过,是否达成共识或激烈争论)	如果曾经引发受众激烈的争论,交流应针对性地回应他们的关切以降低抵触情绪并鼓励他们的积极参与

二维码 5-4 受众分析主要内容及相应交流对策

受众的每种行为本质上都是以风险认知模型为基础的决策过程。对于那些以达成共识或行为干预为目的的交流,除需要了解上述分析内容外,还需要进一步分析受众的心理学因素,例如行为动机、认知模式等。受众分析的主要内容以及相应的交流对策参见二维码 5-4。

3. 获取受众分析所需信息

一旦风险交流者理解了受众分析的重要性,那么下一个面对的问题就是从哪里得到受众分析所需的信息,大致分为直接与间接两种渠道。

直接渠道是指信息直接来自受众,信息收集方式多数为受众调查,以定量的统计调查和定性的焦点访谈为主。统计调查适用于帮助研究者大范围了解人群的基本特征和反应,诊断现象和问题的客观性内容,发现一般规律,做出普遍性的解释。

间接获取信息的渠道包括采用替代受众和借助现有资源两种。替代受众的方法是指从与实际受众比较接近的受众样本获取信息,它主要是解决我们与受众时空隔离的问题,也可以降低对资金的需求。例如,广州发生一起食源性疾病暴发事件,中国 CDC 需要向当地民众发布一份风险预警信息。此时没有必要到广州去做受众分析,可以就近找一个居民小区搞一个小规模访谈,了解他们关心哪些信息以及能否正确理解预警信息。借助现有资源是最常见、也是最常用的信息渠道,特别是来自互联网的公开信息,不但免费而且足不出户就能获得。比如某地的人文地理和背景信息,包含了消费量、市场分布、消费意愿等信息的食品相关行业报告,各种普查结果、调研报告、食品安全有关的网络投票等,都可以帮助风险交流者进行受众分析。

4. 构建风险交流信息

在进行受众分析之后,接下来需要进一步构建风险交流信息图谱。信息图既可以用于筛选、梳理信息,也可以直接用于向受众展示信息,在新闻报道中直接播出。其最大特点就是层次分明,逻辑关系清晰,易于被受众理解。

信息图的制作可以邀请不同专业领域的人员共同参与,各种不同观点和意见的交汇最终会使风险信息得到更广泛的认同。具体做法分为 3 个步骤:①通过受众分析,明确受众,列出他们可能的关切/关注点;②针对性的确立核心信息来回应关切,以满足受众信息需求;③为每一个核心信息准备不超过 3 个的事实证据来支撑。为了减少对受众判断的干扰并使信息更容易理解,应该控制核心信息的数量,同时尽量降低阅读难度。

例一,美国 CDC 2003 年天花病毒的风险交流。首先,通过受众分析,CDC 列出受影响的群体和核心关注点,即天花病毒传染性如何;其次,提供 3 个核心信息(天花病毒比麻疹或流感传染速度慢、CDC 能够及时采取控制措施,控制措施能够有效防止天花病毒)来回应公众对病毒传染性的核心关切,满足公众的信息需求;最后,对核心信息提供证据支持,见表 5-7。

表 5-7　天花传染性信息

核心信息 1 天花比麻疹或流感传染速度慢	核心信息 2 有足够时间调查密切接触者并及时接种疫苗	核心信息 3 密切接触后 3～4 d 接种疫苗都能有效防止疾病
支持证据 1 只有病人出疹和生病后才具有传染性	支持证据 1 疾病的潜伏期为 10～14 d	支持证据 1 从未进行免疫接种的人是首先需要接种的人群
支持证据 2 需要面对面接触数小时才能传染	支持证据 2 有足够的手段寻找接触者	支持证据 2 儿童时期进行过接种的人,到成人阶段仍可以有一定免疫力
支持证据 3 不存在无临床症状的携带者	支持证据 3 找到接触者并及时免疫接种是有效防治方法	支持证据 3 疫苗的储备与供应充足

5.4.1.3 选择合适的交流方式

成功构建风险交流信息后,还需要确定用什么方式传递这些信息。交流应对的强度从低到高一般是:微博或网站发布新闻口径、向记者发送新闻稿、接受记者采访或专访、召开媒体通气会、新闻发布会等。从受众复杂性来说,一种特定的方式或媒体工具可能难以满足所有受众群体的需要,需要根据具体情况灵活处置。

5.4.1.4 制定时间进度

时间表的作用是让所有参与者都知道自己所处的位置和在整个过程中的时间约束,可以提高检验人员执行计划的效率,也可以作为风险交流效果评价的一项指标。时间表不仅仅包括风险交流主线的时间安排,也包括其中每一项具体工作的安排。

制定时间表要考虑如下因素:

(1)遵循法规要求。

(2)符合机构内的管理制度要求,主要是指风险交流信息向外发布需要经过的审核程序。一般来讲,三级审核就足够了。

(3)统筹安排。风险交流活动需要与风险评估、风险管理工作协调配合,因为风险交流最终是要为这两者服务的。要随时了解他们的工作进展和下一步的安排,做好相应风险交流准备。

(4)交流类型。不同的风险交流类型,对时间的迫切程度要求不同。危机交流要求越快越好,而对于日常交流,我们可以用更长的时间跨度开展。

5.4.2 危机事件交流基本流程

危机事件通常指的是突然或意外发生的状况,是事件发展中的关键时点/具有决定性意义的转折点,如 SARS、禽流感、三聚氰胺事件等。虽然不同的危机事件各有其独特性,但以下步骤基本是危机交流所通用的。

1. 了解危机交流的特征

首先简要介绍一下危机事件风险交流与日常交流的区别、导致的结果和相应的交流对策,见表 5-8。

表 5-8 危机事件风险交流的特征

与日常交流的区别	结果	对策
紧迫感	必须在较短时间内做出决策且结果未知	风险交流者要认识到随着事件发展,风险交流信息可能令人困惑甚至相互矛盾,随时可能改变;事先计划可能有所改变
突发性、难预测	常规的或事先计划好的交流渠道可能无法使用,例如没有手机信号、互联网中断、停电、交通中断等	事先计划并留有一定灵活性,事件发生后寻找替代方案

续表 5-8

与日常交流的区别	结果	对策
可能出现大范围病例或伤亡	信息需求旺,相关部门负责人的电话被打爆;医疗机构承受巨大压力	与各种机构和部门建立联合工作小组,集思广益建立交流方案
媒体密集报道	记者不断地挖掘信息,相关报道不停歇	指定发言人并进行培训,其他人也需要做好发言的准备
情绪反应强烈	人们可能产生各种负性情绪,包括害怕、愤怒、恐慌、回避等,这些负性情绪将影响他们对风险的行为反应	要针对不同负性情绪开展相应的风险交流并提供合理的行为建议
信息不完整或信息未知	对风险的错误认知会影响行为反应。不确定性会增加恐惧和恐慌	对重要的误解给予回应;解释风险交流者现在知道什么,不知道什么,并指出这是暂时情况。针对未知因素,风险交流者正在做什么。当获得更多信息后,应更新信息并对先前的错误言论加以修正
安全和隐私	有些信息不能公布,例如受害者名单	解释哪些信息不能公布,为什么不能公布。以后会不会公布,在何种情况下可以公布
问责	在危机事件过后,人们会寻找问责对象	总结不足之处,机构要勇于承担责任。解释现在已经做了哪些改变

2.建立预案

危机事件意味着需要更迅速地开展风险交流,因此它特别需要提早做好计划、建立预案。日常交流的六个步骤是危机事件爆发前制定危机交流预案的基础,危机交流的预案往往需要设置好基本目标、进行初步的受众状况分析、建立基本的交流信息、主要的交流方式大致的时间进度要求和效果评估方式,具体方法详见日常风险交流流程。但危机交流预案也有一些特殊侧重的内容需要提前准备,例如:

(1)本机构参与风险交流的人员名单以及办公和个人联系方式。包括机构发言人的名单以及办公和个人联系方式。

(2)相关机构及专家人员的办公和个人联系方式。

(3)媒体联系方式列表。

(4)利益相关方的联系方式以及联系的优先次序。

(5)个人和机构的职责。这包括应急指挥中心、公共信息部门、公共卫生人员、执法部门、社区组织等。

(6)明确信息核实和批准流程。通常要求过程越简化越好,因为在危机事件下时间是最宝贵的资源。

(7)媒体采访审批流程。

(8)电力、电话通信中断,场地或其他资源无法获得的状况下的处理办法。

(9)向脆弱人群传递信息的渠道和方式,以及在常规交流渠道失灵情况下的替代方案。这些人群可能包括残疾人、老人、少数民族、慢性病患者等。

3.危机事件期间的风险交流

当危机事件爆发,风险交流者需要实施事先制定的交流预案,并根据实际情况灵活变通。

研究显示,人们最初的信息需求主要是与基本生存要求相关的,比如食物、饮水、安置点、人身安全等。通常危机事件的前 48 小时是最具挑战性的。

危机事件期间如何更好地与媒体进行富有成效的沟通,是风险交流面临的一大难题,美国 CDC 对突发事件下的媒体应对做出如下建议:①在发布正式消息之前,指派人员答复媒体的咨询电话。②通过新闻专线、电话、简报和网站等形式发布媒体信息。③为媒体人员提供场所完成新闻稿,并发布给读者、观众或听众。④准备好一个适合媒体拍摄的角度。如果是在机构内拍摄,一般是选择能够拍到机构名称或标志的地方。⑤承诺媒体什么时候可以得到信息更新,"暂时尚无更新的消息"也是一种信息更新。⑥给记者发放一份包含基本信息的材料,也包括机构的介绍或官方声明。

如果要召开新闻发布会应注意以下问题:①发言人、应急人员和技术顾问应就以下问题达成一致,哪些信息是最重要的?哪些问题由谁回答?要传达的关键信息点是什么?媒体可能会提出哪些疑问?可以使用哪些图形图像?由谁来记录需要跟进的问题。②参与新闻发布的人员应当做自我介绍,包括姓名、职责、代表的机构,这样可以方便发布会主持人的工作。③发布会后发布人员应当做一个小结,看有没有什么信息需要更正。

4. 危机事件过后的风险交流

信息的需求随着时间推移会发生变化,但即使危机事件已经缓解,风险交流工作仍要继续对交流和应对效果进行评估,总结经验教训,以便未来再次发生类似状况时更好地应对;另一方面,要抓住危机事件这个公众教育的机遇期。研究表明,在重大事件发生后人们会处于一种应激状态,此时避险心态最强烈,也最愿意接受风险教育。因此,在危机事件过后应把握时机进一步加强相应风险知识的科普宣教;同时,要提供信息帮助利益相关方、受影响的人群、公众和媒体从紧急状态逐步恢复到常态。

5.5 食品安全风险交流政策法规分析

《中华人民共和国食品安全法》作为食品领域的基本法,集中体现了中国食品监管的基本制度思路。其中的基本制度设置,构成了法律层面制度化风险交流的基础。

5.5.1 我国食品安全风险交流的基本制度设置

《中华人民共和国食品安全法》中的制度大体包括如下几方面:食品安全风险监测和评估制度、食品安全标准制度、食品生产经营管理、食品检验制度、食品进出口管理、食品安全事故处置制度和食品安全监督管理制度,大致可以分为 3 个阶段、7 大类,见二维码 5-5。

上述制度安排包括了从食品问题的认定、食品问题产生环节的规范、国际贸易中食品安全问题的防范、食品问题出现后的处理,以及对食品安全管理上的规范和监督等各个方面。在每一个阶段,都需要风险信息的交流与沟通。

二维码 5-5 《中华人民共和国食品安全法》中的制度规定分类

可以看出,在风险交流问题上,《中华人民共和国食品安全法》更重视对问题的管理、对法律责任的定性和追究,世界卫生组织则更强调对食品安全问题的全面认识和理解。中国的食品安全制度中,国家强制力的发挥更为有效,世界卫生组织作为一个全球性的组织机构,视野相对更为广阔,在风险信息交流上涉及的数据范围更为广泛。中国现有法规在"抗微生物药物耐药性""人畜共患疾病和环境""化学品风险"等可能发生食品安全问题的诸多领域并未涉及,或者仅有零星的规定。未来这些领域的食品安全风险信息交流,是食品安全法规不可回避的方向。

总之,世界卫生组织在工作领域的划定和着重点选择上主要是基于食品问题本身的表现或者产生根源,分内容进行区分。这种模式和中国食品安全行政监管"各部门负责,分段监管",侧重对流程环节的调控和管理手段的规范有较大的差别。也就是说,我们对于风险交流的基本制度设置依据是部门和食品生产、消费等不同环节,世界卫生组织则主要是依据食品安全问题可能涉及的不同领域,如食源性疾病、食品卫生问题、微生物风险、化学品风险等而划分。这是研究中国食品安全风险交流,参考和借鉴国外有关风险交流制度和措施时需要注意的一个基本前提。

5.5.2　食品安全风险交流在新修订的《中华人民共和国食品安全法》中的体现

严格来说,《中华人民共和国食品安全法》并未将风险交流作为该法的主要规范内容,有关风险交流的内容和规定散见于该法各种条文和制度表述中。例如,在信息共享方面,强调了政府、企业和社会媒体等多种主体的义务和责任,"县级以上地方人民政府健全食品安全全程监督管理工作机制和信息共享机制","食品行业协会应提供食品安全信息、技术等服务","新闻媒体应当开展食品安全法律、法规以及食品安全标准和知识的公益宣传,并对食品安全违法行为进行舆论监督。有关食品安全的宣传报道应当真实、公正","任何组织或者个人有权举报食品安全违法行为,依法向有关部门了解食品安全信息"等等。

在具体的制度中,也规定了风险信息共享和交流的更细化要求和规定,如在食品安全标准制度中,规定"制定食品安全国家标准,应当将食品安全国家标准草案向社会公布,广泛听取食品生产经营者、消费者、有关部门等方面的意见","省级以上人民政府卫生行政部门应当在其网站上公布制定和备案的食品安全国家标准、地方标准和企业标准,供公众免费查阅、下载","食品生产经营者、食品行业协会发现食品安全标准在执行中存在问题的,应当立即向卫生行政部门报告"等等。食品安全追溯体系的实现、食品召回等,都离不开较为完善的信息数据收集保存,进而在食品安全问题应对中,构成风险信息共享和交流的基本条件。此外,有关食品进出口、食品安全事故处置等风险信息交流都构成了其中的重要内容。可见食品安全风险交流在食品安全管理上体现出的作用越来越大,已经上升到法律层面。

5.6　我国食品安全风险交流的未来发展趋势

当前我国聚焦于加快构建以国内大循环为主体、国内国际双循环相互促进的新发展格局进程。将要求加快建设现代化经济体系,着力提高食品产业全要素生产率,着力推进城乡融合和区域协调发展,推动经济实现质的有效提升和量的合理增长。

5.6.1　面向营养健康的风险交流顶层设计

中共中央政治局 2016 年 8 月 26 日召开会议,审议通过《"健康中国 2030"规划纲要》。会议认为,健康是促进人的全面发展的必然要求,是经济社会发展的基础条件,是民族昌盛和国家富强的重要标志,也是广大人民群众的共同追求。党的十八届五中全会明确提出推进健康中国建设,从"五位一体"总体布局和"四个全面"战略布局出发,对当前和今后一个时期更好保障人民健康做出了制度性安排。未来的风险交流可能不止针对食品安全,在营养健康方面也要做好日常的风险交流工作,在形成风浪前,牢牢掌握好营养健康的风险交流主动权及话语权。

5.6.2　把握新媒体传播趋势

风险交流的基础理论已经十分完善。未来在新媒体大语境下,及时传递准确信息,建立信任,仍旧是风险交流的第一要义,只有在风险出现时进行快速而有效的风险交流,才能与广大公众达成共识,将科学真实的信息传递给公众,从而减少风险的危害。作为传播的工具,加快风险交流传播速度,降低风险交流能耗,无疑需要传播行业新型技术平台赋能。新媒体因其及时性、互动性等特点而成为风险交流的首选。新媒体信息传播的一个特点就是用户之间的"病毒化传播"。在复杂的舆论形势下,把握新媒体,第一时间传播权威准确的信息,是未来风险交流不可忽视的着力点。

以往单向传播追求的是宣传与告知,并不在乎反馈与互动,而新媒体是注意力经济时代的产物,注意力本身就是稀缺的资源,因此,更好地满足互联网用户的信息需求、培养用户粘度显得格外重要。随着信息的发展,有价值的不是信息,而是注意力。在信息社会里,"硬通货"不再是美元,而是专注。

因此,互联网技术的发展,将会给国内外的食品风险交流都带来新的变化,风险交流主体,应提前把握,得当运用新媒体、拓宽传播渠道,与传统媒体形成优势互补,促进风险交流主体与公众直接交流,提高透明度和促进社会参与。

5.6.3　5G 技术席卷下的风险交流

食品安全谣言的数量似乎比真实的科学信息还要多。由此带来的消费者对食品安全现状的过度担心,已经严重影响政府的公信力。尤其在突发事件处理中,在第一时间对食品谣言进行澄清,传递真实的信息,避免谣言对公众的误导,防止谣言带来的二次伤害十分必要。未来的食品安全事件将会更加复杂,必须大力重视多管齐下的高速信息发布。

5.6.4　风险交流的双向互动

与传统媒体的单向传播不同,以微博、微信、短视频为主的新媒体具有评论、追问、分享及点赞功能,社会公众可以通过发表意见,形成舆论导向,影响政策调整及促使事件发展。传统的被动受众变成了积极主动的互联网用户,对信息的完整度有了更多的诉求。互联网用户的交互行为已经进入了一个新的阶段,一方面,人们对信息的需求前所未有的增加;另一方面,人们获取、分享和创造信息的热情大大增加。面对用户正在塑造的媒介使用习惯和大量的用户网络交互行为,食品安全风险交流也应当顺应这一趋势,改变以往单向宣传的习惯,注重双向的对话与交流。目前,从门户网站到微博、微信,我国食品风险交流的新媒体交流格局已初步形成,双向互动已初见成效,未来应继续依靠科学技术发展,重点把握风险交流的双向互动。

5.6.5　建立依托新媒体平台的风险交流机制

相比于传统媒体,新媒体更注重用户粘度的培养。对于新媒体平台的食品安全风险交流而言,增加用户数量、提高用户忠诚度显得尤为重要。最优化的交流渠道应该是复合型的,应当是根据食品风险的具体内容或风险事件发展特征而形成的有机组合。因此,在建立新媒体平台的风险交流机制的时候,应当遵从新媒体的媒介特征和用户的交互行为习惯,更好地实现有效交流的目标。新媒体平台风险交流机制的建立,是"互联网＋食品安全"的体现,也是提升政府社会治理能力的应有之义。在交流机制建立的过程中,不仅应考虑对各类新媒体网络平台的应用,将网络食品安全监管纳入法制化道路也是值得思考的问题。

5.6.6　危机公关的把握

危机公关是指应对危机的有关机制,具有意外性、聚焦性、破坏性和紧迫性的特征,指组织为避免或者减轻危机所带来的严重损害和威胁,从而有组织、有计划地学习,制定和实施一系列管理措施和应对策略。对于政府和企业来说,利用好新兴媒介进行有效的危机公关显得尤为重要。随着社会化媒介的发展,危机公关也发生着变化。原来的危机公关都是在危机发生之后,政府或企业召开新闻发布会,然后在报纸、电视等传统媒体上进行传播。虽然这样传统的做法也可以实现一定的危机公关效果,但是其信息迟滞的问题不可忽视。这种惯于"事后处理"的方式,随着信息传播的快速发展,越来越多的问题将暴露出来。新媒体,尤其是社交媒体具有开放性、互动性等特点,利用它可以实现随时随地的危机公关,确保在危机中进行无时不在、无处不在的危机公关,从而更好地化解食品危机。

■ 本章小结

接连不断的食品安全事件使得食品安全风险交流日趋重要,许多发达国家已建立食品安全风险交流体系。风险交流顾名思义由风险和交流组成,风险是内容,交流是手段和方法。风险交流的本质是干预,是一种涉及多领域、多学科的新兴科学。风险交流工作中应注意策略手段的应用,要注意传播手段及时效性对风险交流的影响。早期的风险交流是单向的信息传播或宣传工作,其主要目的是告知、教育、说服,缺乏信息反馈,忽略了利益相关方的关切,弊病较多。后期的风险交流发展,逐渐认识到"互动"的重要性,更加注重信息交换。

食品安全风险交流作为风险分析框架的重要组成部分,在风险评估和管理过程中扮演了黏合剂和润滑剂的作用。此外,风险交流还是实现社会共治的必然要求,因为共治的前提是共识,风险交流是形成共识的重要手段。

❓ 思考题

1. 风险交流与风险认知的关系是什么?
2. 风险交流的理论模型有几种?分别是什么?
3. 风险交流的基本流程包括哪两种?
4. 风险交流在食品安全中的地位是怎样的?
5. 风险交流的核心目标是什么?
6. 风险交流的基本原则是什么?
7. 如何确定食品安全目标?

8.新媒体的类型有哪些?

9.日常事件与危机事件的风险交流有何不同?

参考文献

[1] 王殿华,苏毅清,钟凯,等.风险交流:食品安全风险防范新途径——国外的经验及对我国的借鉴.中国应急管理,2012(07):42-47.

[2] 罗晓静.食品安全风险交流的文本和翻译特点探究.海外英语,2019(13):166-167.

[3] 徐娇,邵兵.试论食品安全风险评估制度.中国卫生监督杂志,2011,18(04):342-350.

[4] 郑雷军,邱从乾,彭少杰.上海市食品安全风险交流工作机制及成效初探.中国食品安全报,2015-04-21(A02).

[5] 张杰,张文胜.食品安全智库参与食品安全网络舆情治理研究.食品研究与开发,2015(15):143-146.

[6] 贾凡.食品安全消费者认知及风险交流策略研究.天津:天津科技大学,2016.

[7] 蒋熠.企业主导食品安全风险交流机制及策略研究.天津:天津科技大学,2016.

[8] 贾凡,张文胜.我国食品安全风险交流机制与对策研究.食品研究与开发,2014(18):351-353.

[9] 钟凯,韩蕃璠,姚魁,等.中国食品安全风险交流的现状、问题、挑战与对策.中国食品卫生杂志,2012,24(6):578-586.

[10] 王雅楠,刘一波,谢晓非.突发公共事件中的风险沟通.中国应急管理,2008(08):22-25.

[11] 何清.易得性直觉偏差的消费影响及其应对措施.中国流通经济,2012,26(8):83-86.

[12] 王晓凤.天津市消费者乳制品风险认知研究.天津:天津科技大学,2013.

[13] 郑慧洁."转基因技术"网络评论文明程度与风险认知的关系研究.西南大学,2015.

[14] [美]玛丽亚·内斯特尔(Marion Nestle).食品安全.程池,等,译.北京:社会科学文献出版社,2004.

[15] 王肖潇."谣言粉碎机":民间组织的科学传播状况研究——以科学松鼠会为例.上海:复旦大学,2013.

[16] 王盎.新媒体视角下的食品安全风险交流策略.武汉:华中科技大学,2017.

[17] 赵超.邹家拳传播研究.昆明:云南师范大学,2016.

[18] 张玲.中国古代服饰的文化符号内涵及制度规范.服饰导刊,2014,3(01):81-85.

[19] 沈蓉.韩礼德语言学著作在中国的译介研究——以《汉语语言研究》为例.智库时代,2019(27):249-253.

[20] 曲延瑞,彭艳珊,苏文.浅议传播学理论在企业展厅设计中的重要作用.艺术科技,2014,27(02):310.

[21] 郭庆光,传播学教程.北京:中国人民大学出版社,2011.

[22] 黄旭.宋词传播的人际交流特征.文艺评论,2011(10):68-72.

[23] 于明珠.大众传播与政治发展的关系研究.哈尔滨:黑龙江省社会科学院,2008.

[24] 李彩霞."中国制造"镜像:基于风险社会视角的考察.北京:中国社会科学出版

社,2012.

[25] 胡象明,王锋. 一个新的社会稳定风险评估分析框架:风险感知的视角. 中国行政管理,2014(04):102-108.

[26] 张龙. 风险传播视角下的新生代农民工城市适应研究. 南京:南京大学,2018.

[27] 钟一鸣. 试论社会保障的公共性问题. 安徽文学月刊,2008(6):377.

[28] 李腾飞,王志刚. 食品安全监管的国际经验比较及其路径选择研究——一个最新文献评介. 宏观质量研究,2013(02):19-28.

[29] 谢晓非,郑蕊. 风险沟通与公众理性. 心理科学进展,2003,11(4):375-381.

[30] 熊继,刘一波,谢晓非. 食品安全事件心理表征初探. 北京大学学报(自然科学版),2011,47(01):175-184.

[31] 佚名. 谁绑架了中国乳业标准? 大众标准化,2011(6):60-61.

[32] 王明辉,王晓东. 公众风险认知研究的一部力作. 心理研究,2011,4(2):95-96.

[33] 王己骙. 我国食品安全信息公开制度研究. 广州:华南理工大学,2016.

[34] Siegrist M,Earle T C,Gutscher H. Test of a trust and contidencemodel in the applied context of electromagnetic field(EMF) risks. Risk Analysis,2003(23):705-716.

[35] 罗云波. 生物技术食品安全的风险评估与风险管理. 北京:科学出版社,2016.

[36] The application of risk communication to food standards and safety matters. Report of a Joint FAO/WHO Expert Consultation. Rome, 2-6 February 1998. FAO food and nutrition paper,1999,70.

[37] 王虎,洪巍. 食品安全风险交流工作效果影响因素研究——基于无锡市调研数据的结构方程模型之分析. 行政与法,2018,242(10):65-76.

[38] 陶光灿,谭红,宋宇峰,等. 基于大数据的食品安全社会共治模式探索与实践. 食品科学,2018(9):272-279.

[39] 佚名. 史上最严食品安全法 10 月 1 日施行. 健康与营养,2015(06):14.

[40] 师毅. 中关村生命科学园:打造世界生命科学研究高地. 中关村,2018,184(09):60-63.

(朱龙佼,吴广枫)

第 6 章

案 例

本章学习目的与要求

1. 了解鱼类中甲基汞的风险评估方法及风险管理措施。
2. 掌握即食食品中单核细胞增生李斯特菌的风险评估方法。
3. 了解毒死蜱的危害以及暴露评估的方法。
4. 掌握食品包装材料迁移物的迁移机理及其不同迁移条件对食品安全造成的危害。

　　风险评估是食源性致病物对人群健康危害的风险管理手段之一,也是制定食品安全标准的重要依据。本章对甲基汞、单增李斯特菌、毒死蜱和与食品直接接触的包装材料进行分析评估案例分析。

　　甲基汞能与蛋白质和鱼体肌肉组织成分游离氨基酸结合,任何烹饪方法或清洁手段均不能清除鱼体所含的甲基汞。食用受污染鱼类之后,甲基汞在人体肠道内被迅速吸收后分布到全身,侵犯中枢神经系统,表现为中枢神经系统严重受损。单增李斯特菌是常见的食源性致病菌,在环境中广泛存在,并可存在于多种食品,如肉制品、奶制品、蔬菜、水果等,食源性感染的比例近 100%。单增李斯特菌主要影响特定人群,如孕妇、胎儿、老年人、免疫抑制人群等,可引起脑膜炎、孕妇早产、流产、死胎、新生儿败血症等多种严重疾病。毒死蜱(Chlorpyrifos,CPF)是一种常见的有机磷农药,被广泛使用在农业生产和家庭虫害防治中。CPF 不仅使用量大,而且在食物和环境介质中的残留情况严重,已经对人体健康构成潜在的危害。食品包装材料是指用于制造食品包装容器和构成产品包装的材料总称。近年来,食品容器、包装材料、餐厨具等食品接触材料导致的食品安全问题引起了社会各界的关注,而从食品接触材料迁移到食品中的有害物质已经成为食品污染的重要来源之一。

二维码 6-1　应当进行食品安全评估的情形

6.1　鱼类中甲基汞的案例研究

　　汞是一种在环境中普遍存在的有毒重金属元素,无机汞化合物从多种天然或人造汞源中释放到环境,再通过土壤或沉淀物中微生物的作用转化成有机形态——甲基汞。甲基汞具有亲脂性、生物累积效应和生物放大效应,因而被水生生物特别是鱼类摄取后在食物网中被放大,寿命长且处于水生食物链高端的食肉性物种可将甲基汞蓄积到很高水平。甲基汞能与蛋白质和鱼体肌肉组织成分游离氨基酸结合,任何烹饪方法或清洁手段均不能清除鱼体所含的甲基汞。食用受污染鱼类之后,甲基汞在人体肠道内被迅速吸收后分布到全身,侵犯中枢神经系统,表现为中枢神经系统严重受损,其中孕妇食用受污染鱼类后胎儿受到的影响最为严重,胎儿出生前的神经系统发育过程特别容易受到损害。1956 年发生于日本的当地居民食人被甲基汞污染的海产品引起的重大中毒事件是世界上迄今为止最严重的世界环境公害事件。研究证实:一些鱼类中甲基汞的典型含量(而非由污染造成的非常见的高含量)就可以对健康造成损害,这种损害也集中于正在发育的大脑,可以对成人的认知能力产生不良影响。然而,出生前所引起的损害是风险管理的核心关注点。这些潜在的健康风险与鱼的消费水平有关,这促使各个国家和国际社会开始对鱼类中甲基汞的风险进行评估。本案例研究按照一般风险分析框架的顺序对鱼类中甲基汞的风险分析步骤进行说明。

6.1.1　鱼类中甲基汞的风险评估

　　水体环境以及鱼的种类、年龄等均会影响鱼体中甲基汞的含量。甲基汞一般通过食物链在鱼体内累积,但在水产养殖的水产品中也有甲基汞的存在,也会导致甲基汞暴露。鱼类中甲基汞的风险评估是估算暴露于被甲基汞污染的鱼类在特定人群中产生不利健康影响的可能性的研究。

6.1.1.1　危害识别

危害识别是确定食品中可能存在的对人体健康造成不良影响的生物性、化学性或物理性因素的过程。本案例研究中的危害为甲基汞,该物质比无机汞毒性更大,并且占鱼类中总汞含量的绝大部分。决定甲基汞不利健康影响发生和严重程度的因素包括:甲基汞的剂量、被暴露人的年龄或发育阶段、暴露持续时间以及暴露途径。

一般来说,膳食结构影响人群暴露水平,沿海地区的甲基汞暴露水平更高。梅光明等调查了浙江沿海 50 个品种(891 个样本)中的甲基汞含量,并结合本省居民水产品消费量,对海产品甲基汞污染食用风险进行了评估,结果显示 94.2% 的海产品均有甲基汞检出;不同鱼类甲基汞含量存在差异,营养级别较高的鱼类如鲨鱼、金枪鱼等甲基汞含量明显较高,存在超标可能。虽然浙江沿海一般海产品甲基汞污染食用风险较低,但长期或大量食用如鲨鱼和金枪鱼等甲基汞污染较高的海产品的消费者存在健康风险。该调查评估中 172 个海洋捕捞海产品的总汞含量和甲基汞含量测定结果见表 6-1。

表 6-1　海捕产品中汞形态分布特征

产品种类	样品数	甲基汞均值(范围)/ (mg/kg)	总汞均值(范围)/ (mg/kg)	甲基汞占总汞 质量分数范围/%
梅童鱼	26	0.014(0~0.031)	0.017(0.002~0.045)	78.2~94.8
海鳗	26	0.055(0.027~0.32)	0.067(0.032~0.40)	77.6~90.7
鲳鱼	10	0.020(0.005~0.080)	0.025(0.006~0.094)	81.5~93.1
带鱼	20	0.078(0.010~0.54)	0.097(0.014~0.61)	70.6~89.7
假长缝拟对虾	10	0.030(0.018~0.044)	0.034(0.021~0.057)	84.2~95.2
鹰爪虾	24	0.033(0~0.082)	0.040(0.012~0.097)	80.6~88.8
马面鱼	3	0.013(0~0.026)	0.022(0.011~0.028)	71.0~92.3
鲅鱼	3	0.093(0.006~0.16)	0.11(0.008~0.107)	75.2~93.9
鲮鳞鱼	7	0.11(0.033~0.25)	0.12(0.048~0.30)	65.0~87.1
沙丁鱼	6	0.042(0.021~0.057)	0.048(0.025~0.072)	70.8~95.0
哈氏仿对虾	4	0.032(0.007~0.090)	0.035(0.008 2~0.099)	84.2~90.7
小黄鱼	15	0.018(0~0.097)	0.023(0.008 5~0.12)	79.3~86.2
鲌鱼	6	0.012(0.006 4~0.018)	0.015(0.007 5~0.024)	72.8~88.4
三文鱼	2	0.030(0.029~0.031)	0.037(0.033~0.042)	73.2~87.1
金枪鱼	3	0.77(0.47~0.95)	0.88(0.52~1.1)	80.1~94.8
鱿鱼	5	0.007 2(0.004 5~0.016)	0.011(0.006 3~0.023)	70.7~87.9
鲨鱼	2	0.21(0.085~0.34)	0.24(0.090~0.40)	85.2~94.4

6.1.1.2　危害特征描述

危害特征描述是对一种因素或状况引起潜在不良作用的固有特性进行的定性和定量(可能情况下)描述,应包括剂量-反应评估及其伴随的不确定性。在大部分甲基汞案例中,用现有的剂量-反应数据来计算基准剂量置信下限(BMDL)或估计未观察到有作用剂量水平(NOEL),然后利用不确定性系数来估计所谓的"安全"剂量。目前 EPA(美国环境保护署)建立的甲基汞参考剂量(Reference Dose,RfD;每天 0.1 μg/kg)以及 WHO 和 FAO 联合制定的甲基汞临时性周可承受摄入量(Provisional Tolerable Weekly Intake,PTWI;每周 1.6 μg/kg)是两个国际公认的甲基汞暴露定量衡量指标。虽然两个指标之间存在差异,但随着科学的发展,数据也将会逐渐充实,最终对甲基汞的风险评估将趋向保护人们免受甲基汞暴露威胁的方向发展。

6.1.1.3　暴露评估

暴露评估是描述危害进入人体的途径,估算不同人群摄入危害的水平。根据危害因素在膳食中的含量水平和人群膳食消费量,初步估算危害的膳食总摄入量,同时考虑其他非膳食进入人体的途径,估算人体总摄入量并与安全摄入量进行比较。

甲基汞的暴露程度与特定人群接触途径、频率有关。易感人群包括:①对汞的影响更为敏感的人群和暴露在更高汞含量下的人群:胎儿、新生儿、儿童、新妈妈、孕妇及可能怀孕的女性,患有肝病、肾病、神经系统疾病和肺病的个体;②因食用鱼和海鲜而暴露于更高甲基汞水平的人群:休闲钓鱼人、维持生计的渔夫以及经常食用大量鱼和海鲜的人。因此甲基汞暴露的风险评估常在特定的人群中进行。Jaqueline García-Hernández 等分析了来自墨西哥加利福尼亚海湾中部的 238 个商业鱼类和贝类的样本,并对索诺拉 15 个沿海渔村 16~68 岁的妇女进行食品频率问卷调查,得出这些地区该年龄阶段妇女的海鲜消费量平均达到 307 g/d,有很高的危害风险。

6.1.1.4　风险特征描述

风险特征描述是通过整合并综合分析危害特征描述与暴露评估的信息,评估目标人群的潜在健康风险,为风险管理决策制定提供科学方面的建议。相对而言,鱼类中甲基汞的风险特征描述方法不太精确,以及为明确暴露水平会导致严重的不良健康作用,无法对风险进行定量描述,但可以估计出假定"安全"的暴露水平,也能为风险管理决策提供依据。

目前,JECFA 没有针对具体区域或国家的风险进行特征性描述,但明确指出了以鱼作为膳食中重要部分的国家和地区,甲基汞暴露水平高于 PTWI 十分常见,这些国家或地区的政府可能需要开展针对特殊人群的暴露评估。

6.1.2　鱼类中甲基汞的风险管理

6.1.2.1　风险管理的第一阶段:初步的风险管理活动

1. 确定问题

若一个群体食用的鱼类吸收了可能造成危害水平的甲基汞时,风险就会出现。鱼类中甲基汞的风险管理首先确定需要关注的范围。如国际社会主要关注普通人群食用的、商业捕获的鱼类中的甲基汞。

2. 建立风险轮廓

决定问题严重程度的因素主要包括:①所分析群体范围的鱼类消费数量;②所食用鱼的种类;③这些鱼类中的甲基汞含量;④所分析群体对特定的甲基汞蓄积物种的消费量;⑤所分析群体的特征,如性别、年龄等。

由于发育中的胎儿对甲基汞毒性最为敏感,育龄期妇女通常被认为是最危险的甲基汞暴露人群。但在一些以鱼类为主要膳食蛋白来源的国家和地区,暴露于风险中的人群范围更大。美国环境保护署建立的风险轮廓将焦点集中于怀孕或可能怀孕的女性以及一些蓄积了相当高浓度甲基汞的特殊鱼群上。鱼类中的甲基汞是许多国家都关注的公共健康问题,每个准备采取措施的国家或地区都应该建立具体的风险轮廓,这些风险轮廓主要是由风险评估者完成。

3. 建立风险管理目标

在国家或国际层面上,风险管理的总体目标是通过降低消费者因食用鱼类而导致的甲基汞暴露水平,以预防对公众健康造成的不良影响。但对于实际情况中的风险管理案例来说,要尽量达到降低风险的同时又不损失由食用鱼类而带来的营养学益处。

4. 决定是否需要风险评估

对于鱼类中甲基汞的风险评估,在国家和国际水平上都进行过多次。然而,随着新科学证据的不断获得以及各个地区的差异,风险评估也需要及时更新并按具体情况修改。

5. 制定风险评估政策

非实施风险分析时的常规环节。

6. 委托风险评估任务

当委托进行风险评估任务时,风险评估者与风险管理者之间的良好沟通非常关键。在国际层面上,JECFA 与食品添加剂和污染物法典委员会(CCFAC)进行密切沟通,CCFAC 作为风险管理者在进行鱼类中甲基汞的风险管理时采用了暂定每周耐受摄入量(PTWI),两个组织每年于不同时间在不同国家召开一次会议,对 CCFAC 提出的一些专门问题进行讨论,并随着评估程序的进展,有进一步的互动。

委托风险评估任务的一个关键步骤是组织风险评估小组。对风险管理者来说,找到对该特定问题有深入了解又没有先入为主想法的专家是十分具有挑战的工作。在国际层面上,JECFA 遵循 FAO/WHO 的程序,权衡专业知识并消除潜在的利益之争,从来自全世界的科学团体中抽调专家成立专家组。

7. 考虑风险评估结果

根据风险评估的结果进行风险交流并考虑采取相应的防控措施。

8. 风险分级

现有知识表明甲基汞是一个十分严重的公共卫生问题,因此没有必要进行此步骤。

6.1.2.2 风险管理的第二阶段:确定并选择风险管理措施

一旦获得风险评估的结果,风险管理者就可以着手进行风险管理。如在国际上 WHO 和 CCFAC 作为风险管理者,在鱼类中甲基汞的管理方面各有不同的作用,他们的活动主要是为国家层面的风险管理者提供指南。

1. 确定风险管理措施

确定一些可供选择的风险管理办法,帮助减少各国的甲基汞风险。如禁止销售甲基汞含量特别高的鱼类;制定鱼类中甲基汞的最高污染限量并限制超过此限量的鱼类的销售和消费;要求相关行业及其工作者实施良好卫生规范或 HACCP 体系,防止消费者接触到可能造成危害的甲基汞水平的鱼类;教育并告知消费者鱼类中甲基汞含量和相应风险,从而使消费者自己控制甲基汞暴露水平。

2.评价可供选择的方法

在评价可供选择的方法时,一些社会和经济方面的因素也需要考虑,比如一些甲基汞含量非常高的鱼类(剑鱼和马林鱼)在一些国家仍未被禁止销售和消费,因为这些高汞含量鱼类也具有营养学益处,偶尔才会被食用以及可能会使捕鱼者失去工作,禁令实行并不切实际。

3.选择最佳的方法

由于每个国家的实际情况各自不同,因此需要根据现实情况选择最佳方法。比如美国目前最佳的风险管理办法和风险管理关注点都是为消费者提供信息。

6.1.2.3　风险管理的第三阶段:实施

一旦选择了最佳风险管理措施,政府及其他相关利益方需要执行这一措施。如美国一些州的卫生部门曾针对鱼类中甲基汞的问题发布过消费者建议。

6.1.2.4　风险管理的第四阶段:监控和评估

当风险管理者评估所实施的风险管理措施的运转情况,并衡量是否需要分析新的证据以及最新的风险评估和管理策略时,就进入风险分析的最后阶段。风险管理者需要针对所采取的措施开展一些工作来监控评估风险管理措施的作用,如美国采用的"咨询报告"方法。

6.1.3　鱼类中甲基汞的风险沟通

成功的风险沟通是有效风险管理的一个先决条件,既适用于公众教育策略,也适用于监管策略。对于公众教育,风险沟通的根本目的是以明确而容易理解的方式向特定受众群体提供有关鱼类消费的风险和益处以及汞暴露的准确信息。

EPA、NAS/NRC(美国国家科学院/全国研究理事会)和 JECFA 都分别发过详细的甲基汞风险评估报告,对科学证据、风险评估者所做出的说明和评价、专家组的结论和建议、现存的不确定性和数据缺失以及风险评估所采用的针对不确定性的步骤进行解释,为相关的政府机构、科学团体以及利益相关方之间的风险信息交流提供重要机会。

关于食用鱼类的风险和益处的沟通应当包括双向对话。风险沟通者必须向外部的利益相关者就甲基汞的风险和管理措施提供明确而及时的信息。同时还必须提供关于食用鱼类益处的信息以及替代食品的信息,尤其是在以鱼为主要食品的地区。风险沟通者要确保风险沟通过程披露一般大众对于食用鱼相关的汞暴露风险的一般认识的有关信息,根据利益相关者的具体特征和关注点量身定制并考虑文化、社会和经济因素。

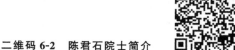

二维码 6-2　陈君石院士简介

6.2　即食食品中单核细胞增生李斯特菌的案例研究

即食食品是指可以生食的或者经处理、加工、烹制的无须进一步加工即可食用的食品。随着食品工业的发展和日益加快的生活节奏,即食食品在人们生活的占比不断增加。即食食品包括熟肉、鲜切果蔬等,这些食品都具有方便快捷的优点,但大多数即食食品都需要冷链保藏,这为单核细胞增生李斯特菌(简称单增李斯特菌)的存活提供了条件。单增李斯特菌是一种常见的食源性致病菌,是能引起人畜共患病的革兰氏阳性菌。该菌在自然界中分布广泛,能在低温下存活并缓慢生长。归纳整理我国各省市市售食品中单增李斯特菌污染状况,得出我国容易感染单增李斯特菌的即食食品(表 6-2)。

表 6-2　我国即食食品中单增生李斯特菌的检出率

食品类别	单增李斯特菌的检出率	数据来源
熟肉制品	8.53%	2011—2015 年吉林省
生食水产	10.37%	2005—2018 年陕西省宝鸡市
凉拌菜类	3.97%	2017—2018 年上海市
即食非发酵性豆制品	2.59%	2011—2015 年吉林省
蔬菜及其制品	3.03%	2005—2018 年陕西省宝鸡市

6.2.1　即食食品中单核细胞增生李斯特菌风险评估的方法

6.2.1.1　危害识别

单增李斯特菌是一种常见的食源性致病菌,是能引起人畜共患病的革兰氏阳性菌。该菌在自然界中分布广泛,能在低温下存活并缓慢生长。单增李斯特菌引发的食品中毒事件多发于夏秋两季,主要通过肉制品、乳制品以及果蔬类产品感染人体,从而诱发李斯特病。其中即食食品是感染单增李斯特菌的主要污染源。目前鉴定单增李斯特菌常用的方法有:平板鉴定法、分子生物学检测技术、免疫学检测技术、生物传感器检测技术和光谱学检测技术等。

6.2.1.2　危害特征描述

单增李斯特菌的危害特征描述主要包括致病性、人群易感性、计量-反应模型等方面。单增李斯特菌是李斯特菌中唯一能引起人类疾病的菌株,感染后容易导致败血症,脑膜炎等疾病,死亡率高达 20%～30%。但并不是感染单增李斯特菌后一定会发病,发病与否和菌的毒力、宿主年龄和免疫状态有关。一般健康良好的人不易受单增李斯特菌感染,易感人群主要为老人、孕妇、新生儿和免疫力低下的人群(如癌症和艾滋病患者等)。

建立剂量-反应模型是危害特征描述的重要环节。影响剂量反应关系的因素包括单增李斯特菌的毒力、宿主的易感性和即食食品的基质。常用的包括指数模型、双参数模型和Weibull-Gamma 模型等。其中指数模型为:

$$P_i = 1 - e^{-r \times \mathrm{EXP}_{gi}} \tag{1}$$

$$\mathrm{EXP}_{gi} = \frac{\sum_{j}^{n} F_{ij} \times C_i}{n} \tag{2}$$

式中:P_i 表示某人群每餐因食用食品 i 发生严重李斯特菌病的概率;EXP_{gi} 表示不同年龄组敏感人群通过食品 i 摄入单增李斯特菌的剂量,单位为 MPN;r 为单个细菌入侵导致侵袭性李斯特菌病发生的概率,敏感人群 $r = 1.06 \times 10^{-12}$;非敏感人群 $r = 2.37 \times 10^{-14}$。F_{ij} 为某消费个体 j 对食品 i 的消费量,单位为 g/d;C_i 为第 i 种食品中单增李斯特菌含量的均值。

6.2.1.3　暴露评估

暴露评估需要建立一个包括消费环节在内的食物链暴露途径模型。暴露评估的主要内容:①即食食品中单增李斯特菌污染的情况,即单增李斯特菌在即食食品中的检出率;②单增李斯特菌在即食食品中的浓度;③即食食品的消费情况,包括每餐消费的即食食品的量以及消费的频率;④影响单增李斯特菌在即食食品中生长的因素,包括储存温度、储存时间、食品基质以及在食品中的生长能力等;⑤环境交叉污染的因素,包括厨房、餐具以及包装等。

6.2.1.4　风险描述

风险描述是在危害识别、危害特征描述和暴露评估的基础上估计即食食品中单增李斯特菌的风险。主要包括危害特征描述的综合分析,敏感性分析以及风险分析排序等。从而来描述单增李斯特菌通过即食食品对人类健康的影响。

目前常见的分析排序的模型有三种:Risk Ranger、快速微生物定量风险评估(Swift quantitative microbiological risk assessment,SQMRA)和食品安全数据库(Food Safety Universe Database,FSUD)工具。

6.2.2　即食熟肉制品中单核细胞增生李斯特菌的案例研究

我国零售阶段的即食食品中,熟肉制品的消费量最大。并且熟肉制品是除生食水产品之外单增李斯特菌污染水平较高的食品类别。

6.2.2.1　即食熟肉制品在零售时单核细胞增生李斯特菌的污染水平

即食熟肉制品中单增李斯特菌污染水平数据来自我国食品污染物监测网 2010—2013 年对全国 31 个省、自治区和直辖市的监测结果。采集样本覆盖了散装和包装的熟肉制品,单增李斯特菌的平均检出率为 4.98%。将熟肉制品中单增李斯特菌污染的定性数据转化为定量数据。

$$C = -\frac{1}{\text{取样量} \times \text{稀释度}} \ln\left(\frac{\text{阴性样本}}{\text{总样本}}\right) \tag{3}$$

式中:C 表示目标食品中单增李斯特菌污染浓度的均值,单位为 MPN/g;根据检验标准操作程序取样量 25 g,稀释度为 1。

处理收集的数据,得出结论:①散装熟肉制品的中单增李斯特菌的量<3 MPN/g。②散装熟肉制品的污染水平要高于同类定型包装熟肉制品。③散装酱卤熟肉的浓度约为其包装产品的 12 倍。

6.2.2.2　即食熟肉制品在零售时单核细胞增生李斯特菌的增长

模拟零售到消费之间单增李斯特菌在熟肉制品中的生长情况,主要考虑的因素:①贮存温度,包括售卖时的温度和购买后的家庭贮存温度。②在特定贮存温度下,单增李斯特菌在熟肉制品中生长指数率。③贮存时间,包括售卖时间和购买后到消费的时间。

1.贮存温度和贮存时间

根据调查,我国的散装熟肉制品的售卖大多都放在冷藏柜中,我国冷藏柜的范围大致为0~10 ℃。这与购买后家庭储藏温度相似,家庭储藏主要考虑冰箱冷藏室温度,其温度范围为0~10 ℃,最有可能设定的温度为 4 ℃。目前没有对散装熟肉制品贮存时间的研究,但由于散装熟肉制品大多为家庭式生产,零售时间通常不超 2 d,购买后消费时间通常不超过 2 d。因此散装熟肉制品在从零售到消费的时间范围大致为 0.5～4 d。与散装熟肉制品不同,包装熟肉制品是由工厂生产,出厂后大多储藏在室温条件下。包装熟肉制品的货架期一般为 1～90 d。

2. 生长指数率

根据熟肉制品的 pH 和水分活度的研究资料,熟肉制品被认为是可发生单增李斯特菌生长的食品。在风险评估中要考虑储藏期间单增李斯特菌的生长情况。根据美国 FDA 评估中应用的生长模型[式(3)]确定指数生长率。

$$\sqrt{EGR} = a(T - T_0) \tag{4}$$

式中:EGR 为指数生长率 log (CFU/g)/d。T 为储藏温度。T_0 为理论上的最低生长温度: $-1.18\ ℃$。a 为熟肉制品中单增李斯特菌的斜率参数。有研究表明,单增李斯特菌在 5 ℃ 时的指数生长率为 $(0.282 \pm 0.196) \log(CFU/g)/d$。在其他温度下的指数生长率可以用 5 ℃ 的折算。

6.2.2.3　即食熟肉制品的消费

即食熟肉制品消费情况主要包括每餐消费的量以及消费频率,针对单增李斯特菌的易感人群以及消费数据,根据个体年龄分为 3 个组,分别为:5 岁以下儿童,65 岁以上老人,孕妇和免疫缺陷人群。由于无法获得孕妇和免疫缺陷人群的资料,因此假设孕妇和免疫缺陷人群的消费量与 5～65 岁人群的消费量相当,并且总人数为 5～65 人群人数的 4%。不同人群即食性熟肉制品的消费情况见图 6-1。

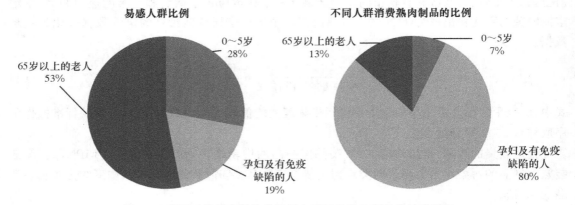

图 6-1　我国对单增李斯特菌易感人群及其熟肉制品的消费情况

6.2.2.4　即食熟肉制品中单核细胞增生李斯特菌的风险评估结论

参照美国 FDA/FSSIS 及 JEMRA 对单增李斯特菌的风险评估过程,评估我国即食熟肉制品中单增李斯特菌的风险,并对与风险相关的因素(包括单增李斯特的污染水平、消费情况、储存温度和时间)进行敏感性分析。将暴露评估中分析得到的数据代入剂量-反应方程,可以得到不同易感人群组的熟肉制品每餐单增李斯特菌暴露的风险。宋筱瑜等计算了各类熟肉制品的单增李斯特菌的暴露风险,并进行了排序,见表 6-3。可见孕妇和免疫缺陷人群通过熟肉制品感染单增李斯特菌的风险高于 5 岁以下和 65 岁以上的易感人群。且所有易感人群中散装熟肉制品的风险明显高于包装熟肉制品。对同类熟肉制品,散装熟肉制品比包装熟肉制品所导致的相对风险高 4～10 倍。对于散装熟肉制品来说,零售时产品中单增李斯特菌的含量与风险评估结果最相关。但对于包装熟肉制品来说,这一因素的相关性最低,而人群摄入产品的量与结果的相关性最大。

由于时间、季节、制作原料和储存方式不同,熟肉制品中单增李斯特菌的生长情况也不同,污染水平存在一定的变异。实际上,熟肉制品中的单增李斯特菌致病的风险高于上述风险评估,因为该风险评估结果并没有考虑到环境交叉污染的情况。

表 6-3　各类即食熟肉制品在我国敏感人群各年龄组居民中每餐单增李斯特菌暴露相对风险比较($\times 10^{-15}$)

风险排序	0～5 岁		孕妇和免疫缺陷人群		65 岁以上	
	食品类别	暴露风险	食品类别	暴露风险	食品类别	暴露风险
1	熏烧烤熟肉(散)	64.17	酱卤熟肉(散)	57.95	腌腊风干熟肉(散)	55.07
2	酱卤熟肉(散)	33.86	腌腊风干熟肉(散)	56.07	酱卤熟肉(散)	52.51
3	腌腊风干熟肉(散)	30.31	熏烧烤熟肉(散)	36.08	熏烧烤熟肉(散)	33.86
4	香肠(散)	14.1	腌腊风干熟肉(包)	25.2	腌腊风干熟肉(包)	24.76
5	腌腊风干熟肉(包)	13.66	香肠(散)	23.09	香肠(散)	17.76
6	熏烧烤熟肉(包)	9.21	熏烧烤熟肉(包)	5.22	熏烧烤熟肉(包)	4.88
7	酱卤熟肉(包)	2.55	酱卤熟肉(包)	4.44	酱卤熟肉(包)	4.00
8	香肠(包)	2.44	香肠(包)	4.11	香肠(包)	3.22
总暴露风险	散装	142.44	散装	173.19	散装	159.2
	包装	27.86	包装	38.97	包装	36.86

6.2.3　鲜切果蔬中单核细胞增生李斯特菌的案例研究

鲜切果蔬是新鲜蔬菜和水果原料经清洗、修整、鲜切、杀菌、拼盘等工序,最后以塑料盒盛装,消费者拆封即可食用的一种果蔬加工产品。近年来,我国鲜切果蔬市场规模呈现不断增长的趋势,年产量和销售额以每年 10% 的速度递增。

6.2.3.1　鲜切果蔬中单核细胞增生李斯特菌的暴露评估

由于即食鲜切果蔬食品在我国处于快速发展阶段,针对鲜切果蔬中单增李斯特菌污染的案例较少,可用预测微生物学对鲜切果蔬中的单增李斯特菌进行暴露评估。预测微生物学是暴露评估的常用工具,可以用计算机手段结合数学模型相关知识对以上情况进行有效的定量评估,可在不进行检验的情况下,最大限度地保证食品的安全和品质,也可为易感染人群提供风险预警。

鲜切果蔬中单增李斯特菌的污染途径主要包括以下 3 个方面:①原料在种植或收获期间的污染;②果蔬在鲜切加工过程的污染;③鲜切果蔬贮存、销售过程污染。而我国未加工的蔬菜中单增李斯特菌的检出率为 1.20%。由于鲜切果蔬在加工过程中可能发生环境的交叉污染,可能导致其单增李斯特菌的检出率增加。

6.2.3.2　鲜切果蔬在零售时单核细胞增生李斯特菌的增长

用微生物预测模型模拟零售至消费之间单增李斯特菌在鲜切果蔬中的生长情况,主要考虑的因素：①温度，目前鲜切果蔬的贮存、运输温度大多为 0~5 ℃。②水分活度和 pH 等因素建立微生物的生长动态模型。③贮存时间，包括售卖时间和购买后到消费的时间。利用上述因素建立微生物的生长动态模型。

6.2.3.3　鲜切果蔬的消费

鲜切果蔬由于加工和运输的特性，目前主要消费人群为城市居民。根据媒体报道，2012年我国城市居民每人每天新鲜蔬菜和水果的消费量分别为 283.30 g 和 103.00 g，总消耗量为386.30 g。假设鲜切果蔬占总消耗量的 5%~20%，鲜切果蔬的消耗量为 19.32~77.26 g。

6.2.3.4　鲜切果蔬中单核细胞增生李斯特菌的风险评估结论

本研究采用 Risk Ranger 软件对鲜切果蔬中单核细胞增生性李斯特菌的风险进行评估。Risk Ranger 作为一个半定量的评估工具，在没有获得定量数据的情况下，可以根据一系列定性答案做出选择来估计或者比较风险。该模型在 Microsoft Excel 中建立，共设计了 11 项问题。这些问题考虑了调查对象的易感性及风险源的危害程度、食品在调查对象中的暴露概率和食品在各环节感染剂量的可能性等。运行软件可以得到对风险的评分结果，预计每年的发病数。相对人群的相对风险以相对分级（0~100）来表示。

二维码 6-3　RiskRanger 模型涉及的问题及参数

鲜切果蔬中单增李斯特菌的风险评估的评分结果为 52。当评分结果＜32 为低风险；32~48 为中度风险；＞48 为高度风险。根据评分分级，由鲜切果蔬引起的单增李斯特菌感染属于高度风险。每天每个消费者患病的概率为 4.29×10^{-6}，预计每年相关发病数为 4.69×10^4。

6.2.4　即食食品中单核细胞增生李斯特菌的风险管理

6.2.4.1　创建完整的风险评估体系

完整的风险评估体系是选择适当的风险管理方案的必要前提。与化学性危害物的风险评估不同，微生物本身的特点决定了微生物风险评估的特殊性，即在评估过程中应充分考虑食品中微生物的生长、存活和死亡的动态过程，消费后人类和这些因素相互作用的复杂性以及微生物进一步传播的可能性。这就决定了微生物风险评估中存在着许多不确定性和变异性。创建完整的风险评估体系可以最大程度上减少不确定因素和变异因素。

6.2.4.2　建立即食食品的溯源系统

即食食品中单核细胞增生性李斯特菌的污染可能存在于食品原料到零售的每个环节，建立即食食品的溯源系统能高效的追溯容易发生污染的环节，从而尽可能地降低单增李斯特菌的滋生、交叉污染和再污染的可能性。

6.2.4.3　提高民众认知度

风险管理措施的有效实施需要政府、企业和消费者三方的共同参与。提高消费者对单增李斯特菌引起的食源性疾病的认知程度，了解如何通过正确的操作方式降低李斯特菌病发生的概率。这对即食食品中单增李斯特菌的风险管理具有重要意义。

6.3 食品中毒死蜱残留的暴露评估实例

随着世界人口的不断增长,如何正确解决食品及其安全性问题已成为各国政府共同关注的问题,其中农药在确保农作物稳产、高产的问题上发挥着重要的作用,但同时农药在食品中的残留和毒性也为世界所关注。常用农药品种百余种,主要有有机磷类、有机氯类农药、氨基甲酸酯类农药、杀蚕毒素类农药以及拟除虫菊酯类农药等。其中毒死蜱(Chlorpyrifos,CPF)是一种常见的有机磷农药,被广泛使用在农业生产和家庭虫害防治中。CPF 不仅使用量大,而且在食物和环境介质中的残留情况严重,已经对人体健康构成潜在的危害。我国作为农产品和食品出口大国,在国际贸易中经常面临各进口国利用农药残留来设置技术性壁垒,因此开展建立在科学数据基础之上的符合国际食品安全暴露评估通用规则的农药残留膳食暴露评估,评估食品中农药残留给我国人口健康带来的风险,将为管理部门提出更有效的管理措施以应对进口国设置的技术性贸易壁垒,并且为保护我国消费者利益提供有力的技术支持。

6.3.1 毒死蜱概述

6.3.1.1 毒死蜱的来源

毒死蜱,又名乐斯本、氯吡硫磷,英文名称为 Chlorpyrifos,化学名称为 O,O-二乙基-O-(3,5,6-三氯-2-吡啶基)硫代磷酸,分子量为 350.5,分子式为 $C_9H_{11}Cl_3NO_3PS$,其化学结构及主要代谢途径如图 6-2 所示,CAS 登记号为 2921-88-2。毒死蜱是一种高效广谱的含氮杂环类农药,它可抑制害虫体内的乙酰胆碱酯酶的活性,虫体内的乙酰胆碱大量积累,使其高度兴奋中毒从而迅速死亡。原药为白色颗粒状结晶,室温下稳定,有硫醇臭味,密度 1.398(43.5 ℃),熔点 41.5~43.5 ℃,蒸汽压 2.5 mPa(25 ℃),水中溶解度 1.2 mg/L,易溶于异辛烷、甲醇等有机溶剂,一般加工配制成乳油或颗粒剂。毒死蜱遇明火、高热可燃,并且受高热分解后会放出有毒烟气,其燃烧产物包括一氧化碳、二氧化碳、含氮化合物、氧化硫和氧化磷等。

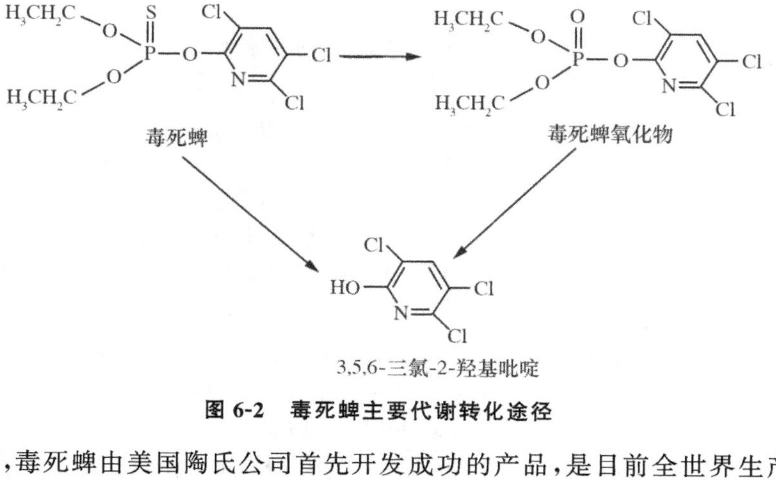

图 6-2 毒死蜱主要代谢转化途径

在 1965 年,毒死蜱由美国陶氏公司首先开发成功的产品,是目前全世界生产和销售量最大、世界卫生组织许可的杀虫剂品种之一。毒死蜱具有高效、低毒、低残留的特点,对害虫的作用方式主要是触杀、胃毒和熏蒸等,广泛应用于水稻、玉米、大豆、花生、棉花等大田作物和经济作物上，可以防止水稻螟虫、叶蝉、棉铃虫、蚜虫和红蜘蛛等百余种害虫，对地下害虫、家畜寄生虫亦有较好的防治效果。目前毒死蜱在许多国家都有登记和注册，如美国、澳大利亚、日本、中国等。据我国市场统计，我国主要生产企业有浙江新农化工股份有限公司、浙江新安化工集团股份有限公司、江苏红太阳股份有限公司等。目前我国的毒死蜱类农化产品较多，许多农药厂家都拥有毒死蜱相关产品。水稻上登记的毒死蜱剂型品种较多，登记的剂型主要以乳油、可湿性粉剂、水乳剂为主，其中乳油剂型占绝大多数。目前国内厂家登记的主要以40%乳油为主，国外厂家在我国登记的剂型主要是48%乐斯本乳油（美国陶氏益农公司），主要登记在水稻上，大豆和玉米上也有相关登记产品，主要防治大豆食心虫、地下害虫等。

6.3.1.2 毒死蜱的毒性及作用机理

毒死蜱是一种中等毒性的杀虫剂。原药大鼠急性经口 LD_{50} 为 163 mg/kg，急性经皮 $LD_{50} > 2$ g/kg；对蜜蜂、鱼类和水生生物毒性较高，长期暴露会轻度刺激眼睛，明显刺激皮肤，长时间多次接触会产生灼伤。随着毒死蜱的广泛使用，人们接触毒死蜱的机会越来越大，其对孕妇和婴幼儿的影响日益受到人们的重视，如果被人体吸收，会对人体产生较大的毒性。虽然动物实验未发现毒死蜱的致癌成分，但一项来自英国的 54 383 份由农药使用者完成的调查问卷组成的调查表明肺癌和该产品之间的联系，经常接触该农药的肺癌发病率比正常人高出两倍，而英国每年要使用 2 400 万 L 毒死蜱产品。根据美国环保署的资料，毒死蜱是美国最常见的急性农药中毒原因之一。2006 年 5 月 12 日，福建省龙岩市新罗区西陂镇园田塘村发生一起由毒死蜱引起的食品中毒事件。因此毒死蜱在食品上的残留越来越引起人们的关注。

毒死蜱属于有机磷农药的一种，与其他有机磷农药中毒作用机制一样，主要是抑制乙酰胆碱酯酶（AChE）的活性，乙酰胆碱酯酶为动物和人类神经系统重要的酶。神经传导通过某些神经连接，需要释放传导物质乙酰胆碱协助，人类自主神经也依赖于这种物质工作。乙酰胆碱的刺激作用可迅速被乙酰胆碱酯酶抵消。有机磷抑制乙酰胆碱酯酶的活性，令乙酰胆碱持续维持在高浓度，破坏了正常的神经冲动传导，引起一系列的中毒症状，主要产生神经毒性，急性毒性可引起迟发性多发性神经病变及中间肌无力综合征等主要临床表现。毒死蜱中毒的临床表现和急性中毒所致迟发症及慢性中毒表现见表 6-4。

表 6-4　毒死蜱中毒的临床表现

急性中毒表现		人体毒死蜱中毒症状包括头痛、恶心、头晕、肌肉颤抖、多汗、多涎等。当乙酰胆碱酯酶降至 50% 时，便会出现以上症状。接触剂量够多会引起知觉丧失，惊厥，甚至死亡。所有有机磷试剂均会引起上述症状。接触毒死蜱 1～4 周后，会出现下肢麻木，麻刺感，虚弱，痛性痉挛等后发症状。对中枢神经系统的影响包括神经错乱、嗜睡、集中困难、言语不清、失眠、梦魇，以及中毒性精神病，导致怪异行为。毒死蜱能严重损害眼睛，也会刺激皮肤。透过皮肤中毒的案例容易误诊，可能会令一些职业中毒事件未被察觉。兔的皮肤半致死量约为 2 000 mg/kg
急性中毒分级	轻度中毒	主要表现为食欲减退、恶心、呕吐、腹痛、腹泻、多汗、流涎、视物模糊、瞳孔缩小、支气管痉挛、呼吸道分泌增多；严重时可以出现呼吸困难、肺水肿、大小便失禁等
	中度中毒	患者出现全身紧束感、动作不灵活、发音含糊、胸部压迫感等，进而可有肌肉震颤、痉挛，多见于胸部、上肢和面颈部，严重时可因呼吸肌麻痹而死亡

续表 6-4

急性中毒分级	深度中毒	常见有头痛、头晕、倦怠、乏力、失眠或嗜睡、多梦,严重时可出现烦躁不安、意识模糊、惊厥、昏迷等,甚至出现呼吸中枢麻痹而危及生命。另外,有少数重症患者在症状消失后 48~96 h,个别在 7 d 后出现中间型综合征;有少数患者在中毒恢复后,经 4~45 d 潜伏期,出现迟发性周围神经病;个别患者,在急性有机磷中毒抢救好转、已进入恢复期时,可因心脏毒作用而发生"电击样"死亡
慢性中毒及迟发症状		在急性重度有机磷症状消失后 2~3 周,有的病例可出现感觉、运动性周围神经病,神经机电图检查显示神经源性损害。乙酰胆碱酯酶活力明显降低,但症状一般较轻。主要有类神经症,部分患者出现毒蕈碱样症状

6.3.2　菠菜中毒死蜱残留的暴露评估分析

6.3.2.1　毒死蜱残留暴露点评估模型

菠菜中毒死蜱的急性暴露量模型为:

$$EXP_a = \frac{LP \times HR}{bw} \times f$$

式中:EXP_a 为急性膳食暴露量(mg/kg・bw・d);LP(Large Portion)为食用菠菜人群 P97.5th 的日消费量(g);HR 为田间试验数据的菠菜可食部分的最高残留浓度(mg/kg);bw 为体重(kg);f 为加工因子。

菠菜中毒死蜱的慢性暴露量模型为:

$$EXP_c = \frac{I \times R}{bw} \times f$$

式中:EXP_c 为膳食暴露量(mg/kg・bw・d);I 为人群每天每千克体重摄入菠菜的人均消费量(g);R 为毒死蜱的残留量(mg/kg);bw 为体重(kg);f 为加工因子。

当人群中有胎儿、婴儿和儿童时,因为要考虑到毒死蜱的发育毒性和暴露与毒性资料数据库的完整性,FQPA 设立安全系数进行调整得出人群校正剂量 aPAD(acute Population Adjusted Dose),%aPAD 反映 aPAD 与估算暴露剂量的相对值,如果暴露剂量估算值<aPAD,相对值<100%,反之>100%,理论上%aPAD<100%,估算暴露值是"安全的"。计算模型如下:

$$aPAD \text{ 或 } cPAD = \frac{ARfD \text{ 或 } CRfD}{FQPA \text{ 安全系数}}$$

式中:aPAD 或 cPAD 为人群校正剂量[g/(kg・d)];ARfD 为急性参考剂量[mg/(kg・d)];CRfD 为慢性参考剂量[mg/(kg・d)];FQPA 为美国食品质量安全法。

本次菠菜评估主要采用点评估进行计算,我国的平均体重均设定为 60 kg。

6.3.2.2　菠菜的膳食摄入数据

本次案例分析采用的是 2002 年 8—12 月,国家卫生部、科技部和国家统计局在全国范围内开展的"中国居民营养与健康状况调查"数据。调查对象：全国 31 个省、直辖市、自治区的 132 个县，调查了 23 470 户的膳食状况，共调查 68 962 人。调查方法：2002 年中国居民营养与健康状况调查采用多阶段分层整群随机抽样方法。

2002 年中国居民营养与健康状况调查中食物消费量数据中食用菠菜人群的 $P97.5^{th}$ 消费量（LP）为 300 g，人均菠菜摄入量为每人每日 109.87 g。

6.3.2.3　基于监控的毒死蜱残留数据和田间试验数据

此次案例中我国的菠菜中毒死蜱急性膳食暴露评估采用田间试验数据的菠菜可食部分的最高浓度残留（HR），为 0.81 mg/kg。

慢性膳食暴露评估共采集我国山东省输日菠菜毒死蜱残留监控数据 1 110 条，全部检测数据均为未检出，其中定量限（LOQ）为 0.005 mg/kg 的数据 170 条，采用 GC-MS 方法检测；其中定量限（LOQ）为 0.01 mg/kg 的数据 920 条，采用 GC 方法检测。由于全部残留监控数据均为定量限以下数值，所以在根据监控资料数据估算毒死蜱残留均值时，应当考虑到在理论上未施药作物不应该含有农药残留。因此，未检出毒死蜱的样品需加以修正，以使一定比例的样品相当于未施药作物的检出量为零，因此毒死蜱残留量应采用 1/2LOQ 估算。

6.3.2.4　加工因子的研究

菠菜虽然营养丰富，但含有超过 0.1% 的草酸，直接食用不利于人体对钙的吸收。我国出口速冻菠菜的工艺流程为：原料验收→修整→清洗→漂烫、冷却→沥水→冻结→包冰衣→包装→冻藏。水洗和漂烫能够改善菠菜的食用性，减少农药残留，降低草酸含量，有利于食用安全和人体对营养元素的吸收。参考罗祎的实验结果，毒死蜱残留量从原料中平均为 0.89 mg/kg，降低到冷却后的平均值为 0.32 mg/kg，农药残留降低率为 63.5%，采用菠菜从原料到漂烫冷却后毒死蜱的变化情况为加工因子 f，f 的取值为 0.4。

考虑到在我国家庭中食用菠菜通常经过水洗、漂烫、冷却后食用，因此菠菜中毒死蜱的残留量的计算应当考虑菠菜在加工过程中农药残留的降解情况，故其残留结果计算为：

菠菜中毒死蜱的残留量＝田间试验数据 HR 或毒死蜱残留监控数据的均值×加工因子

6.3.2.5　结论

基于出口日本的经过加工的速冻菠菜毒死蜱残留监控数据和我国人口菠菜摄入数据均值的慢性毒性评估结果，%cPAD 为 0.4，小于 100，基于田间试验数据中菠菜的毒死蜱残留数据 HR 以及我国波菜 LP 摄入数据的毒死蜱急性毒性评估结果，%aPAD 为 16.2，小于 100。因此菠菜中毒死蜱的残留量在我国不属于优先管理对象。

6.3.3　鸭肉中毒死蜱残留的暴露评估分析

6.3.3.1　鸭子的饲养管理和样品采集

选择体况健康良好的 7 日龄樱桃谷肉鸭 120 只，随机分为 4 组，第 1 组 20 只，第 2 组 70 只，第 3 组 20 只，第 4 组 10 只，第 1,2,3 组为试验组，第 4 组为空白对照组。试验组第 1,2,3 组分别饲喂添加 2.662 mg/kg、7.986 mg/kg、26.62 mg/kg 3 个梯度的毒死蜱颗粒饲料，连续饲喂 42 d。

所有试验肉鸭均采用笼养。全程采用颗粒料，从进场就开始进入试验，鸭舍预先清洗消毒。定期打扫圈舍卫生。第 1 周环境温度控制在 32 ℃ 左右，从第 2 周开始环境温度控制在

25 ℃左右,相对湿度控制在 65%～75%,自由采食和自由饮水。

待饲养 42 d 后,将肉鸭扑杀放血并取其全血,然后取同一部位的鸭肉,用塑料封口袋密封后放入－20 ℃冰箱中待检。

6.3.3.2　收集鸭肉消费量和人体重量数据

通过查阅 2002 年营养与健康状况数据集"中国居民营养与健康状况调查报告之十",获得了(2～3 岁)、(4～6 岁)、(7～10 岁)、(11～13 岁)、(14～17 岁)、(18～29 岁)、(30～44 岁)、(45～59 岁)、(60～69 岁)、70 岁以上不同年龄段,不同性别(男性和女性)的体重数据,全国城乡居民对禽肉的平均摄入量和 P97.5th 摄入量,见表 6-5。

表 6-5　2002 年全国不同年龄、性别组人群体重及禽肉摄入量

人群	性别	体重/kg	平均摄入量/(g/d)	P97.5th 摄入量/(g/d)
2～3 岁	男性	13.2	6.3	21.8
	女性	12.3	9.5	32.9
4～6 岁	男性	16.8	10.7	37.0
	女性	16.2	9.2	31.8
7～10 岁	男性	22.9	12.9	44.6
	女性	21.7	10.9	37.7
11～13 岁	男性	34.1	12.2	42.2
	女性	34.0	10.4	36.0
14～17 岁	男性	46.7	14.0	48.4
	女性	45.2	14.1	48.8
18～29 岁	男性	58.4	15.5	53.6
	女性	52.1	15.9	55.0
30～44 岁	男性	64.9	17.5	60.6
	女性	55.7	13.3	46.0
45～59 岁	男性	63.1	14.7	50.7
	女性	57.0	11.4	39.4
60～69 岁	男性	61.5	11.7	40.5
	女性	54.3	9.9	34.3
70 岁以上	男性	58.5	10.3	35.6
	女性	51.0	7.5	26.0

6.3.3.3　鸭肉中毒死蜱残留的膳食暴露量和风险

按照表 6-5 中,我国不同年龄、不同性别组人群的体重,平均摄入量和第 97.5 百分位点值摄入量,以鸭饲喂试验中的数据进行评估,以 LOQ 的 1/2 的作为毒死蜱平均残留量,以 LOQ 作为第 99 百分位点值残留量,按照急性膳食暴露和慢性膳食暴露风险评估的点评估模型公式进行计算(和菠菜相同),获得了鸭肉中毒死蜱的急性膳食暴露量、慢性膳食暴露量、急性风险值和慢性风险值,见表 6-6。

表 6-6　不同人群对鸭肉中毒死蜱膳食暴露量及风险值

人群	性别	体重/kg	EXPa/[mg/(kg·bw·d)]	EXPc/[mg/(kg·bw·d)]	%ARfD/%	%ADI/%
2～3 岁	男性	13.2	0.001 7	0.000 2	0.001 7	0.002 4
	女性	12.3	0.002 7	0.000 4	0.002 7	0.003 9
4～6 岁	男性	16.8	0.002 2	0.000 3	0.002 2	0.003 2
	女性	16.2	0.002 0	0.000 3	0.002 0	0.002 8
7～10 岁	男性	22.9	0.001 9	0.000 3	0.001 9	0.002 8
	女性	21.7	0.001 7	0.000 3	0.001 7	0.002 5
11～13 岁	男性	34.1	0.001 2	0.000 2	0.001 2	0.001 8
	女性	34.0	0.001 1	0.000 2	0.001 1	0.001 5
14～17 岁	男性	46.7	0.001 0	0.000 1	0.001 0	0.001 5
	女性	45.2	0.001 1	0.000 1	0.001 1	0.001 6
18～29 岁	男性	58.4	0.000 9	0.000 1	0.000 9	0.001 3
	女性	52.1	0.001 1	0.000 1	0.001 1	0.001 5
30～44 岁	男性	64.9	0.000 9	0.000 1	0.000 9	0.001 3
	女性	55.7	0.000 8	0.000 1	0.000 8	0.001 2
45～59 岁	男性	63.1	0.000 8	0.000 1	0.000 8	0.001 2
	女性	57.0	0.000 7	0.000 1	0.000 7	0.001 0
60～69 岁	男性	61.5	0.000 7	0.000 1	0.000 7	0.001 0
	女性	54.3	0.000 6	0.000 09	0.000 6	0.000 9
70 岁以上	男性	58.5	0.000 6	0.000 09	0.000 6	0.000 9
	女性	51.0	0.000 5	0.000 07	0.000 5	0.000 7

二维码 6-4　吴永宁教授简介

由表 6-6 可知,从整体不同人群组来看,对鸭肉中的毒死蜱%ARfD 和%AD 均小于 100,属于较低水平。其中%ARfD 范围为 0.000 5～0.002 7,%ADI 的范围为 0.000 7～0.003 9,对人群的急性膳食风险和慢性膳食风险都是非常低的,属于可接受的。

6.4　与食品直接接触的包装材料的风险评估

我国新修订并于 2015 年 10 月 1 日起施行的《中华人民共和国食品安全法》,将"用于食品的包装材料、容器、洗涤剂、消毒剂和用于食品生产经营的工具、设备"归类为"食品相关产品",并规定食品容器包装材料在与食品接触时迁移到食物中的添加剂化学物质的迁移量不能对人体健康造成损害,不能造成食物成分、结构或色香味等性质的改变。近年来,食品容器、包装材料、餐厨具等食品接触材料导致的食品安全问题引起了社会各界的注意,而从食品接触材料迁移到食品中的有害物质已经成为食品污染的重要来源之一,因此对食品接触材料进行风险评估是极其重要的。

6.4.1 与食品直接接触的包装材料及其有害迁移物

食品包装材料是指用于制造食品包装容器和构成产品包装的材料总称。随着生活节奏的加快,人们的饮食方式发生了极大的转变,消费者更倾向于选择外卖、速食,这些食品会不同程度地使食品直接接触包装材料,如餐盒、保鲜膜、纸杯、金属和塑料瓶等。食品包装材料的主要作用是保护食品不受外界空气、光照、水分和微生物等因素的影响,保持食品性能稳定,避免食品在运输、贮存过程中受到外力的挤压、冲击等导致破损、变形。同时,外卖食品存在着高温食物直接与包装材料接触,会造成塑化剂向食物中迁移的风险,包装材料中所添加的化学助剂还有化学反应后所残留的降解物质会在一定条件下发生迁移,使得包装中的有害物质迁移到食品中,使得食品中残留的化学物质超标,影响食品安全,影响人体健康。

6.4.1.1 各种食品包装的应用

按照 GB/T 23509—2009《食品包装容器及材料 分类》,目前我国使用的食品包装容器及材料主要有塑料、纸、玻璃、陶瓷和金属包装 5 类。详细分类如表 6-7 所示。

表 6-7 食品包装材料及制品产品分类

产品材质	产品种类	产品举例
塑料	非复合膜、袋	自封袋、保鲜膜
	复合膜、袋	方便面袋、牛肉干袋、榨菜袋
	片材	聚丙烯(PP)片材、聚苯乙烯(PS)片材
	编织袋	面粉袋、大米袋
	容器	无气饮料瓶、碳酸饮料瓶、热灌装饮料瓶、饮用瓶、油瓶、聚乙烯塑料桶
	食品用工具	一次性塑料饮具、塑料勺、月饼托
	瓶盖垫片	罐头盖内塑胶垫片
纸	食品用包装纸	绵纸、淋膜纸、月饼包装纸
	食品用纸容器	纸杯、纸碗、纸浆模塑餐具、蛋糕盒
玻璃		酒瓶、水杯、食品罐、餐具
金属	涂层类	不粘锅、罐头盖
	非涂层类	不锈钢餐具
陶瓷		碗、茶杯、锅、勺

1. 塑料类

塑料包装由于其具有可塑性、弹性、绝缘性、质量轻、抗腐蚀能力强、易于加工、成本低、对食品有保护作用等优点,已被广泛应用于食品包装。《塑料制品的标识和标志标准》对食品包装塑料进行标识,目前常用的塑料材料有聚乙烯(PE)、聚丙烯(PP)、聚酯(PET)、聚碳酸酯(PC)、聚苯乙烯(PS)、聚酰胺(PA)和聚偏二氯乙烯(PVDC)等。例如,我们使用的塑料薄膜袋多为聚乙烯材质。聚乙烯透明度低,有一定的透气性,透水性能差;有一定的拉伸性和撕裂性,柔韧性好;耐酸碱,化学性质稳定,室温下不溶于有机溶剂;耐低温,密封性好和无毒无害等特点,经常被用于复合材料的热封层和防潮层,目前主要用于食品内包装。

2. 纸质类

纸质类食品包装材料是以纸浆及纸板为主要原料,所用的原材料木材、竹子等是可以再生的植物。纸质类包装材料与塑料等其他材料相比较,价格低廉、经济节约、防护性好、生产灵活,透气性好、贮运方便,柔软性好、易于造型,不污染内容物,易回收利用,在资源方面更具优势。目前比较常见的纸质包装材料有牛皮纸、蜡纸与复合纸等。纸质类食品包装材料利用不当仍然会产生环保问题。纸质食品包装材料中危害食品安全的毒害物质主要是荧光性物质、重金属及生物菌等。

3. 玻璃类

日用玻璃产品品种丰富、用途广泛,具有良好、可靠的化学稳定性和阻隔性,可直接盛装物品并对盛装物无污染,是可循环、可回收再利用的无污染产品,是各国公认的安全、绿色、环保的包装材料,也是人们日常生活所喜爱的物品。由于诸多优点,它成为酸奶、鲜奶、水果罐头、料酒和酱油等食品包装的首选材料,深受人们喜爱。但是玻璃类制品资源少,能源消耗大,难以制造,脆性大,易破损,费用高。近年来,随着金属、塑料及纸制品的快速发展,除了高档次产品外,玻璃容器在食品中的应用逐日剧减。

4. 陶瓷与金属类

我国是日用陶瓷生产和贸易大国。陶瓷制品作为食品包装材料在日常生活中的应用非常广泛,如各种陶瓷餐具、茶具、咖啡具、酒具和耐热烹调器等。尤其近年来随着微波炉的日益普及,微波适用型陶瓷制品已经成为一种新的时尚烹调器具,即便在普通家庭也随处可见。金属包装材料是指用金属薄板制造的薄壁包装容器,具有良好的阻隔性,能阻隔空气;遮光性能好,尤其可以避免紫外线造成的有害影响;防潮保香性能好,不会引起包装食品的潮解、变质、腐败褪色以及香味的变化。目前金属类食品包装材料主要在肉类罐头和奶粉等方面应用。但金属包装成本高,耐腐蚀性差,占用空间大,内部厌氧性微生物易繁殖,用它包装酸性食品,易析出危害人体健康的金属离子。

6.4.1.2 化学迁移物的危害

1. 单体或降解产物

塑料包装材料是以合成树脂为主要原料,其中可以对食品安全产生影响的物质包括没有聚合的单体和裂解产物如苯乙烯、氯乙烯、双酚 A 等。聚氯乙烯中存在的氯乙烯单体,在特定的条件下与食品接触时可能会发生迁移,最终进入人体。经吸收后,在体内可能会分解为氯乙醇和一氯醋酸,还可与脱氧核糖核酸(DNA)结合,对神经系统、骨骼和肝脏会产生毒副作用,甚至还具有严重的致癌性。美国、日本等国规定氯乙烯树脂的单体残留量小于 1 mg/kg,我国国标 GB 4806.7—2016《食品安全国家标准食品接触用塑料材料及制品》中规定氯乙烯树脂的单体残留量为 1 mg/kg。聚苯乙烯的降解产物具有显著毒性,包括其残留单体和甲苯等挥发性成分,前者会造成生长发育迟缓,损坏肝肾,后者对于神经系统有更为明显的影响。

2. 重金属

由于在生产食品接触纸质包装或塑料包装的过程中会使用油墨、粘合剂、防腐剂等原因,存在重金属残留和迁移风险,尤其是彩色的纸包装产品。铅、镉、砷、汞等重金属在使用过程中会通过色渗透和色迁移,透过包装纸或塑料薄膜迁移到食品中,进而对人体健康产生威胁。重金属进入人体后,可以与蛋白质及酶发生作用,使其丧失活性,而且容易在人体内部富集,产生慢性中毒,症状轻者可以发生骨痛病等,严重者甚至会死亡。

3. 加工助剂

在生产加工过程中,为了改善塑料制品的性能使其满足包装商品的要求,需要加入增塑剂、抗静电剂、稳定剂等工业助剂。这些助剂都是一些低分子化合物,容易从塑料中迁出。在特定条件下,与食品接触时就会发生迁移,对食品的卫生和品质产生不良影响。常用的增塑剂物质有邻苯二甲酸酯类(PAEs),经常引起食品安全问题,受到广泛的关注。邻苯二甲酸酯类与雌性激素在体内的作用相似,影响荷尔蒙分泌,干扰内分泌系统和生殖系统,还会引起儿童性早熟,具有潜在致癌性。除增塑剂外,抗氧化剂是塑料包装材料中最常用的添加剂。抗氧化剂主要是避免塑料包装材料受到氧化,增加稳定性。抗氧化剂遇热会分解,释放出有害物质,长期吸入会对人体健康造成伤害,加重胃肝肾的负担,存在潜在的致癌性。

4. 油墨脱色、荧光物质和溶剂残留

油墨脱色主要指提供颜色的颜料或染料,且这些物质都以化工原料为主,如果迁移进入食品,将对人体健康有不利影响。溶剂型油墨中主要成分为有机溶剂,如苯类物、乙酸酯类、异丙醇等溶剂。这些物质很容易被塑料薄膜吸附,虽然在印刷干燥过程中会除去一部分,但不可避免的会有部分残留量,这些残留物质在某些条件下可以迁移到内装食品中。其中,苯类溶剂会对人体造成极大的危害,FDA 将其列为可致癌化学物质,它会影响人体造血功能,导致溶血性贫血,粒细胞减少,损害神经系统,更严重可能会产生白血病、癌症等疾病。随着国家"限塑令"的提出,人们的环保意识越来越高,纸质包装材料的市场需求变大,人们对纸质材料外观白度要求越来越高,从而促使荧光增白剂在纸质食品包装材料中的滥用严重。荧光增白剂随温度的升高会不断迁移,因此用于盛放热食的包装材料产品的食品安全风险极高。为了保障食品安全,我国相关法规正在逐步完善,GB 9685—2016《食品安全国家标准食品接触材料及制品用添加剂使用标准》中规定不允许添加荧光增白剂。

6.4.1.3 化学物质迁移的机理

迁移物从食品包装进入食品的迁移过程可以分成三个不同阶段:在食品包装中的扩散、在包装表面上的溶解和在食品内的分散,分别对应于"扩散""溶解""分散"。第一个阶段,对于给定的食品包装,当其与食品或食品模拟物接触时,由于温度、湿度、食物原有成分的缘故使得食品包装材料的阻隔性发生改变,这种阻隔性的改变可能会引起扩散系数的变化并影响迁移物在食品或食品模拟物中的迁移速率。第二个阶段,在食品包装表面上,迁移物通过溶解在界面上进入食品。假如迁移物在食品中很好地分配,即在食品中有很好的溶解度,则迁移物在食品包装材料上的浓度面是平滑且连续的。另一方面,假如塑料添加剂在食品中的分配性很差,即迁移物在食品中的溶解度非常低,则迁移物在食品包装材料表面上的浓度面不连续。在这种情况下,迁移过程受迁移物在食品中的溶解控制。第三个阶段,溶解的迁移物分子从界面上离开进入食品内,在食品中分散。这个阶段的主要驱动力是熵,即熵增原理,趋于更加无序的状态。采用剧烈搅拌的方法可以加快迁移物在食品中的分散速度。

二维码 6-5　食品包装材料中
有害物质的迁移

6.4.2　主要食品包装的风险分析

6.4.2.1　塑料包装的风险识别与分析

塑料容器主要成分有聚乙烯、聚丙烯和聚氯乙烯3种。其中聚乙烯的单体和聚丙烯的原料是无毒的，大多数聚氯乙烯塑料袋有毒，不能用来包装食品。聚氯乙烯塑料制品，在高温环境中容易迅速分解，释放出氯化氢气体，而且聚氯乙烯树脂中未聚合的氯乙烯单体也会对人体产生危害，不能盛装高温食品。包装材料中物质的迁移是从材料内部向材料表面扩散移动，最后从材料表面经吸附作用接触并进入食品。包装与食品相间存在的化学势差是迁移驱动力，而迁移过程是两相中化学物质浓度趋向平衡的过程。从食品包装材料的质量风险控制的特点看，是希望找到可以将包装迁移造成的危害降到最低或者可接受水平迁移量，根据迁移实验找出造成迁移的关键控制点与迁移过程，并能采取有效措施将其控制到位。比如，环境温度与湿度是否会影响迁移，包装与食品接触的时间长短与迁移量大小的关系等。通过控制这些环节，可以减少迁移发生的风险。

日常生活中，我们会用到的食品包装材料如矿泉水瓶、快餐盒以及微波加热的餐盒等，像矿泉水瓶这类一次性或者常温干燥环境下使用的塑料包装材料，日常使用情况下接触的食物特性与外界环境较为稳定，使得化学物质发生迁移的可能性很小，所以只要包装产品符合国家安全标准，日常使用过程中不易产生迁移的质量风险。目前，一些新型的抗菌包装可以提高包装材料的抗菌性，这是由于抗菌剂在塑料内部迁移到塑料表面，抑制了细菌生长。若包装中的抗菌剂添加量过多或在一定时间和温度的影响下会迁移到食品中，从而给消费者带来安全隐患。史迎春等研究了纳米氧化锌与低密度聚乙烯(LDPE)复合膜中锌(Zn)向食品模拟物(质量分数为3%的乙酸及超纯水)和真实食品(白醋及瓶装水)中的迁移行为。研究发现，Zn向3%乙酸中的迁移率远大于超纯水中的迁移率，同样Zn向白醋中的迁移量也高于瓶装水中的迁移量；随着纳米氧化锌的初始含量增大，迁移率减小。钱浩杰等研究了麝香草酚与聚乳酸复合材料中抗菌成分麝香草酚在不同食品模拟物中的迁移规律。结果表明，在4种食品模拟物(正己烷、质量分数为10%的乙醇、质量分数为4%的乙酸、蒸馏水)条件下，麝香草酚在正己烷中的迁移量最大，在聚乳酸中的迁移机制符合Fick扩散数学模型，且扩散系数随温度增加而变大。

6.4.2.2　陶瓷包装的风险识别与分析

当食品接触用陶瓷制品被用于盛装食品、作为食品工具时，在与食品接触的过程中会有可能将有毒有害物质向食品中迁移，从而造成食品的污染，食品接触用陶瓷制品中体现最为明显的是重金属、放射性物质等危害。劣质仿瓷在80℃以上的温度中极易析出甲醛等有害致癌物质。劣质的仿瓷器可能在高温下出现表面起皱的现象，还会产生刺鼻性气味，在醋的长期浸泡中还会出现掉色现象。劣质彩瓷使用过程中容易褪色，并产生刺鼻性气味。

劣质瓷器铅中毒分级分析如表6-8所示。

表 6-8　劣质瓷器铅中毒分级分析表

铅中毒等级	血铅含量	应对措施
Ⅰ级	10 $\mu g/dL$	相对安全,无须治疗
Ⅱ-A 级	10～14 $\mu g/dL$	轻度铅中毒,无须治疗,脱离铅源即可
Ⅱ-B 级	15～19 $\mu g/dL$	轻度铅中毒,多食含锌、铁、钙、维生素 B、维生素 C 丰富的食物以对抗铅的毒性,促铅排出
Ⅲ级	20～44 $\mu g/dL$	中度铅中毒,需入院治疗
Ⅳ级	45～69 $\mu g/dL$	重度铅中毒,需尽快入院治疗

陶瓷釉层中重金属的溶出受多种因素的影响,现在已经证实的有:溶液的类型(比如溶液的 pH、酒精度等)、接触温度、接触时间、表面积体积比,还有釉中重金属的含量及釉的化学组成等。也有研究发现,超过 90% 的陶瓷釉层腐蚀仅与三个主要的参数有关,即时间、温度和溶液的 pH。很多研究表明铅的溶出量随着溶液的 pH 下降而增加。当含铅玻璃与各种饮料接触时,铅的释放量是 pH 的函数。低 pH 的饮料(如橙汁或可乐)对铅的侵蚀比中性饮料(如牛奶)要严重,当 pH 在 1.75～4.80 范围内时,在一定温度下铅溶出量的变化是随着 pH 的增加而直线下降。当溶液中含有乙醇时,会形成低溶解度的盐类沉淀沉积在釉(玻璃)表面,从而会降低玻璃的腐蚀,进而降低铅的溶出。目前针对陶瓷中重金属溶出的研究,仍然是以铅为主,对于其他重金属元素迁移的影响研究涉及较少,因此仍然需要针对具体重金属元素系统地研究其向食品迁移的行为,从而能够揭示其向食品迁移的规律。

6.4.2.3　金属制品的风险识别与分析

超市里经常售卖的如金枪鱼、牛肉、午餐肉类罐头等肉食食品,由于其方便食用、容易储存与包装卫生等特点,成为快节奏的生活中人们十分喜爱的即食食品。这些罐头食品包装材料一般为金属,是用金属薄板制成的容量较小的容器。按照材料可分为铝制、钢制、马口铁等金属容器。用于食品包装的金属罐头为了防锈、防腐蚀,一般在内壁喷涂涂料,如环氧酚醛涂料、水基改性环氧树脂涂料等,以隔绝金属罐与内容物发生电化学腐蚀及重金属迁移,起到保护食品安全、提高货架寿命的作用。但由于金属罐在储存食品的时候,一般均需经过灭菌程序。所以金属罐内壁的涂层也一同经历了灭菌过程。内壁涂料在高温高压的灭菌过程中的安全性是否满足要求,这个问题不容忽视。有研究对金属罐头内涂层的双酚 A 类这一迁移质量风险因素进行分析与评价,研究表明 60 ℃/10 min、60 ℃/30 min、100 ℃/10 min 3 种热处理后的盛装酸性食品的金属罐,在常温下(25 ℃)储存 35 d 内,双酚 A 的迁移质量风险都在可接受范围内。但在 100 ℃/30 min 的热处理后常温下储存至 1 个月,或 121 ℃/30 min 的热处理后常温下储存半个月时,双酚 A 的迁移量已达到危害人体健康的程度。

6.4.3　食品包装暴露参数的危害分析

6.4.3.1　暴露参数的应用

暴露参数是用来描述人体经呼吸、经口、经皮肤暴露于外界物质的量和速率,以及人体特征(如体重、健康等)的参数,是评价人体暴露外界物质剂量的重要因子,是健康风险评价中的

主要技术基础数据。依据美国环境保护署。暴露参数手册。给出的暴露参数公式,将其应用到食品包装材料迁移中得出以下公式:

$$\left\{ \begin{aligned} & \text{Risk} = \frac{\text{AD}}{RfD} \times 10^{-6} \\ & \text{AD} = f(T, t, s) \end{aligned} \right\}$$

其中:Risk 表示食用暴露在某种发生迁移的食品包装材料发生某种特定有害健康效应而造成等效死亡的终身危险度;AD 表示某些化学物质在特定条件下发生迁移的特定迁移量,(mg/kg);RfD 表示化学污染物发生迁移的可接受剂量,(mg/kg);10^{-6} 表示与 RfD 相对应的假设可接受的危险度水平;公式中 AD = $f(T, t, s)$ 表示化学物质的迁移量与环境温度、接触时间与接触的食物类型有关,也将通过化学迁移实验得到。

暴露参数的计算主要是对食品包装材料中有害物迁移风险危害的定量评价,以此作为风险评价的依据对该问题进行进一步的质量风险控制。

6.4.3.2 不同迁移条件下的暴露参数危害

1. 邻苯二甲酸酯类物质与含油脂类食物接触时危害性最高

研究表明,任何情况下塑料食品包装材料与油类或含油脂类食物接触时产生的质量风险均明显高于酸性及纯水类食物,其危害程度是水性或酸性食物中的 2～12 倍。在酸性和纯水食物中的化学物质迁移量还没有超过国家标准限定量时,植物油中的迁移暴露参数危害就已达到危害人体健康的程度。这主要是由于邻苯二甲酸酯是一类亲脂性化合物,由于"相似相溶"的原理,使得其与脂肪或含油脂类的食物接触时,增加了邻苯二甲酸酯类物质的迁移可能性。另外一个原因是酸性与纯水类的食品成分简单、性质稳定,与塑料食品包装材料发生化学反应的概率较低,由此造成的暴露参数危害也较小。

2. 酒精浓度

塑料瓶向酒类食物的迁移风险会随着储存温度和酒精浓度的升高而升高。其中,PET 塑料瓶引起的迁移危害最小,这主要由于 PET 塑料瓶的材质相对于 PE、PVC 和 PVDC 等其塑料材料来说原料是一种透明度很高的塑料,加工性能良好,可以不添加助剂直接加工成型。即使有些厂家因为成本与使用需求进行了增塑剂的添加,添加的含量也较少,由此造成的食品质量危害也很小。

3. 接触温度

在陶瓷容器中,铅的溶出也会随着接触温度的升高而增加。研究接触温度对铅的溶出的影响发现,在 30～70 ℃之间,铅的溶出随温度升高增加,但超过 70 ℃以上,则铅的溶出量急剧增加。经过热处理后的双酚 A 迁移风险大约是未经过热处理时迁移风险的 10 倍之多,且热处理温度越高、加热时间越长,双酚 A 的迁移风险越大。

4. 接触时间

食品包装材料中金属物的溶出与接触时间的关系很复杂。有研究结果表明,在腐蚀初期,短期低温条件下,铅的溶出速率与时间的平方根呈线性关系;而在长时间高温的条件下,铅的溶出速率则与时间几乎呈线性关系。

6.4.4　质量风险管理中的关键控制点

6.4.4.1　原材料的选择

通过对塑料、陶瓷与金属等食品包装材料迁移的质量风险分析,发现包装材料的初始特性,决定了它的应用领域及质量风险的危害程度,方便快捷的食品包装迁移造成的暴露参数危害很高。例如,原纸是纸质食品接触材料卫生质量安全控制的源头。我国食品包装用原纸卫生管理和标准中,要求食品包装用纸不得采用废旧纸和社会回收废纸作为原料,也不得使用荧光增白剂或对人体有影响的化学助剂为添加剂,对原纸的感官、理化指标、荧光性物质和微生物等做出了规定。

6.4.4.2　生产及加工方式

在生产加工中,必须按 GB 9685—2016《食品安全国家标准　食品接触材料及制品用添加剂使用标准》国家食品安全标准严格控制化学物质添加量和选用品种,并建立生产工艺监控制度和工艺监控参数条件。生产中使用的添加剂、油墨、粘合剂的基本信息和风险物质的控制措施要清晰,品种和添加量均应建立明确的明细控制方案,其控制信息能明确对产品安全性进行判断。选择使用高纯度的油墨原料可减少迁移物的种类,选用相对分子质量($>1\,000$)的原料可增加迁移的难度,避免或减少小分子量物质的迁移。添加剂尽量选取聚合添加剂及固化添加剂,并增加其交联密度,在无法避免迁移的情况下也应选毒性已知和有健全毒理数据的物质。对于油墨安全规范中尚未做出规定的物质或是在生产、贮存过程中降解、变质的物质也可能对人身健康造成危害,应该加强相关基础研究,进行必要的风险评估。

6.4.4.3　检验检测手段

根据化学迁移特性的不同,国家标准与学术界对于其迁移风险的检测方法也有所不同。对塑料食品包装材料添加剂总迁移限量进行检测多采用质谱法,该方法也可对添加剂中的未知物质进行分析;而对于苯乙烯、增塑剂等,多采用气相色谱、气质联用的检测方法进行检测,对于抗氧化剂、芳香胺、烷基酚与双酚 A 等多采取高效液相色谱、液质联用法进行检测;而对于包装材料中的重金属,多采用电感耦合等离子体质谱法进行检测。

6.4.4.4　流通环节

食品包装材料有害物迁移的质量风险控制中的流通环节指的是从食品包装材料与食物接触开始,至消费者进行再加工(如加热、冷处理)后食用或转移至另一种食品包装容器的过程。这个过程包括了食物的运输与储存,是 HACCP 体系中需要进行食品安全保障的食物流通环节。食品安全管理中,为防止食物变质,会选取相应的食品包装材料,且控制流通过程中的温度、湿度与光照条件。

6.4.4.5　使用方式

食品包装材料的使用方式如用于盛装的食物类型、食物二次加工方式会直接影响化学物质迁移的条件环境,也是对化学物质迁移影响较大的风险因素。研究表明,塑料食品包装材料与油类食物接触时发生的迁移暴露参数远远高于其他食物,也就说明塑料食品包装应避免与此类食物接触。同样陶瓷与金属类食品包装在经过不同功率加热处理后迁移物迁移造成的暴露参数危害也不同。因此,对食品包装材料使用环节的把控也是食物食用过程的安全保障。

6.4.5　质量风险管理中存在的问题

我国政府或企业在对食品包装材料迁移检测与质量风险监管中存在的一些问题。食品包装接触材料的整体风险评估工作基础薄弱,尚未建立完善的监测体系和暴露量评估体系,以风险评估为基础的标准制定工作未得到很好落实。尤其是一些新型的食品包装材料并未纳入法律法规规定的范围内,在管理和检测时没有统一的标准,不利于规范和管理。应加快全国范围内的风险评估体系建设,建立暴露量监测和评价模型及有害物质残留迁移或者物理接触污染包装内的食品的基础研究,建立以风险评估结果为依据的标准制定程序。

本章小结

甲基汞会损害人体中枢神经系统,对正在发育中胎儿的影响尤其严重。由于甲基汞能与蛋白质和鱼体肌肉组织成分游离氨基酸结合,任何不破坏肌肉组织的烹饪方法或清洁手段均不能清除鱼体所含的甲基汞,因此暴露风险较大。甲基汞在婴儿出生前所引起的损害是目前风险管理的核心关注点。甲基汞潜在的健康风险与鱼的"正常"消费水平有关,各个国家和国际社会对鱼类中甲基汞的风险进行评估是十分有必要的。

单核细胞增生李斯特菌在自然界中分布广泛,能在低温下存活并缓慢生长。即食食品中单核细胞增生李斯特菌的污染情况较为严重,熟肉制品和鲜切果蔬都属于单增李斯特菌高风险性食品。通过对即食食品中单增李斯特菌的风险评估,建立完整安全的食源性致病菌的风险管理体系,能大幅度提高即食食品的微生物安全。

在我国各地区和进出口领域目前已先后建立了食品中毒死蜱残留的监控体系,这些数据的汇总和利用将对我国的食品中毒死蜱残留暴露评估提供非常难得的数据源,其评估结果将为我国政府等风险管理者做出更有效的决策和对食品中毒死蜱残留的更直接有效的监管提供有力的技术支持。

保障食品安全不仅需要严控食品本身,还需要严控食品接触的包装材料。食品包装材料与人体健康关系密切,要降低食品污染度、提高食品安全性,就需要对包装材料中有毒有害化学物质的来源和迁移过程进行研究。

思考题

1. 甲基汞如何影响人体健康? 对哪类人影响较大?

2. 哪些鱼类的甲基汞含量偏高? 哪些鱼类的甲基汞含量偏低?

3. 加工处理或烹煮可否减低鱼类的甲基汞含量?

4. 甲基汞暴露程度与哪些因素有关?

5. 简述即食食品中单核细胞增生李斯特菌的风险评估流程。

6. 以熟肉食品中单核细胞增生李斯特菌的风险评估为参考,比较熟肉制品中其他致病菌的风险。

7. 简述即食食品中致病微生物的风险管理办法。

8. 毒死蜱残留的检测方法有哪些?

9. 试举例分析评估毒死蜱残留的食品暴露风险。

10. 食品接触包装材料分为几类？分别是什么？

11. 简述食品包装材料中化学迁移物的迁移机理。

12. 试分析一类食品包装材料的风险危害识别及分析。

参考文献

[1] 李平,陈敏,王波.中国居民甲基汞暴露的来源和健康风险.矿物岩石地球化学通报,2019,38(04):725-728.

[2] Yu X,Khan S,Khan A,et al. Methyl mercury concentrations in seafood collected from Zhoushan Islands,Zhejiang,China,and their potential health risk for the fishing community. Environment International,2020,137:105-420.

[3] 李继源.鱼类甲基汞检测方法优化及在校学生摄食鱼类汞风险评估研究.上海:上海海洋大学,2015.

[4] 梅光明,张小军,钟志,等.浙江沿海海产品甲基汞污染调查及膳食风险评估.食品科学,2016,37(17):207-212.

[5] García-Hernández J,Ortega-Vélez M I,Delia C P A,et al. Mercury concentrations in seafood and the associated risk in women with high fish consumption from coastal villages of Sonora,Mexico. Food and Chemical Toxicology,2018,120:367-377.

[6] 杨杏芬,吴永宁,贾旭东,等.食品安全风险评估:毒理学原理、方法与应用.北京:化学工业出版社,2009.

[7] Khan S,Kumar A,Kale S,et al. Multiple cortical brain abscesses due to *Listeria monocytogenes* in an immunocompetent patient. Tropical Doctor,2017,48(2):160-163.

[8] 宋筱瑜,裴晓燕,徐海滨等.我国零售食品单增李斯特菌污染的健康风险分级研究.中国食品卫生杂志,2015,27(4):447-450.

[9] LiWeiwei,li Bai,FuPing,et al. The epidemiology of *Listeria monocytogenes* in china. Foodborne Pathogens and Disease,2018,15(8):459-466.

[10] 田静.熟肉制品中单增李斯特菌的风险评估及风险管理措施的研究.中国疾病预防控制中心,2010.

[11] 李安,潘立刚,王纪华,等.农药残留加工因子及其在膳食暴露评估中的应用.食品安全质量检测学报,2014,5(02):309-315.

[12] 王向未,仇厚援,陈文学,等.不同烹饪对模拟毒死蜱豇豆中的慢性膳食暴露评估.食品科学,2013,34(17):254-258.

[13] 袁玉伟,张志恒,叶志华.模拟加工对菠菜中农药残留量及膳食暴露评估的影响.农药学学报,2011,13(02):186-191.

[14] Sang C,Sorensen P B,An W,et al. Chronic health risk comparison between China and Denmark on dietary exposure to chlorpyrifos. Environmental Pollution,2020,257(113590).

[15] Mojsak P,Lozowicka B,Kaczynski P. Estimating acute and chronic exposure of chil-

dren and adults to chlorpyrifos in fruit and vegetables based on the new, lower toxicology data. Ecotoxicology and Environmental Safety, 2018, 159:182-189.

［16］中华人民共和国国家卫生和计划生育委员会.食品安全国家标准食品接触材料及制品通用安全要求.北京:中国标准出版社,2016.

［17］中华人民共和国国家卫生和计划生育委员会.食品安全国家标准食品接触材料及制品用添加剂使用标准.北京:中国标准出版社,2016.

［18］杜威,许燕君,张奇,等.纸质食品包装产品的风险分析及质量控制.食品安全导刊. 2019(15):109-113.

［19］韩贞年.食品塑料包装中有毒有害物质迁移特性及研究进展.现代食品,2019(14), 113-114.

［20］汪洋.食品包装材料中有害物迁移与暴露参数的质量风险控制研究.昆明:昆明理工大学,2018.

［21］姚斌,李霞镇,郑真真,等.我国食品接触用陶瓷制品质量安全现状.中国标准化, 2018(09):72-76.

［22］EFSA CEF Panel(EFSA Panel on Food Contact Materials, Enzymes, Flavourings and Processing Aids). Scientific opinion on recent developments in the risk assessment of chemicals in food and their potential impact on the safety assessment of substances used in food contact materials. EFSA Journal, 2016, 14(1):4357.

［23］罗祎.食品中毒死蜱残留的暴露评估.武汉:华中农业大学,2010.

［24］戴莹,王纪华,韩平,等.食品中毒死蜱残留量检测技术进展.食品安全质量检测学报,2015,6(07):2696-2701.

（石慧,赵维薇）

附录　扩展资源

请登录中国农业大学出版社教学服务平台"中农 De 学堂"查看：
1. 食品安全风险评估管理规定
2.《中华人民共和国食品安全法》